U0054206

鎂

逆轉疾病

心血管、癌症 之 瓦解毒劑

Magnesium ...ing Disease

作者 **湯瑪士・利維**
Thomas E. Levy, MD, JD
心臟科權威醫師

編審 **謝嚴谷**　　翻譯 **章澤儀**

本書內容
引用超過**1,000**則
嚴謹學術成果
審查程序研究結論

Amazon
★★★★★
4.5 顆星評鑑

Contents

Section 1
鎂的臨床療效與醫學實證

Contents

免責聲明

《 《 《

本書旨在提供資訊來源，絕非用於任何診斷或治療等目的。

任何涉及醫藥或齒科治療之行為，都必需以既定醫病關係為前提才能進行。本書中任何資訊，都不應被用來取代正規醫療暨保健專業人士的診斷與治療。

/

獻給所有真心以「病患健康和福祉」為重的醫護人員。

謝詞

《 《 《

感謝 Les 和 Cindy Nachman，他們彌足珍貴的友情，支持我在世界各地傳播我的醫學訊息。

感謝 David Nicol，一位好朋友和了不起的編輯。

感謝內人 Lis 和小女 Daniela。

感謝我的好友兼同事，Ron Hunninghake 和 Keith Skinner，每當討論任何問題時，他們總是不吝提供寶貴的見解。

醫者的省思──尋求疾病的根源與逆轉之路

《　《　《

時序進入 2022，轉眼間，「賀弗診所」和「德瑞森莊園自然醫學中心」分別已經成立將至 3 年與 14 年了。曾有能人指點，德瑞森的「德」字，意喻：「夫婦二人，一心十四年，所創志業，得開花結果。」14 年已至，果真如此？應為確幸不改初心，尚朝目標努力邁進！

不用藥的自然醫學，落實於臨床治療選項

在德瑞森草創初期，曾經共同為自然醫學奮鬥的有志之士：王群光、蔡凱宙，兩位至今仍是醫界稀有而具洞見的優秀醫師，他們這 14 年來，也跟德瑞森一樣，一路在風雨中披荊斬棘，錨定著目標前進。

大約在 10 年前，穿越最具挑戰的堅苦時期，黑髮初白，到台北重新執業，剛站穩腳步的王群光，在一次聚會後道別時，感慨而誠懇地對我說：「Amanda，我們兄弟爬山，各自努力！」此話令我印象深刻，猶言在耳⋯⋯而後的 10 年間，謝老闆和我，則是毅然無悔地選擇去攀登「細胞分子矯正醫學」那座山。

兄弟們各自爬山 10 年，「不用藥的自然醫學」，果然逐漸落實於台灣有志的執業醫師之臨床治療選項中。

如今兩位先驅醫師，儼然已修得正果，在台北以自然醫學為訴求，執業有成，各自擁有一片天，而德瑞森也順利逐年成長，

並於 2019 年 6 月成立「賀弗診所」。回想起來,當年有志一同,共同推廣「不用藥的自然醫學」卻猶如魚游淺灘,相濡以沫,感而後應,而今皆得以相忘於江湖,著實令人感到欣慰。

謝老闆與我當年創辦德瑞森莊園自然醫學中心,目的只是為了成就一個自利利他的健康事業,這也是眾多創業者的理想,雖然苦差事也幹盡,不足為外人道,亦不足掛齒。

真正值得敬佩的是,台灣這兩位深具外科資歷的先驅醫師,憑著醫院支領可觀的收入,大可不必冒險去承受轉業所帶來的巨大風險與壓力……,當年卻毅然決然地投入到這個「不用藥的自然醫學」,一片荒蕪的異域,執業模式一反過去院內 SOP,從群羊至孤鳥,沒有先輩可循領、公會可保護、財團可支持,且在經濟收入上完全未知,還要忍受同儕、公會、衛生部門,甚至健保署等單位持放大鏡檢視、懷疑、排斥的眼光。

許多因覺醒而心中激動,誤闖自然醫學森林,被視為「異端」的醫師們,在經歷各種機構勢力考驗之際,隨時都有可能因挑戰主流醫學權威而被抹黑、陷害,或是對患者的治療瓶頸陷入迷思,亦或是不可抗商業誘惑而沉淪,或者官司債台、積勞成疾……。

總之,這 10 幾年以來,醫師們投入到這個「不用藥的自然醫學」領域,充滿著美麗與哀愁,歧路亡羊者眾,堅持到底,力挽狂瀾者,鮮矣。

非凡卓越的師生情誼

每位選擇走在這條追求真理之路的稀有良醫,路途上所遭遇到的困難和磨難,至今所見中外皆然,其中一位最令我景仰,也最具人道胸懷、無私無畏、思辯犀利、正直善良、智慧超凡、舉

世無雙的醫師，亦是職業律師，也是我在「細胞分子矯正醫學」學習之路上的明師。他豐富的治療經驗、專業學識是德瑞森莊園多年以來致力於衛教教學的知識及臨床技術的寶庫，也是「賀弗診所」創辦的原動力與靈感泉源……。

他認為，欲為當今內科慢性病藥物的無效醫療解套，需要重新建立一個「全新的診所看診模式」，以維生素 C 靜脈注射與對患者的衛教教學（清理齒科毒素、重金屬及毒素的排出、維生素礦物質的運用）為主軸，醫師才能夠真正「治好病人」，他就是本書作者──湯瑪士・利維（Dr. Thomas E. Levy，詳見書封摺頁作者介紹）。

多年來，心臟疾病一直都是蟬聯美國十大死因的頭號殺手，也因此，利維醫師身為一個心臟專科醫師，在美國的年平均收入，遠遠超過其他科別的醫師，住豪宅開名車，理所當然，但是在他出道職業一段時間之後，開始覺得事有蹊蹺：「為什麼長久以來，門診患者的心臟疾病老是治不好呢？」基於來自一個良善靈魂深處的反省，讓他具足勇氣，在接下來的數 10 年間，一心投入了疾病根本治療真理的追尋。

終於在 80 年代，利維醫師接觸到了一位了不起的口腔外科先驅醫師──郝爾・賀金仕（Dr. Hal Huggins）。自此，他幾乎停頓了心臟專科的執業，放下光環，投入到賀金仕醫師的門下，師生兩人隨即展開了長達 20 年，一連串的「齒科毒素」在心臟病及其他重大疾病，病理和治療上的研究。（大約 8 年前，我將這些研究資料內容，編譯整理在賀弗診所 5 號衛教單內。（編審附圖 1）

利維醫師在課堂上回憶中提到，當時在賀金仕醫師的牙科診

所中，經常有多發性硬化症（Multiple Sclerosis，縮寫為 MS，一種類似漸凍人的運動神經元病變）的患者前來接受治療，這原本是一種神經內科的退化性不治之症，致病原因尚今不明。而利維醫師卻親眼看到患者坐在輪椅上進入診所，在老師拔除患者口中的根管死牙，仔細地清創，再打幾個回合的大劑量維生素 C 靜脈注射後，都奇蹟似地在幾週內快速復原，恢復正常走路。

雖然神經內科對多發性硬化症的治療束手無策，但利維醫師發現，在神經內科的教科書上卻明顯提到：「多發性硬化症是一種患者具有『不會流汗』特質的疾病。」這也引起了利維醫師著手研究排汗與重金屬（鐵、汞）排毒，以及人體內礦物質平衡（尤其是礦物質鎂、鈣、鉀）之間的關係，遂而成為他日後經常在課堂上大力鼓勵學員與讀者將「遠紅外線排汗艙」，作為一個人一生中，唯一最值得投資的健康工具之理論基礎。

當時，賀金仕醫師經過長時間嚴謹的研究與臨床觀察，良心地認為根管治療手術本身有其根本缺陷，也主張汞合金補牙的毒性，兩者都不應該作為牙醫慣行的治療手段，卻引起當時其他牙醫同業與牙醫師工會的孤立與強烈反擊。

由於經常要為拔除門牙的患者，針對嚴重的牙根感染，對鼻腔做衍生性的清創（編審附圖 2），有時診所內亦需要會診耳鼻喉科來完成任務，這些舉動卻被有心策劃打壓人士協同保險公司，指控賀金仕醫師詐領保險費，對眾多不治之症被療癒的病人卻視而不見……。

不忍心見到自己老師終身努力的研究成果，被同業抨擊是偽科學，而讓稀有而真正能將疾病治好的醫師，陷於官司纏身，被污名為庸醫，執照也基於公會的政治動機而被吊銷。此時，利維

醫師做了一件非比尋常的事，他開始攻讀法律，並且成為一名可
以執業的律師，憑藉著自己在醫學領域的專業，成為老師最佳的
辯護律師。

這對非凡卓越的師生兩人，在追求真理的道路上，如此強大
而高貴的心靈素質與相知相惜的情誼，令人動容……。這也深刻
地影響我及於德瑞森日後衛教課程中對「齒科毒素」的宣導不遺
餘力的原因。

療癒疾病，無價的救命技術寶典

2014 年賀金仕醫師去世之後，利維醫師與牙髓專科醫師羅伯
特‧克拉茲（Robert Kulacz, DDS）聯合出版《牙醫絕口否認的真
相：致命的毒牙感染》（*The toxic teeth: How root canal could be
making you sick*），我於 2016 年完成本書中文版的翻譯校編，由
博思智庫出版。

2020 年 5 月，疫情在全球蔓延，如火如荼之際，我將利維醫
師另本重要著作《被忽略的醫學真相：大劑量維生素 C 救命療法》
（*Curing the incurable vitamin C, infectious disease, and toxins*，晨
星出版）全書編譯完成，並集結重點於賀弗診所 9 號衛教單後同
時推出，藉由對染疫的防治與居家自救的技術的傳遞，提供保證
功效的參考，以安撫人心。（編審附圖 3）

我本以為配合 2019 年 10 月 27 日，Dr. Alpha A Fowler, MD
在 JAMA 所發表的《維生素 C 對敗血症肺衰竭所引發的急性呼
吸窘迫 ARDS 之療效》（*The effects of vitamin C and sepsis and
ARDS*），在這山窮水盡、醫療量能崩潰之際，主流醫學必會以
人道考量，覺醒並採用大劑量維生素 C 口服或靜脈注射，來減少

傷亡人數及院內醫護人員的折損……。

然而,出乎於意料之外,全世界除了紐西蘭這個國家以外,並沒有任何一個國家採取這種最速效無害的技術,來控制疫情減少傷亡。大劑量維生素 C 療法,著實成為產、官、學為了共同商業及政治利益而「刻意」被忽略的醫學真相。

2016 年,在《致命的毒牙感染》一書出版後,我即著手籌備利維醫師另一本新書《因鈣而死(暫譯)》(*Death by calcium*)的編譯工作,但由於平日工作忙碌,一直無法順利進行,只能先將書中的內容精華,與利維醫師在課堂上所講述的相關重點,集結編譯成 4 號衛教單,及部分的 8 號衛教單,作為賀弗學員在血檢後課堂上有關血中鈣、骨質疏鬆、器官鈣化的解說教學之用。(編審附圖 4)

直至 2019 年,利維醫師出版了本書《鎂・逆轉疾病》(*Magnesium: Reversing Disease*),令我十分欣慰,進而請博思智庫立即著手進行版權接洽與編譯事宜。因為這新本書不但濃縮了前書《因鈣而死》書中的重點,更詳細敘述了鎂無與倫比的全方位解毒效果和抗氧化、抗發炎、逆轉器官組織鈣化效應。

本書可以讓學員與讀者進一步看清眾多學理及研究上的佐證,遂及理解賀弗診所在靜脈注射針劑及口服處方中,為什麼一向特別強調「鎂」這個重要礦物質劑量的意義與價值。

鎂,是天然無副作用的降血壓特效藥。調節血液中與細胞內外錯綜複雜的鈣、鎂、鉀之濃度變化,原本就是自律神經(HRV 心跳變異率)與心臟科治療上最大的重點,並與器質性病變(動脈血管及心臟瓣膜鈣化,和鈣化前的脫垂與閉鎖不全)有著密不可分的關係。

　　由於多種急、慢性的中毒，尤其是迅速致死的中毒事件中（如過量使用古柯鹼）都與急性心臟病的誘發之毒性相關。因此，鎂與維生素 C、穀胱甘肽的靜脈注射的組合配方，持續口服鎂和維生素 C，成為天大的「全效性解毒劑」，足可對付人類已知的，幾乎每一種疾病、發炎、毒物與重金屬，並可同步就病理損傷的源頭做根本治療。

　　本書內容能夠改變我們看待「鎂」於逆轉「急重症疾病」需求的角度；對於專業醫護人員，足夠劑量的鎂是許多重大疾病，包含心臟科、婦產科的有效治療與急救工具，從最基本的血糖控制、自律神經調整、阿茲海默症、各種病毒感染、心血管疾病、癌症，都有立即顯著的效果。本書也詳細解析，鎂與維生素 C 聯合治療的技巧、步驟與相關學理，對有心追求「根治疾病」與「身心健康」的醫療專業與讀者，這本書都是無價的救命技術寶典。

謝嚴谷

於賀弗診所、德瑞森自然醫學中心

2022.5.16

推薦序

鎂，神來一筆的重症逆轉之道！

《 《 《

初見此書時，我感到錯愕，還有驚訝！

當我拿到湯瑪士‧利維博士（Thomas E. Levy, MD, JD）第 12 部著作《鎂‧逆轉疾病》（*Magnesium: Reversing Disease*）時，先翻到最後幾頁，看見一組熟悉且陌生的名詞——**鎂和粒線體**。當下意識到，在 43 年的行醫生涯中，這是我頭一次看見有人把兩個詞彙放在一起討論！

原文是這樣的：「**……在人體的細胞中，95％的鎂都在粒線體內。**」當然，詞彙本身是熟悉的，我也知道兩者相關，只是沒有意識到兩者之間竟有如此「驚人」的密切關係。

當我在 1976 年從醫學院畢業時，我們都不太注意粒線體這個微小的細胞動力源。基礎微生物學的課程，簡略帶過粒線體和惡名昭彰的克氏循環，學生們對它的瞭解只需足夠應付考試便罷。畢業進入醫院，我們開始做「真正的」醫學工作：看診、做檢查、開檢驗單、開立藥物處方和手術等。想當然爾，粒線體和這些差事似乎沒有任何關係！

但在同時，「鎂」這個詞對我來說卻別具意義。為什麼呢？就在我讀醫學院的第 3 年，住在故鄉小鎮的家父胸痛不適，由於家父是個癮君子，家庭醫師（我的表哥）便推測是心絞痛，懷疑其冠狀動脈可能嚴重堵塞，遂將他送往一家地區醫院做心導管檢查。

有趣的是，家父在到院時還出現多次心室早期收縮（PVCs）。PVCs是指太早觸發且太頻繁的心跳，雖說通常是良性的，但如果在心臟病發作時一併發生，那就會是個大麻煩。

幸好，除了做全套的血液檢查之外，心臟專科醫師正確地要求進行血中鎂濃度檢驗以查證PVCs（我懷疑這位專家甚至想過家父的**粒線體**健康是否與該病症有關）。檢驗發現，家父的血中鎂濃度非常低。我父親長年胃部不適，也是抗胃酸鈣片Tums的忠實用戶，可以肯定的是，那些鈣都有效中和了**他的胃酸**，卻也同時令他飲食中所有的鎂無法被吸收。【編審註】這便解釋了血中鎂過低和PVCs的成因。

醫師在檢查父親的冠狀動脈時，我也一起待在心血管中心裡。「血管都很乾淨！」當醫師這麼說時，護理師們甚至和我擊掌歡呼，家父也笑容滿面地清醒過來，唯獨那位心臟科醫師在一旁陷入沉思，沒有和我們一起慶賀。家父當年是53歲，多虧醫師發現血中鎂的低濃度，而這一點與其後的諸項診斷，大大改變了父親日後的健康狀態。

在那之後，醫師安排了一次上消化道鋇劑造影檢查，診斷出是胃酸逆流導致食道下端的痙攣，故而引發類似心絞痛的胸痛感。鎂濃度過低，就是直接造成這種痙攣的元凶。

醫師囑咐父親此生都要服用SlowMag（鎂製劑的成藥），家父乖乖照做，然後一路活到90歲高齡。

—— 編審註
飲食中的礦物質，需仰賴胃酸，作為酸基進行離子化，才能被腸道進一步吸收。

當年，就在心臟科病房裡，醫師直視著病床上的家父，說道：「艾爾默，這是你戒菸的最佳時機！」從那一刻起，父親再也沒碰過一根香菸。拍拍手，萬歲！

我永遠不會忘記，正是那一次的深刻體驗，啟發了我對於「鎂」的認知。行醫的前 10 年，我在家醫科服務，「粒線體」對我而言一直是無足輕重的詞彙，我從未思考過病患的粒線體是否有礙，也不曾學那位心臟專科醫師去檢驗他們的血中鎂濃度。

當然，我從未正視此兩者之間的重要關係。我就是各位常遇見的那種典型傳統醫師，聽取症狀，做做檢驗，心證一番，然後用控制症狀的藥物去治療病人。

幸運的是，在 1989 年，我遇見了休・瑞爾丹博士（Hugh Riodan），人類功能改善中心的創始者。（瑞爾丹博士於 2005 年去世後，該中心更名為瑞爾丹診所）

博士對細胞功能的異常表現相當感興趣，認為那是人類的萬病之源，並且投入大量心力和時間，在實驗室測量並分析營養物質與激素——此類存在於細胞內和細胞外的分子，便是人體細胞健康運作之必需。

同年，我加入休・瑞爾丹的行列，有了令人驚訝的遭遇：這才開始實際運用自己在醫學院前兩年所習得的知識。我開始思考粒線體、細胞膜、細胞核、核糖體（Ribosome）、溶酶體（Lysosome），以及一個全新的視角，讓我從微生物學的角度去思考醫學，不知道自己和大多數忙碌的醫師為何沒去注意到這些東西。

那是我第一次閱讀湯瑪士・利維博士的書，當時我也沒想到，我們日後竟會一起在世界各地巡迴演講，為醫護與保健業者喚醒

《你體內的美好世界》（*Wonderful World Within You*）——這是羅傑・威廉斯博士（Roger Williams）為了孫子們而寫的一本書，內容原是講述細胞生物學和營養學。

如今，李維博士又震撼了我一次。我是說「真正的」震撼！在我心目中，本書是他作品中的最善之作，他把生物化學中最有份量的兩個名詞結合在一個句子裡。容我再引述一次：「**……細胞中 95% 的鎂都在粒線體中。**」

粒線體佔人體總重量達 10%。如果沒有粒線體，我們的細胞只能產生出人體所需總能量的 1/19。新興醫學有個偉大的創新見解，那就是絕大多數的慢性病都起源於粒線體功能障礙，由此演變成整個細胞的功能障礙，這也就是慢性病的首要特質。

本書參考了 1,000 多份研究資料，佐證以下的極致結論：

慢性病＝細胞功能障礙＝隱性缺鎂。

看看這些惱人的慢性病：癌症、心臟病、阿茲海默症、自體免疫的「某某失調」、消化系統失調、慢性阻塞性肺病、肥胖症、糖尿病、數不清的病毒細菌感染症、骨關節炎和肌肉骨骼疾病等，在本書中都有詳細介紹！

這些疾病與缺鎂的關聯性無可爭議。近代醫學的眼光已然短淺，忽略了自身的科學基礎，越發傾向於認定藥物是唯一的醫療之道（儘管有時醫師真沒有別的法子！）

這些慢性病不僅偷走了人類的生活品質，更以離譜的程度，虛耗醫療保健資源。

1960 年代，美國人的年平均醫療保健費用為 146 美元。到了 2017 年，依據醫療護理和醫療救助服務中心（Centers for Medicare & Medicaid Services, CMS）的《1960 － 2017 年國民保健支出摘要

暨 GDP 佔比》（*National Health Expenditures Summary Including Share of GDP, CY1960-2017*）報告指出，這筆開銷已經上升到 10,739 美元，簡直令人難以置信！

我的結論，也是本書的結論，就是簡單一句：現今社會竟把醫療體系縱容得捨本逐末。如今的臨床治療，頂著對生理學的漠視與對藥理學的吹捧，已經構築成一個難以存續的保健窠臼。

容我引用愛因斯坦的名言：「**任一個有智商的笨蛋，都可以把事情搞得更大更複雜......，逆轉之道則需要神來一筆，以及大量的勇氣。**」

此書是一張清楚的長壽健康養生道路圖，為我們提供更好、更單純、更理性的方法，扭轉這個疾病時代的洪流。

——漢寧海克醫師（Ron Hunninghake, MD）

堪薩斯州威奇托 里奧丹診所首席醫療官

前言

鎂，器官鈣化的救贖

《 　《 　《

發表《因鈣致死（暫譯）》（*Death by Calcium*）已是將近 5 年前的事。

撰寫該書的前幾年，越來越多的同儕評閱研究，證實**鈣質過量**對於健康的負面影響，因此感到有必要揭露鈣質過量的危險和急迫性。糟糕的是，乳品界、營養補充品製造商、製藥公司和世界各地的醫師，至今仍持續推動這種危險的過度消費，並且主張其有益健康。

人體確實需要定期攝取一定量的鈣質，但對飲食健康且**維生素 D** 狀態正常的成年人來說，除了偶爾的乳製品之外，又額外攝取，這就不正確了。

其實，過量補充鈣質與人類的總死亡率、**心臟病、癌症、關節炎**，甚至**失智症**的增加都有關係。而且，與廣告喊出的口號相悖，鈣並**不能預防**甚或減少因骨質疏鬆而造成的骨折發生率。

諸如此類的科學證據非常多，而且早在數 10 年前就已提出，只是「大隱於市」地藏身在主流科學文獻裡；這意味著絕大多數醫療保健從業人員要麼不知道，要麼就是選擇性忽視。出版商和我都認為有必要向具備健康意識的社會大眾，發出這項重要警告，便誕生了《因鈣致死（暫譯）》這本書。

當時，針對**鈣中毒**的補救措施，我的建議是避免補鈣，限制膳食中的鈣攝取量，同時利用特定的飲食和補充品方案，來改善

體內的抗氧化物質與營養素濃度，搭配某些重要激素的調整——這些建議仍然重要，值得遵循。

不過，最近 MedFox 出版社建議我寫一本關於「鎂」的書。我得承認，我起初的反應稍微冷淡。因為大略上網瀏覽，發現談論鎂的書已經太多了。坦白說，我一開始覺得寫這個主題只是拾人牙慧，意義不大也不值得人們注意。但由於特別敬重 MedFox 同仁的建議，便開始深入瞭解近年關於鎂的研究，結果卻得到令人震驚的發現！

於此，不只是我在《因鈣致死（暫譯）》發表的資訊愈獲證實，也徹底釐清了鎂的「天性」——它就是**鈣專屬的解毒劑**，可修復鈣沉積所造成的**細胞損傷**，這是大眾尚未普遍接受的重要發現。

過量的細胞內鈣，普遍存在於每一個生病的細胞裡，也存在於中毒或暴露在毒素中的細胞。這種細胞內**鈣的過度增加**，連同它直接導致的細胞內**氧化壓力增加**，都有賴積極的補救措施才能解除，進而規避疾病發生。

事實證明，增加細胞內鎂的濃度，便能自然而然解除所有疾病進程中的細胞內鈣過量；**細胞吸收越多鎂，就會有越多的鈣被置換而排出於外**。有助於使細胞內鈣濃度正常化的手段，不只一種，但鎂最為重要。更甚者，如果缺鎂太嚴重而沒有解決，即使運用其他手段，也永遠不可能使細胞內鈣的濃度恢復正常。

有益於健康的製劑種類繁多，鎂搭配維生素卻是絕對的一枝獨秀。當然，每個人所需的營養配方都不同，但無論是哪一種組合，仍然必需以定期補充足量的鎂和**維生素 C** 為前提，否則任何治療和營養補充方案都無法締造理想的健康狀態。

　　我相信，除開本書最末提到少數且罕見的負面情形，每位讀者都能因這些知識而獲益。只要願意探索並利用它，你會驚訝於疾病治療的多元性，而且很快就會發現，這不僅僅是「又」一本論述鎂的書。

——湯瑪士·利維醫師（Thomas E. Levy, MD, JD）

引言

科學實證，
鎂具有無與倫比的修復力和治療性

《　《　《

人體，是由數萬億個細胞所組成。

在基礎面，細胞是由大量生化分子組成，而且有各式各樣的種類，如脂質、蛋白質、酶、DNA、胺基酸等。其概念如同下面這張簡圖：

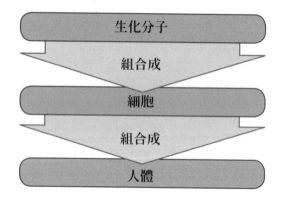

當生化分子因氧化而失去電子，它原有的化學反應性——或說生命力（生物功能），也會隨之喪失或減弱；細胞壁內的氧化分子量開始破壞正常的細胞功能時，這就是一個生病的細胞。接著，當病變細胞的數量多到足以損害正常的組織或器官功能，醫師多半就能診斷出這些受損細胞的位置、方式、程度和類型。

如下圖表示：

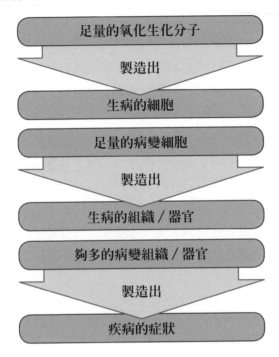

所有**病原體、毒素和毒物**，都會直接或間接地提升受損細胞內部的**氧化壓力**（Intracelluar Oxidative Stress, IOS），原因就在於會有越來越多的生化分子遭到氧化。

IOS 升高的主要機制之一，就是細胞外的**鈣**穿透細胞膜上的**鈣離子通道**，進入到**細胞內部**。

傳統醫療範式的問題

傳統醫學當然有許多令人驚奇且有用的創舉，我的目的並非

貶低所有傳統保健模式，因為某些傳統方法和積極介入仍然有其價值。

只不過，傳統醫護所採用的許多方法都有嚴重局限性，因為那些方式只能治標，不能治本，甚至掩耳盜鈴般只偏重在抑制症狀。症狀固然是疾病的一種表現形式，但症狀本身並不是疾病，阻斷症狀絲毫不能解除病變細胞內的病理進程。

維持性藥物、外科手術、化療和放療，是傳統醫護的主要工具。除了被稱為鈣離子通道阻斷劑的某類處方藥之外，上述工具並不能解決根本問題。

當這些傳統的治療方法與完善的營養、集中補充與適妥的照護相結合時，的確能做到生化分子濃度上的復健。然而，這種改善是在藥物治療之外發生的，而不是藥物本身造成的結果。

維持性藥物

如前所述，除了少數例外，維持性藥物都是針對症狀。大部分藥物不僅無法解決生化分子氧化的基本問題，甚至還直接或間接**製造出更多**的氧化生化分子。

這並不是說藥物沒有用處，而是大多數情況下，藥物只能暫時緩解症狀，其本身還可能引起別的副作用。

話說回來，就算沒有令更多生化分子被氧化，藥物的副作用和破壞，也仍在「被容許」的狀況下發展、惡化。

外科手術

侵入式的外科手術大多有助益，有些更是必要的，只不過它永遠無法補救因生化分子氧化而引起的病症。只要**細胞內氧化壓**

力（IOS）過增的條件沒有排除，外科手術就只能是暫時性的修補。

化療和放療

化療和放療的主要目的，是在病變細胞中製造足量的氧化壓力來殺死它。

這種手法的主要問題是，化學藥劑誘發的**細胞內氧化壓力（IOS）**過增不能被框限在病變細胞內，相反地，它也會傷害健康的細胞，進一步擴大人體內病變細胞的數量。

功能研究法

從根本定義來看，恆常而周全的健康狀態，要從分子的維護開始做起。除非病理的潛在成因能夠排除，否則病患永遠不可能達到最佳健康狀態。

個人認為，**細胞內氧化壓力（IOS）**的增加是所有疾病的成因，事實上，**它就是疾病。**

若此為真，而且有大量的證據可證明，那麼醫護人員就必需設法抑制**細胞內氧化壓力（IOS）**增加的因素，運用抗氧化物質、激素和其他干預來治癒（用電子捐贈進行化學還原）被氧化的生化分子。

許多文獻顯示**細胞內氧化壓力（IOS）**增加的主要原因，是細胞內的**鈣質過量**，這一點已在別處另有詳細介紹。（本書僅著重於鎂之於過量鈣的解毒功效，針對鈣質問題可見我的另本著作：《因鈣致死（暫譯）》）

本書 Section 1 揭示大量科學證據，證明鎂具有無與倫比的修

復力和治療性。在這裡,讀者將看到其作用機制的文獻紀錄,顯示它不僅在細胞層面,還能在人體各組織與器官系統中發揮「魔力」。

Section 2 則是提供策略,將鎂的治療性與其他療法結合起來,防止傷害加深,修復且逆轉現有的損傷,藉此實現最佳的健康狀態。

我們正準備邁入醫藥實務的全新領域,此一領域中的種種能夠締造真正的健康。將氧化的生化分子恢復到具備功能性(還原)的狀態,同步防範**細胞內氧化壓力(IOS)**的長期積累,便可逆轉疾病甚至是完全治癒,帶來真正的期盼。

鎂的臨床療效與
醫學實證

鎂是人體中數百種重要酵素的關鍵輔因子，已知的代謝功能之中，有將近 80% 與鎂有關，鎂也在**穀胱甘肽**生成過程中扮演關鍵的角色。

缺鎂會引發多種疾病，也會使所有已知的疾病惡化。缺鎂已經成了現代人的家常便飯，醫師若不加提醒，患者可能一輩子都不知道自己有這種「隱性的缺乏症」。

鎂對於人類維持生命、增進健康是如此重要，卻未得到相應的認知，以致於常被指稱是「被遺忘的電解質」。這裡將揭示大量科學證據，證明鎂具有無與倫比的修復力和治療性。

第 *1* 章

不容忽視的健檢項目── 血中礦物質(電解質)

《　《　《

在保健醫療業界,血中鎂並不是常規的檢測項目。這是為什麼呢?

過去數 10 年的研究,證實這項檢驗的正當性,只是大多數醫師並未徹底明瞭,鎂對於人體健康和長壽的重要性。

如今,依據最新的研究結果,本書將重新說明鎂離子在血清和細胞內所扮演的角色,以及定期監控此兩指標的重要性。

人體內的重要礦物質

在人體細胞內的陽離子（帶正電荷的離子）之中，**鎂（Mg+）**的數量之多僅次於**鉀（K+）**；就全身的陽離子總量而言，它佔第 4 位。所有具備代謝活性的細胞都含有高濃度的鎂離子，可想而知，它是維生保健不可或缺的礦物質。

此外，**鎂是人體中數百種重要酵素的關鍵輔因子，已知的代謝功能之中，有將近 80% 與鎂有關**[1、2]。當體內過度缺乏這一類重要輔因子——濃度不足或分布不當時，該部位的**酵素活性**也會大幅降低。

鎂一直是 ATP（三磷酸腺苷，是細胞傳送能量的重要分子）代謝之必需，人體中的蛋白質、DNA、RNA 合成與脂肪酸合成，包括在體內要轉換成活性荷爾蒙的維生素 D，也同樣需要它[3]；**穀胱甘肽**是人體細胞中最重要，也是最精華的抗氧化劑[4-7]，**鎂**也在穀胱甘肽生成過程中扮演關鍵的角色[8]。【編審註】

鎂之於人類維持生命、增進健康的重要性，可說是無出其二。以抗氧化作用為例，當維生素 C 缺乏症進展到後期時，其他抗氧化物質的高劑量代價，可以略為彌補維生素 C 的不足。然而，**缺鎂的時候，卻只有補充鎂才能改善，補充別的就不行。**

諷刺的是，鎂在人體組織和器官運作[9]所佔的地位如此重要，卻未得到相應的認知，以致於常被指稱是「被遺忘的電解質」。臨床醫師總在血中鎂濃度太低時，才「考慮」讓患者補充鎂，其實應該在發現患者的鎂不足時，就要提出意見才對。

—— 編審註
鎂讓細胞內過多的鈣和鈉排出，並讓鉀可以從血液中順利進入細胞。

　　話說回來，既然人體細胞內的大部分工作都仰賴鎂的存在，缺鎂也算是家常便飯，醫師若不提醒，患者可能一輩子都不知道自己有這「**隱性的缺乏症**」。

　　缺鎂會引發多種疾病，也會使所有已知的疾病惡化。本書將在之後的篇章中分析鎂對於疾病的影響。

鎂對人體的全面影響

　　針對鎂與疾病進程之間的關係，研究行之有年；缺鎂能致病，適量補充鎂則能持續改善病症，甚至可能使症狀消失。

　　以下是鎂不足可能造成的情形：

✓ 心血管疾病（冠狀動脈和末梢血管硬化、心律不整和心電圖 QT 波間期延長、高血壓、鬱血性心衰竭、中風）

✓ 代謝症候群

✓ 糖尿病

✓ 慢性疲勞和纖維肌痛

✓ 腎臟病

✓ 骨質疏鬆和骨性關節炎

✓ 慢性阻塞性肺病（COPD）與氣喘

✓ 鈣結石

✓ 子癲前症和子癲症

✓ 偏頭痛與癲癇發作

✓ 憂鬱症和焦慮症

✓ 失智、神經退化性疾病

✓ 聽力缺損

治病的礦物質——鎂

由於鎂是骨骼構造中的重要礦物質之一，科學文獻多半用治療骨折及滋長骨骼的角度，去審視鎂的作用性 [10–13]。

當然，即使是無關於骨骼復育，鎂的功效仍長期在治療上獲得肯定，所以**補充鎂就和補充胰島素一樣（胰島素可促使鎂從細胞外移入細胞內）**，鎂本身就是一種單純而明確的治療劑。

人體中的鎂就像是鈣質的頭號守門員，它也經常被用為**鈣質的拮抗劑**和代謝調節劑 [14–19]。病理生理學有一條自始至今都未變的基本守則，那就是當人體內的**鈣質過多**，特別是細胞內的鈣過量而致病時，**鎂**就是最佳解藥。

在一項隨機雙盲對照試驗中，研究者發現：只需日常口服 250mg 氧化鎂，就能使糖尿病患者的足部潰瘍、醣類代謝、血漿總抗氧化能力（TAC）以及 C– 反應蛋白（CRP）指數，都得到持續性的改善 [20]；另一項相似的試驗，則用同劑量氧化鎂搭配**維生素 E**，也在改善潰瘍、抗氧化能力、脂質濃度、C– 反應蛋白和醣類控制等方面，顯示近似結果 [21]。

還有一項臨床的隨機雙盲對照試驗，是在門診前和門診期間對**乳房切除**手術者直接施以鎂劑的注射，結果不只術後恢復良好，患者出院後的口服鴉片類止痛藥物用量也大幅降低 [22]。24 小時點滴輸注硫酸鎂，可使急性缺血性中風患者恢復得更快 [23]。

對**燒傷**的兔子做鎂劑靜脈注射，能使燒傷面積、傷口的深度、癒合時間和癒後疤痕都縮小 [24]。動物和細胞研究也證明鎂能夠**有效提升傷口癒合度** [25、26]。另一項動物研究顯示，傷口滲液中的鎂含量及早提升（伴隨鈣濃度的降低）是細胞遷移反應的重要**活化劑**，而細胞遷移可觸發並維持傷口的正常痊癒 [27]。

綜合以上這類研究的結果，凡是能夠提高細胞內鎂濃度、降低氧化壓力的鎂，在臨床上都有正面的治療效用。

由此可見，針對細胞內的氧化壓力（IOS），細胞內鎂含量、醣類代謝、穀胱甘肽之間的關聯性是一致的，這三者都可產生正面的影響。於細胞內，胰島素可增加**穀胱甘肽**濃度，減少氧化壓力[28]，直接增加細胞內的穀胱甘肽濃度，亦同時改善鎂濃度；做**靜脈注射點滴**可增加紅血球內的鎂濃度，從外部供給也能持續提升細胞內的鎂濃度[29]，種種效果似乎都有另一項抗氧化劑——**維生素 E** 的直接輔助，因而能增進**胰島素**的作用[30]。

另一項研究，認為降低穀胱甘肽也會降低胰島素作用（或胰島素的敏感性），用靜脈注射穀胱甘肽，則可**大幅提升胰島素作用和總葡萄糖進入細胞的數量**[31]。大致來說，當細胞內氧化壓力（IOS）增加，這個細胞的動能降低，陷入惡性循環，除非有外力直接打破這個循環，比如**維生素 C**、**維生素 E**、**穀胱甘肽**、**鎂製劑**等，才能夠使氧化壓力減輕。

經過長久觀察，我們知道在特定體型、炎症、氧化壓力和胰島素阻抗的人身上，常常是糖尿病和高血壓一併發生[32]，也確知多數**糖尿病**患者的細胞內**鎂濃度非常低**[33]；不僅如此，我們又發現**高血壓**患者的細胞內，**鎂會被大量消耗**，也就是**血壓越高則鎂濃度越低**[34]，鎂濃度越低則越無法再藉由給予胰島素來回升[35]。

換句話說，細胞內鎂濃度能使胰島素發揮最佳功能，但它本身需要的支援卻與既存的胰島素多寡無關。若要使胰島素在一開始就產生完整的生理作用，則細胞質的離子必需盡可能處在正常狀態才行。

就改善血壓和血糖上來說，恢復鎂濃度似乎比直接給予胰島

素要來得更為有效。

　　儘管我們不能把兩種情況的交互輔助完全置於兩論，但就解決或穩定病況。想要對付胰島素阻抗，至少在初期，用鎂會比單用胰島素要更優先。

補充鎂的必要性

　　技術上，少數健康情況良好的人，可藉由完美的飲食和完美的消化來得到足夠的鎂，但這種情況非常罕見，幾乎可以說是沒有。

　　許多人，尤其是年長者，若患有多種疾病或接受特殊醫療照護，身體對鎂的需求會增加。很多**藥物**本身就會引發鎂的慢性耗損，特別是**利尿劑**和胃酸合成抑制劑（氫離子幫浦抑制劑類，Proton-pump Inhibitors 縮寫為 PPI，例如 Prilosec 或 Nexium），而這種消耗又很難靠補充鎂來克服或逆轉。其他值得注意的耗鎂劑：包括**胺基糖苷類抗生素**、部分**抗病毒**和**抗黴菌藥物**、**化療藥物**，以及**風濕免疫科**的**免疫抑制劑**等。

　　買不起或不願意經常購買**有機食物**的人，其日常「正規」的非有機膳食所能攝取到的鎂，遠不及目前官方的每日建議量（RDA）[36]。**對大多數人而言，他們每天攝取 / 吸收的鎂，更應該要大幅高於這些 RDA 數值，才能使自己的體內保持最佳鎂含量，以治療或避免慢性病。**

　　舉例來說，膳食中的維生素 C 含量就應該是 RDA 建議值的**100 倍或更多**，才能確保身體攝取和吸收足夠的鎂。**無機肥料**和各種形式的**食品加工**，會耗損食物中的鎂含量，甚至有權威人士斷言，這個耗損量高達 **8 到 9 成**。

　　此外，據估計，非有機栽種的蔬果之鎂含量，在過去這 60 年內下降了 2 到 3 成[37]。像這樣的食物，縱使我們食用過量，也不會使體內的鎂趨近理想狀態。

　　要說保持體內的鎂狀態趨近理想，飲用水中的鎂倒是一大助力；當然，它不該完全取代補充劑，但確實能明顯地維持人體內的鎂濃度和整體健康[38、39]。在一份包含 10 項研究的大規模統合分析中，學者發現飲用鎂含量較高的水，可以明顯降低冠心症的死亡風險[40]，卵巢癌和高血壓的死亡率也與之有關[41、42]。綜觀此類主題的研究，我們有理由相信，鎂含量較高的飲用水對於特定疾病或特定健康狀況是有益的。

　　綜上所述，除了少數例外，大多數人都應該補充鎂（更多細節請見第 18 章）。

第 *2* 章

鈣質拮抗劑——
鎂的基本作用與益處

《　　《　　《

　　我們最好將鈣視為「有毒的營養素」，意思就是適量攝取絕對有益於健康，一旦過量就會毒害人體。

　　研究顯示，幾乎所有經科學驗證的人體病況都和鎂不足有關，因為鎂是天然的鈣離子通道阻斷劑兼基本拮抗劑。

攝取過量鈣質的毒性

醫學文獻清楚指出:「**長期攝取過量鈣質,是極具毒性的!**」不幸的是,專業期刊對此幾乎絕口不提,甚至在人類生理學和臨床醫學等保健專家之間,也存在一定程度的蒙昧;而衛教人員、保健業者大肆鼓吹攝取乳製品,提倡補充鈣質有益健康,更使人們忽視鈣的毒性,實際上也造成莫名其妙的疾病和死亡。

由於大眾普遍誤以為人們應該在飲食中大量攝取鈣質——尤其在保健專家的推波助瀾之下——額外補鈣成了一種全民運動,鈣的總攝取量也成為公共健康的另一層隱憂。

我們最好將鈣視為「有毒的營養素」,意思就是適量攝取絕對有益於健康,一旦過量就會毒害人體。許多營養補充品並未標示所謂的「有害攝取量」,民眾可以放心服用,但是鈣質絕不能比照辦理。**大部分美國人已經在飲食中攝取過多鈣質,對這些人而言,額外補充其實是危險的。**

醫藥與科學文獻明確支持上述理論。**即使只是每日補充最低劑量 500mg,也會增加心臟病和中風的風險** [1-3]。

在一項為期平均 19 年的前瞻研究中,科學家檢視並比對超過 61,000 名婦女的死亡率和日常鈣質攝取量,發現因心臟疾病而早夭的機會,隨著高鈣飲食與額外補充而增加,還發現高劑量的鈣攝取與總死亡率也有關聯 [4]。

有一項針對男性的近期研究顯示,此種關聯在男性身上更為明顯 [5]。如此因病致死的機率增加,顯見鈣質過量足以損害人體全細胞。(編審附圖 5)

預防醫學進一步證實了上述研究結果。研究員為及早判定(冠狀動脈鈣化的斷層掃描),測試致死性心肌梗塞,發現冠狀

動脈的鈣沉積指數，就是最直接的指標。

　　基本上，鈣化指數越高，**心肌梗塞**的死亡率也就越高，然而鈣質在冠狀動脈的沉積量增加，代表人體內其他細胞，也都有鈣沉澱過量的情形，所以這項測試足以用來衡量其他因素所造成的總死亡率了。

　　其他領域的綜合研究，也顯示冠狀動脈的鈣化指數，與所有疾病的致死機率，大於任何致病因[6-11]。

缺鎂的壞處

　　早有研究顯示，幾乎所有經科學驗證的人體病況都和鎂不足有關，因為**鎂是天然的鈣離子通道阻斷劑兼基本拮抗劑**[12、13]，這一點非常重要。基於鈣離子通道可穿透人體所有細胞的細胞膜，因而掌握著鈣質進入細胞內的數量，當鈣攝取量提高時，主要就是藉由鈣離子通道，讓進入細胞的鈣質增多。進入體內的鎂越多，就會有越多的鈣離子通道被阻斷或間接被抑制。（編審附圖 6）

鎂劑如何修護損傷

　　在別的領域討論保健，尤其是討論如何穩定細胞內的氧化壓力（IOS）時，鎂必然是一種特效藥。

　　然而出人意料的是，學界雖有許多針對鎂本身的研究，關於鎂在治療過程中的優越療效卻少有調查。另一方面，許多主題是胰島素的研究，倒是順便讓我們得以一窺鎂在治病上的特性，因為胰島素的另一壯舉，就是讓鎂得以進入細胞內部。

　　針對許多針對鎂和不同疾病的研究顯示，補充鎂劑有助於修復損傷，比如因血流不足而造成的中風（缺血性中風）。當然，

此類研究的著眼點，僅在於用不同的角度去檢視細胞的修復與癒合而已。

針對鎂以療效為主旨的研究相對較少，研究中發現鎂與骨骼本身的修復無關，但都確認它能**加速且改善骨骼傷害的痊癒品質**，且或能**預先減少損傷**的程度。

若將鎂溶液加入外傷敷料並用在實驗鼠身上，**傷口的癒合速度會加快**，其中包括提升膠原蛋白及血管的新生[14]。有一項隨機雙盲對照的試驗，讓接受乳房切除術的患者接受鎂劑靜脈注射，結果發現患者的術後局部傷口癒合速度明顯提升[15]。

另一項同為隨機雙盲對照的試驗，以糖尿病患者為對象，發現補充鎂和**維生素 E** 能大幅加速其下肢**潰瘍的癒合**[16]；別的類似試驗也顯示**單獨使用鎂**即可有效改善此類潰瘍[17]。

糖尿病患者的癒合能力很差，鎂既然都能在他們身上產生這麼大的效用，可見它對於非患者更能提供有效治療。同樣地，由於鎂能夠使人體內各種細胞的細胞內氧化壓力（IOS）趨於正常，我們有充分理由相信它也能夠對抗感染、中和毒性，進而促進身體各部位的康復。

有一項動物研究證實，局部注射鎂可幫助受損的**膝關節半月板癒合**，而其中值得注意的是，動物們在接受治療後的**組織再生能力都增強了**，軟骨退化的情況減少，傷癒後也能長期維持**關節強度**。

還有一點非常有趣，那就是鎂似乎能把**幹細胞**召喚到受損部位去運作[18]。以上這些論點雖然還沒有被人廣泛研究，但能提示我們關注，鎂在加強組織癒合及預防組織損傷方面的正面影響。

鎂──天然的鈣離子阻斷劑、降血壓特效藥

就現況而言，我們已經發現鈣和鎂，在人體與細胞內是互為對立作用；大量的鈣會抑制並降低鎂在體內的數量，反之亦然。若是想使人體內的鎂濃度，長期保持在最佳程度，實際上是有障礙的，而文獻又指出，唯有吸收足量的鎂，才可自然降低細胞內鈣過量（沉澱、鈣化）的情況。

降血壓用藥（鈣離子通道阻斷劑）（編審附圖 7）也能夠限制細胞內鈣濃度過高。事實上，服用這類藥物，尤其是長效型藥物，也被證明能夠降低總死亡率，這是處方藥品中很少見的情況。這一點清楚地告訴我們，細胞內鈣離子增加會提高對細胞的危險性 [19–23]。

因此，對於高血壓的人而言，若無法用鎂劑和其他營養補充品來降血壓，那麼最好要把鈣離子阻斷劑列在處方裡──能用拮抗鈣質的方式來控制血壓，是再好不過了。

然而，少數細胞和動物研究顯示，降血壓藥物會對**性荷爾蒙與甲狀腺功能**產生副作用 [24–26]。誠然，這些激素本該就長期且定期監控，以避免過於低下，但在服用降血壓藥物的病患身上，則需要更加警覺。而且我們應該記住，把鎂當作天然的鈣離子通道阻斷劑時，它其實是有助於維持甲狀腺與性荷爾蒙正常運作，想要依靠此類處方藥物，來控制血壓和其他病症之前，鎂濃度應該要先調節理想狀態。

如同前述，**研究不只發現增量攝取鈣質，會增加總死亡率，而且往往還伴隨著或導致鎂濃度下降**，而且鎂濃度越低，總死亡率也就越高 [27–29]。值得注意的是，在血中鎂濃度低於 0.73mmol/L 的情況下，總死亡率會跳升 40％，而大約 25％的人會出現這樣

的鎂濃度。

早年的學者建議，正常人的血中鎂濃度應在 0.75 到 1.0mmol/L 之間 [30]，然而這所謂的「參考範圍」僅僅是取自大多數人的平均值，統計學上自然也計入嚴重缺鎂的人口。就數據上來說，0.85mmol/L 會是一個血中鎂比較理想的起始值，距離真正缺鎂的狀態，也離得比較遠些 [31]。

基於鎂鈣之間的相互關係，上述的各種鎂濃度，足以反映出預防醫學對鎂的期望，只是學界還沒有針對補充鎂對於總死亡率的影響，去做大型試驗。不過，即使如此，我們仍有理由相信，藉由額外補充鎂，有助於降低總死亡率 [32]。

關於鈣、鎂和總死亡率之間的關聯性研究，當然是越多越好。在類似的專題研究，截至目前為止，有兩項試驗特別凸顯出鎂增加可降低總死亡率的關聯性，只不過都是藉由**靜脈注射**而非口服補充鎂，來增加受試者體內的鎂濃度。

其中一項為雙盲隨機性質，對 2,316 名疑似**急性心肌炎**的患者施打**硫酸鎂**，而且是在 24 小時點滴輸液之前，先施打速效劑量（起始劑量），如此降低了心因性死亡 [33]。

依照這個處置程序，觀察其後的 1 年到 5 年半之內，病患的總死亡率也都降低了。更令人驚異的是，一份連續對 194 名**急性心肌梗塞**患者，處方以**硫酸鎂**點滴輸液的觀察報告，醫療人員同樣先施打速效劑量，再讓患者接受 48 小時點滴輸注，結果不只降低心因性死亡率，還在其後的平均 4.8 年之中，降低其他病因的總死亡率，顯見那關鍵的頭一針多麼具有保護力 [34]。可惜的是，在過去這 20 年裡，這兩份報告並沒有對急性心肌梗塞的護理標準帶來改變。

緩慢發展的臨床病理生理醫學

臨床病理生理醫學的進展如此緩慢，令人難以置信！

《華盛頓醫療學手冊》（*The Washington Manual of Medical Therapeutics*）是一本非常值得信賴的指南，也是全美各地醫學院生，在培訓課程中都會使用的參考書，而此書的第 34 版（2014）。對於**鎂**可用於施救**胸痛**和**心臟病發作**之事隻字未提，**硫酸鎂靜脈注射**也只被描述為**哮喘**的「二線療法」。

當你聽到新聞報導一個嶄新且令人興奮的醫學進展，別指望它會馬上被採用，它甚至**不會被納入常規的治療方案**，就算是在最可信賴、最有名氣的醫療機構也是如此。

話說回來，前述的兩項臨床研究，仍然傳遞了一個重要訊息，那就是無論如何都不該錯過在靜脈注射（點滴）中添加鎂的良機，甚至對**腎臟病**例更是機不可失。當然，腎臟疾病的患者，需要更加審慎斟酌其施用劑量，因為他們的靜脈循環和尿液排毒功能都比正常人低。

鈣會在人體內形成沉積而導致器官和組織鈣化，鎂在化解這些硬（鈣）化部位的作用力，則凸顯了它和鈣的重點關係。鎂補充劑通常是口服式，能有效溶解既存的鈣沉積，也能防止它繼續沉積 [35–37]。

倘若人體內的血中鎂濃度偏低，磷與鈣濃度又偏高時，主動脈瓣鈣化的可能性便會大大增加 [38]。另一項研究顯示，末梢血管的斑塊堆積（周邊血管鈣化）與血中鎂濃度偏低有明顯關係 [39]，而此結論的過程與血清鈣與磷酸鹽濃度無關。

如同前述，研究證明血中鎂和血清鈣之間有反比關係：此消彼長，反之亦然；當血中鎂減少，組織鈣化的傾向便會加劇。近

期的研究也發現用鈣／鎂比率來推測總死亡率，比單用血中鎂來得更精確[40]。

如此，我們就多了一種可以追蹤鈣化傾向方式，也就是監控鈣之於鎂的相對比值。這個比率不只有助於判定組織鈣（硬）化傾向，將來也可用於呼應治療性的介入。反比值（血中鎂／鈣）來檢視血中**鎂濃度**似乎也比單獨測定鎂值要來得好用些；新證據顯示 0.4 是理想值，0.36 到 0.28 則太低[41]。

鈣化幾乎都發生在細胞外的空間，通常不會在細胞內部，因為細胞內鈣的濃度不可能提升到大面積鈣化的程度。細胞間質組織的鈣濃度往往是細胞內的 **10,000 倍**[42]。

相反地，人體中將近 99％的鎂存在**細胞之內**，正符合它所扮演的角色——細胞內礦物質的關鍵守門員[43]。即使如此，在動物研究中，電子顯微鏡仍能觀察到粒線體和其他細胞的細胞內器有些許鈣質沉積[44-47]，因此可以推測，細胞**內**和細胞**外**空間的**鎂濃度**都需要**增加**，才能徹底發揮鎂**逆轉**器官組織鈣化過程的能力[48-49]，包括動物和細胞研究的多數科學文獻，都強調鎂能夠有效抑制鈣化[50-53]。

基於這個原因，促進鎂在血液和細胞內的良好吸收，就成了鎂補充劑的理想目的，而微脂囊（Liposomes）形式的口服鎂劑有可能實現這一點。

靜脈注射的臨床效果固然不錯，但或許是因為它能夠快速提高血液和細胞間質環境的鎂濃度，進而更有效地增加細胞內鎂濃度。

然而，對慢性病患而言，傳統形式的口服鎂劑，往往在體內鎂含量達到理想狀態之前，就會先引發**腹瀉**。

研究顯示,控制/調節細胞內鈣的代謝,有利於人體對於重大毒性的中和能力。所有的**毒素都是藉由生化分子的氧化來發揮毒性**,細胞內鈣濃度的增加便是主要機制之一。我們因此可以推論,減少細胞內鈣濃度,也是徹底**預防中毒**(降低或阻斷 IOS 增量)的有效策略。

同樣機制下,研究也證明**汞中毒(甲基汞)**,會導致細胞內鈣濃度上升與細胞內氧化壓力(IOS)增量[54]。**甲醛**是另一種強效毒素,當人體暴露在甲醛中,**神經元**的細胞內**鈣濃度**也會因而升高[55]。

發生在細胞內的缺鎂情況能夠修正時,鎂就可以發揮強大的解毒作用,因為它能夠在受損細胞內,拮抗所有毒素引發的高濃度鈣離子。舉例來說,醫學界知道鎂能夠對**脂多醣**(革蘭氏陰性菌死亡時,經常釋出的一種巨毒內毒素)的毒性,及其散發的炎症介質產生神經保護性[56]。

由於像**葡萄糖**這樣的劑量相關型毒素,往往也會因過量鈣質而同樣造成細胞內氧化壓力(IOS)增量的情形,所以當人體長期處於葡萄糖濃度過高(**高血糖**)的狀態,影響的細胞會使細胞質基質(透明質)中的游離鈣增加,**視網膜**的微血管因而退化,於是就造成糖尿病性的視網膜病變及白內障[57]。

觀察**阿茲海默症**、**帕金森氏症**和肌萎縮性脊髓側索硬化症(ALS,即俗稱的「**漸凍人**」)患者的受損細胞之氧化狀態,都發現有細胞內**鈣濃度過高**及細胞內氧化壓力(IOS)增量的現象[58-61]。

關於抗氧化物質的能力,特別是**維生素 C**,多數文獻都描述為「向氧化的生化分子提供電子以中和毒性傷害」,藉此使細胞

恢復正常 [62]。鎂的作用雖然不是直接抗氧化，卻使受損細胞**鈣濃度降低**，因而使氧化傷害減到最低 [63]。

既然鎂能降低細胞內的鈣濃度，抑制細胞內氧化壓力（IOS）增量，那麼假設受損細胞和組織，能夠吸收到足夠的鎂，或許便可在臨床上當成一種有效的**解毒劑**。

從這一點來思考，把鎂和鈣離子通道阻斷藥物結合起來，似乎可以擴大這種抗毒功效。在媒體報導中，類似的組合曾被用來施救**有機磷殺蟲劑中毒**的患者，而此類中毒，往往令傳統治療束手無策 [64]。

動物研究也證實了鎂在解毒上的保護力。無論是單獨使用，或與別的製劑（通常是大劑量維生素 C）並用，鎂都能有效解毒，以及**放射線**輻射（放療、核醫檢查、長途高空飛行等）引起的氧化壓力。對因**鹽酸**而引發**急性肺損傷**的實驗鼠施用鎂，可以減少發炎 [65]；對因輻射而造成的大腦損傷，可以用**硫酸鎂**來減輕傷害，驗屍報告也顯示，**大腦組織**中的**鈣化**情形因此**減少** [66]。

在另一項老鼠實驗中，**艾黴素**造成的發作率連同死亡率，都因為**硫酸鎂**注射而大幅降低——艾黴素是一種**化療藥物**，它的毒性副作用一向為人熟知，尤其是對**心臟**的影響 [67]。

要是在前述組合中又加入**足量的維生素 C**，則會有更好的臨床效果，因為維生素 C 本來就是有名又經典的**萬用解毒劑**。維生素 C、鎂、鈣離子通道阻斷三效合一，以**靜脈注射**的方式給藥，讓維生素 C 直接中和毒素，減少中毒（氧化）的生化分子，其餘兩者則迅速把中毒細胞內的鈣濃度壓下去，抑制隨之而來的細胞內氧化壓力（IOS），避免細胞的衰弱和凋亡，似乎是更理想的解毒機制。

把這個雞尾酒配方，加入**短效胰島素**和氫化可體松（氫羥腎上腺皮質素），應可進一步提高細胞內的**維生素 C** 濃度，同時又增加鎂含量、降低細胞內鈣和細胞內氧化壓力（IOS）。全世界的毒物控制中心，都應該採用這一套治療方案，或至少必需部分採用。

其他研究也顯示，接觸毒素不只會增加細胞內的鈣濃度，還會迅速消耗鎂[68-69]。

例如急性**古柯鹼中毒**，可使腦血管平滑肌細胞的細胞內游離**鈣濃度**迅速上升[70]，但施用鎂仍然能有效降低中毒細胞的鈣含量，甚至徹底逆轉毒性對受損細胞的影響[71-72]。在一項動物實驗中，當鎂與任一種已知的毒素同時服用時，毒性（氧化程度）會減少[73]。

觀察所有**發炎**現象的進展，更能讓我們確定，**鎂**在**鈣**質代謝過程中所扮演的關鍵角色。基本上，發炎和細胞內氧化壓力（IOS）增量互為絕對因果，其負面性至少在臨床上可以視為同一件事。

許多研究顯示，補充鎂能夠穩定降低 C- 反應蛋白（CRP）的循環性，而 C- 反應蛋白，正是人體內氧化壓力或炎症的指標物質。降低細胞內鈣濃度，也是減少氧化壓力的重要手段[74-76]。**硫酸鎂靜脈注射能夠持續且大幅降低外科手術患者，術後**的 CRP 和 IL-6（另一種炎症指標）[77]。

從不同的角度檢視鎂與鈣，在細胞內的正反面作用，可以明白此二者關係的重要性。無論是動物和體外試驗的報告，都指出**缺鎂**，可能促使細胞內鈣質增加而導致發炎[78]。在**高血壓**和**血管異常收縮**時的病理過程，始終與細胞內的鈣鎂失衡——鈣過多而

鎂偏低有關。不僅如此,細胞內的**鉀**濃度,往往也隨著細胞內鎂濃度低下而降低[79-80]。另外,服用**血管收縮藥物**,同樣會使細胞質的**鈣濃度上升,鎂濃度下降**[81-82]。

血小板只有細胞質而沒有細胞核,但是學者也對其中的鎂鈣含量做過研究。比對正常人與高血壓患者,無論後者是否接受治療,當**血壓**未獲妥善控制時,他們的血小板也呈現類似**鈣多而鎂少**的情況;但是當血壓獲得控制,這種情況就不明顯了[83]。

原發性高血壓患者(無明顯致病原因的長期高血壓)的**紅血球**內,也有類似的樣態[84]。在動物試驗中,高血壓和正常血壓的**淋巴細胞**,同樣有這種消長情勢,補充鎂則不僅能降血壓,還能壓低鈣濃度而提升鎂濃度[85-86]。

回顧

鎂的特性是減少細胞內氧化壓力(IOS),或抑制細胞內氧化壓力(IOS)增量,因此能夠:

1、用作鈣離子通道阻斷劑,降低細胞內的鈣濃度。

2、用作鈣拮抗劑與調節劑。

3、藉由降低細胞內鈣濃度來解毒。

4、可直接減少胰島素阻抗,而後利用它促使更多鎂進入細胞內,以此降低氧化壓力,同時增進細胞吸收**維生素 C**。

第 *3* 章

心臟保健——
鎂與心血管疾病

《 　《 　《

心跳太快、太慢或不規律,或甚至是 3 種情況同時發生,都屬於心律不整。

最常見的心律不整和鎂濃度偏低有關,臨床病例和研究上的紀錄,也都顯示患者有細胞內缺鎂的情形。

　　要使血管的**平滑肌張力**和**血壓**保持正常，有賴於充分攝取**鎂**；這對於減輕**動脈粥狀硬化**，進而預防**心絞痛**和**心肌梗塞**十分重要。

　　在引發**心律不整**的諸多原因中，缺鎂是一個重要因子，而它同時也是**鬱血性心臟衰竭**的惡化因素之一[1]。我們如今知道，要測量細胞內的鎂濃度，血中鎂不算是一個可靠的指標，除非它長期處在極低的狀態，而且即使是鎂總量不足的人，也往往能測得正常的血清值。【編審註】

　　事實上，考慮到大環境中的諸多外來變數，學者認為現代人絕大多數都承受著**嚴重缺鎂**的風險，只是症狀還不明顯而已，故而建議，凡是有**心臟病**和其他**慢性病**風險的人，都應該定期補充鎂、**定期硫酸鎂**的注射，或至少口服鎂離子溶液[2]。

冠狀動脈疾病

　　大量研究顯示，缺鎂和鎂攝取不足，與冠狀動脈疾病和動脈粥狀硬化的風險成正相關，與代謝症候群的實驗室異常也有關連。**代謝症候群**的典型症狀至少包含以下的其中 3 項：

　　✓ 腹部肥胖

　　✓ 血壓偏高

　　✓ 三酸甘油酯升高

　　✓ 高密度 HDL 膽固醇偏低

　　✓ 空腹血糖偏高

—— 編審註

血中鈣的檢測往往比血中鎂更準確地觀察到缺鎂與自律神經（HRV 心跳變異率）的問題。

代謝症候群與心臟病、糖尿病風險,以及總死亡率的增加密切相關[3]。有一項大型統合分析(由多項研究彙整而成的統計性分析)做出這樣的結論:**飲食中的鎂攝取不足,會增加代謝症候群的發生率**,足量的攝取則能夠使發生率降低[4]。

不只一項的隨機雙盲臨床試驗發現類似結果,證明鎂補充劑,應用在代謝症候群的療程中是具體有效的[5]。

長期性的血中鎂偏低,通常表示**全身性缺鎂**,並且也和**冠狀動脈**疾病的致死率上升有關[6-7]。在日本進行的一項大規模研究發現,膳食中的鎂攝取量高,則有可能減少心血管疾病的死亡率[8];另一項針對夏威夷成年人且長達 30 年的追蹤研究,也發現類似的結果[9]。

我們早就知道**冠狀動脈鈣化**和**心臟病**發作的風險是**正相關**,此類鈣化指數也和其他疾病的**致死率**及總死亡率**成正比**。曾有研究者對冠狀動脈硬化的成年患者化驗其毛髮,發現檢體中的鈣鎂比率都比正常人要高[10]。以上所述都符合歷來的研究發現,即增加鈣質攝取,也會提高總死亡率;增加鎂的攝取則可望降低總死亡率。

在冠狀動脈疾病惡化的主要表現症之中,**心肌梗塞**是最為嚴重的一種,而它也和**血中鎂濃度低下**有關。

有一項對照研究發現,心肌梗塞患者的血中鎂濃度明顯過低[11]。儘管鎂對於這些患者的效用一直都存有爭議,卻有兩項大型研究證明,**硫酸鎂靜脈注射**對於**加護病房**中的心臟病患者,有短期和長期效益。研究中的個案,都是在確診後或接受再灌流治療(Reperfusion Therapy,重建缺血部位的血流)的當下,立即輸注硫酸鎂,且在之後接受最長 5 年的追蹤觀察,發現這種療法,

似乎能有效降低總死亡率 [12–13]。

其他類似的研究，並沒有凸顯出如此顯著的成效，可能是因為鎂劑注射得不夠及時，或是只在治療後追蹤了 30 天便草草下結論，認為鎂無益於降低死亡率 [14–16]。

心律不整（Arrhythmia）

心跳太快、太慢或不規律，或甚至是 3 種情況同時發生，都屬於心律不整。

最常見的心律不整和鎂濃度偏低有關，臨床病例和研究上的紀錄也都顯示患者有細胞內缺鎂的情形 [17]；果不其然，讓這些病患服用鎂劑，也都收到正面的效果。

心房顫動最為常見，通常始於該部位的**過早搏動**（Atrial Premature Contractions，心房早期收縮），假如置之不理，就會逐漸發展成**間歇性**，甚至持續性的心搏過速；這種異常也有可能規律發生（室上性或房性頻脈），或者極度不規律（心房顫動）。

許多臨床醫師會為患者處方鎂劑來預防心臟病發作，施用於發病後的治療也有積極成效，並且行之有年 [18]。連續 30 天服用鎂劑，可以顯著減少此類早期收縮的突然發作 [19]。

接受過心臟手術的患者，常常發生**心律不整**，所以術後的治療目標，便著重在於預防性控制心律。

有一份綜合了 17 項臨床試驗、共計 2,069 名病患的統合分析顯示，**術前服用鎂劑**，可使**術後心律不整**的發生率**大幅降低**：室上性心搏過速減少 23％、心房顫動減少 29％，室性心律不整則減少了 48％ [20]。

另一份包含 5 項試驗的統合分析，則是比對服用鎂補充劑和

安慰劑的不同，在總計 348 名小兒心臟病的手術患者身上，**服用鎂的心律不整發生率，總共減少了 66%** [21]；再者，同樣是鎂劑與安慰劑的對照試驗，還有一份集結 22 項研究的統合分析，發現患者在做過冠狀動脈繞道手術（心臟血管重建術）之後，鎂服用者的室性心律不整發生率明顯降低 [22]。另一份更大型的統合分析，係彙整共 35 項研究，也同樣發現服用鎂劑，能大幅降低患者在心臟手術後的心房顫動發生率 [23]。

近期的一項研究也顯示，同樣是在冠狀動脈繞道手術後投藥，高劑量的口服鎂效果和靜脈點滴注射一樣好 [24]。

在心律不整的類型中，心室性心搏過速的**猝死風險**特別引人擔憂，其中又以名為「多型性心室心搏過速」（Torsades de Pointes, TdP）最危險，它的心電圖形顯示心肌細胞的再極化週期過長，也就是心臟收縮之後的 QT 間期加大了【圖 3-1】。

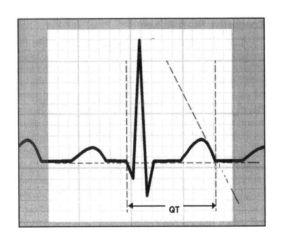

圖 3-1 QT 間期

　　當有這種情況時，心室性心搏過速經常退化為心室顫動，隨即發展成心跳停止而致死。曾有一名**古柯鹼**暨**美沙酮**的吸食者出現**血鉀、血鎂**都**過低**的情況，後來就發生嚴重的多型性心室心搏過速，幸好及時補充鎂劑，解決了**心律不整**的問題而保住了小命[25]。

　　QT 間期延長，可能由某些抗癌藥物引發，被認為是最危險的心血管毒性反應之一，醫師推薦的治療方法就是硫酸鎂靜脈注射（點滴）；由於 QT 間期延長偶爾會導致心室性心搏過速，最好能當即處置，倘若不能及時輸液，也可採用**電擊**來幫助心律復原。由**化療誘發**的心血管毒性【編審註】，也常在鎂偏低的情況下發作，非常有可能是鎂不足本身所引起的。與此類毒性副作用有關的疾病，包括**心律不整、冠狀動脈疾病、中風、高血壓、血栓**和**心肌炎**[26]。

　　心室的複雜性心律不整是心肌炎常出現的症狀，典型發作於**鎂偏低之時**。在一研究所取得的 68 名有效病例身上發現，讓心臟衰竭（心肌炎高風險）的患者補充鎂，能夠顯著緩解，甚至消除心室性心律不整[27]。

鬱血性心臟衰竭

　　鬱血性心臟衰竭的病例中常見**血中鎂濃度低下**，而這種低下本身就會增加心臟衰竭的風險[27-30]。在病理生理學上，**心肌收縮**後的**不良鬆弛**（舒張功能障礙）也是常見的衰竭表徵之一，並且和其他心血管疾病的風險因子一樣，其發生率和低血中鎂濃度直接相關[31]。

—— 編審註

化療導致的血管損傷，在血檢上會反映在 LDL 低密度膽固醇過高。

對糖尿病實驗鼠補充鎂，能預防血管舒張功能障礙惡化，也能同時改善粒線體功能，並抑制細胞內氧化壓力（IOS）過增 [32]。

邏輯上，使鎂濃度恢復到正常或接近正常，能夠防止或減緩心臟衰竭的惡化。左心室的功能與心臟能否正常收縮有關，這也是心臟衰竭的一大關鍵。有一項為期 9 個月的雙盲研究，把左心室功能與包括鎂在內的各種營養素相比對，在統計上發現，左心室越小則射出率增加；射出率增加，則生活品質評分也顯著較高 [33]。

由於身體中的鎂，只有不到 1% 存在於血液中，因此血中鎂濃度不是衡量總含量的可靠指標，在一般情況下，細胞內鎂大量耗盡的人，仍常常會擁有正常的血中鎂濃度；而當血中鎂濃度長期偏低，往往代表細胞濃度也偏低，所以正常的血中鎂濃度，特別是短期間測得的血清濃度，就未必能反映缺鎂的問題。

不同於許多水溶性營養素，人體全身鎂的增減，不會即時反映在血鎂濃度上，至少在短期內是如此。當心臟衰竭的病患，需要補充鎂時，臨床醫師不應該被正常的血中鎂值所影響，而忽視隱性缺鎂的問題 [34]。

上述的鎂補充原則，適用於所有慢性病患者，對**心臟衰竭**的病人則格外重要，因為處方藥中的**利尿劑**，往往導致他們體內僅存少量的鎂快速從尿液中流失。

細胞內的鎂濃度降低時，慢性心臟衰竭患者的心跳變異率，指心率在節拍變化之際的增減量，也會跟著降低。心跳變異率正常，大致可代表心臟比較健康，能夠及時因應外來壓力。比對兩組心臟衰竭的患者，補充鎂的一組，不只在血清和細胞內濃度增加，心跳變異率指數也明顯改善 [35]。

另一項研究證明，調升飲食中的鎂攝取量與降低心臟衰竭、中風、糖尿病等風險，和總死亡率非常相關[36]。

鬱血性心臟衰竭的傳統藥物治療，特別是針對病程後期的下肢水腫，幾乎都會在處方中加入利尿劑，使得患者因為排尿增加，而大量流失體內的鎂和鉀。

心臟衰竭的臨床重點

在心臟衰竭患者的臨床管理上，**利尿劑**的使用，會使問題加劇，原因之一就是患者的血液和細胞內鎂濃度總是太低。對長期服用利尿劑的心衰患者做骨骼肌活體組織切片，發現大約有 2/3 的人，處在細胞內鎂含量低於正常值的狀態[37]。

在這種情況下，如果再不積極補充鎂，患者的病情很少會出現重大逆轉。基本上，臨床上心臟衰竭被認為是一種可以穩定控制的狀態，但醫師們不預期它會有明顯的長期改善。廣泛使用的「標準」療程，通常要求患者每日服用利尿劑，但都沒把流失的鎂考慮進去，所以對這些患者而言，「合理」但不滿意的臨床穩定度，就成了他們的現實[38-40]。

血管收縮

冠狀動脈痙攣，是一種急性且多半為局灶性的血管收縮，發生在有明顯粥狀硬化狹窄或無病變的部位，透過血管造影來檢查判別；嚴重的時候，有可能完全阻斷血流而導致**心肌梗塞**。如此急性痙攣的動脈，也經常發生極輕微的收縮，和慢性**高血壓**的病理表現類似。

動脈血管壁肌肉的細胞含**鈣**量偏高，與血管張力增加的現象並存，而且只要鈣濃度不降低，血管肌肉的就會一直保持**高張力**，

這種張力還會因其他刺激性因素，而更進一步增幅，導致**嚴重收縮**或**痙攣**。

另一方面，針對血管的肌肉細胞，凡能使細胞質鈣濃度降低的方法，都可用來使血管張力正常化，甚至能促進血管舒張或擴張。

醫學界已經確定，缺鎂是導致冠狀動脈痙攣，並使其惡化的一項重要因素[41]。研究發現，冠狀動脈痙攣也好發於冠狀動脈繞道手術之後，將近 90% 的受術者會出現明顯**鎂低下**的狀況，據該研究報告，如在後續的繞道手術期間和手術後有效補充鎂，則可消除冠狀動脈痙攣的發生[42]。

用鎂來治療並預防冠狀動脈痙攣，有同樣戲劇性的功效。

在進行血管造影檢查的同時，對冠狀動脈痙攣引發**心絞痛**的病患，直接將**乙醯膽鹼**注入患部動脈，並在痙攣消退後，繼續在患部注射鎂劑，再重複注射乙醯膽鹼，發現 14 名患者中有 10 人的痙攣程度明顯減輕；對照組的 8 名患者，接受等滲葡萄糖液注射，則無人減輕[43]。另有 15 名痙攣性心絞痛的患者，接受一研究性追蹤，發現總計有 41 次發作患者，因為硫酸鎂靜脈注射，而得到立即的緩解[44]。

包括血管痙攣性心絞痛在內，**大多數因缺鎂引發的疾病，都不應該單用血中鎂濃度，作為調控鎂平衡的依據。**由於人體中 99% 以上的鎂都在**細胞內**，血清中的鎂含量「正常」不足以保證細胞內的鎂濃度也符合正常值。

當然，大多數情況下，血中鎂濃度長期過低，必然代表全身性的鎂不足，只是我們不能把血中鎂值的合格與否，認定成細胞內鎂濃度的指標，也不能以它來代表全身鎂的總含量[45]。

有項研究，將血管痙攣性心絞痛患者，與正常人的紅血球細胞相比對，檢驗出經常發作的患者細胞鎂濃度明顯偏低，但是二者的血中鎂數值卻沒有明顯差異 [46]。

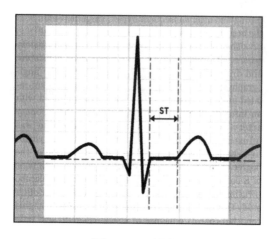

圖 3-2 ST 間期

一份報告有類似的發現：一名 51 歲的男性，患有血管痙攣性心絞痛，且心電圖的 ST 段升高，在接受硫酸鎂點滴後反應良好。ST 段是心電圖上的一個區間（見圖 3-2），代表一個突發性的電流，若不及時緩解，便會造成損傷而發展成心肌梗塞。

根據紀錄，該名患者的紅血球鎂濃度非常低，但在硫酸鎂輸液之後，接受麥角新鹼（一種可引發痙攣的藥物）的冠狀動脈輸注，竟然也沒有發生任何新的痙攣。

值得注意的是，在高血壓患者身上，高劑量鈣離子通道阻斷類的處方藥物和硝酸鹽類，能夠舒緩肌肉張力，卻不能緩解痙攣，

可見當細胞內鎂濃度被嚴重壓低時，僅僅阻止鈣質的血管收縮作用是不夠的。與其使用鈣離子阻斷劑，不如補充鎂，來緩解血管收縮性的痙攣[47]。

類似的局部血管收縮，可能發生在任何地方，背後的病理生理學，基本上是相同的。有一種名為**可逆性腦血管收縮症候群**的病症，偶爾伴隨血中鎂低下一起發生，可能表現為頑抗性頭痛（對藥物治療無反應）、持續血管痙攣、蜘蛛膜下腔出血[48、49]，**其中的兩個病例，曾在積極治療中，施用鈣離子通道阻斷劑，結果完全沒有幫助，卻在靜脈注射鎂劑之後，得到大幅緩解。**

一如我們在前文所提，但凡有細胞內鎂濃度過低的現象，供應鎂就是舒解血管收縮的唯一對策。只要能把鎂濃度提高一點點，鈣離子通道阻斷劑就能提供更多舒緩，如此可提早預防血管痙攣[50]。

高血壓

高血壓是常見疾病，高血壓前期也是十分常見，全世界有超過十億人受到影響，美國人口中更有 2/3 的人受其影響[51]。

針對高血壓的長期治療與控制，鎂還沒有被證明是最有效的單一療法，只是定期補充鎂，似乎有助於持續降低收縮壓及舒張壓；同時，多量攝取也有同樣的效果[52]。

原發性高血壓，是全身性高血壓的常見形態，也是另一種**動脈血管收縮**症候群，通常是慢性發展，而且沒有明確病因。

這種病症的特徵，是動脈細胞膜的**鈣**濃度增加，如同所有高血壓的共通病理特徵，因而足量的**鎂**可以有效對抗它。包括原發性高血壓在內，大多數的高血壓都能用鈣離子通道阻斷劑有效治

療，理由就是細胞內的鈣減少而鎂增加了 [53]。一項大型的統合分析發現，透過飲食攝取的鎂含量高，則可降低高血壓風險；另一項統合分析，證實較高的鎂濃度，與較低的發病率正相關 [54、55]。

研究證據也說明，鎂是高血壓風險因素的調節關鍵之一。

前列腺素和**一氧化氮**可使血管打開，如此有助於降低血管內部的壓力；鎂則能增強這一類天然擴張劑的效用。缺鎂會加重血管的發炎反應，同時減損多種抗氧化劑的活性和效果。要維持血管的**彈性**和結構完整性，**鎂**是不可或缺的營養素 [56]。

不僅如此，自主肌肉收縮的系列疾症，往往可歸因於嚴重的鎂不足，而這些症狀對於鎂治療也都反應良好 [57–59]。

和對照組相比，高血壓患者的淋巴細胞內的鎂濃度明顯較低。值得注意的是，這兩組患者的血漿鎂和血小板內游離鎂濃度，並沒有明顯差異。縱使血小板內的游離鎂濃度，比血漿鎂更可反映全身的鎂含量，它仍然不夠精準，也不足以用來衡量細胞內部的總體鎂濃度。

細胞內鎂大約只有 5% 是游離的，其餘都被結合或內含在細胞器（尤其是粒線體）中成為緩衝，以便補充細胞質內的鎂消耗 [60]。

所以，從本質上來說，若要衡量全身性的鎂消耗量，測定整個細胞內的鎂濃度，才是最精確的指標，而不僅僅是測量血小板這一類片段細胞質中的游離物。在前項研究中，即使淋巴細胞內部空間的游離鎂濃度，不比血小板內要低，高血壓患者的淋巴細胞鎂，總含量仍是明顯偏低 [61]。

測量全身的鎂儲量有以下 3 種方法，其相對準確性由高到低分別是：

✓ 細胞總含量（最準確）

✓ 細胞質或細胞內游離鎂濃度

✓ 血中鎂濃度（最不準確）

在大多數情況下，當血清中的鎂濃度長期偏低，我們可推測此人正處於全身性的鎂耗損；**然而當血中鎂值測為「正常」或介於參考值時，實際上細胞內，仍可能存在著鎂不足的情況，甚至經常是如此。**

正常的細胞質鎂濃度，之所以無法反映人體全身的總儲量，是因為細胞內空間，可以把鎂從細胞質內「漂洗」出來，使得這些「偷來」的鎂，維持了表面上的正常值，直到細胞質內的「備用量」耗盡為止。因此，當細胞質的鎂濃度都不足了，整個細胞內的總鎂量自然不可能提高，當然也就表示全身性缺鎂；同樣的道理，細胞質中的游離鎂濃度「正常」，可能是消耗了胞器內含量而來的，如此也談不上是全身性的鎂充足[62]。

有項針對癌症患者追蹤研究，證實血中鎂毒素，的確無法為我們偵測人體內是否實質上缺鎂：該研究中的個案，都接受一種名為「順鉑」的化療藥物治療，此藥物毒性極強，而且通常會**促使鎂從尿液排出**。研究者持續在病患的血清和骨骼肌的組織切片中，檢測鎂含量，結果在肌肉組織中，看見鎂值急遽降低，血清中卻沒有這個現象，而是要等到身體總儲量，下降到一個更危險的數值時，才會隨之改變。人體中，大部分的鎂都儲存在骨骼裡，血漿中的鎂大約只占全身鎂總量的 0.3%，可是單單**骨骼肌**裡的鎂，就占人體總量的 30%，是體內重要的鎂庫暨暫存區[63]。

研究顯示，個體細胞中，**粒線體**是儲存鎂的主要場所，而且它可以適時而有效地將鎂釋出到細胞質[64]。對比於體內鎂含量的

變動,血中鎂濃度的反應極其遲緩,往往是嚴重缺鎂且持續了很長一段時間,才會在血清濃度反映出來;**縱使有全身性的劇烈消耗,血中鎂濃度也可以穩定地保持在正常值,並且持續很長一段時間。**

全世界約有一成的懷孕案例,因**高血壓**而變得複雜,有時會嚴重到致使尿蛋白過量,或是出現器官損傷的其他跡象,便可能演變成「子癲前症」的症狀;有此症狀的孕婦若是癲癇發作,則立即被診斷為**子癲症**。

這種疾病的進程有不同階段,無論在哪個階段,都可以觀察到細胞內鎂和鈣的消長與基本病理變化,對孕婦產生的影響,包括血管張力增加而造成大幅收縮。就病理表現而言,子癲症和可逆性腦血管收縮症候群很像,施用鎂的療效也相似。

研究也指出,產後婦女接受鎂劑輸注,可以防止子癲前症的症狀惡化成癲癇,甚至比鈣離子通道阻斷類的處方藥劑更有效[65]。儘管無法用來當成普通慢性高血壓的日常治療,但是靜脈注射鎂劑,在穩定血壓的功效上,可能會比其他血壓控制藥物更優越。

在血管擴張、對抗高血壓的效果之外,鎂還能**抗腎上腺素**(類似 β-阻斷劑),故而更強化其**降血壓**的能力。這表示鎂有助於抑制腎上腺髓質釋放兒茶酚胺激素——兒茶酚胺常在人體面臨「打或逃」的高壓力狀態下分泌,可使血壓急速上升。有趣的是,鎂是鈣的拮抗劑,所以鈣會刺激兒茶酚胺的分泌[66-67]。

血管栓塞

血栓是在血管中形成的血塊,也是人體內**鎂過低**的時候,會產生的另一種情況[68]。它發生在有疾病因子潛伏的環境中,而非

單一獨立的現象。

血栓的形成以及冠狀動脈支架植入後，發生主要不良心血管事件的風險，與血中鎂低下本身就有獨自的關聯性[69–70]。**支架**若使用含有**鎂合金**的塗層，也會減少這種凝血傾向[71]。

發炎既是動脈粥狀硬化形成因子（刺激血管中脂肪斑塊的堆積），也是凝血風險增加的主因之一。細胞內氧化壓力（IOS）的過增正是炎症反應的源頭。由於鎂是天然的鈣質拮抗劑，能夠降低因細胞內鈣增加而造成的細胞內氧化壓力（IOS）現象，因而也能做為一種**天然的消炎劑**[72]。

鎂濃度低下也會造成內皮細胞的功能障礙——這是炎症、動脈硬化和血栓形成環境的另一項重要因素[73]。從培養的內皮細胞可觀察到**一氧化氮**的合成，隨著**鎂**濃度上升而增強，這一點能使血液的凝固性增加，但不易形成血栓[74–75]。

有項動物研究發現，針劑中的**硫酸鎂**在體內可以發揮明確的增強**化血栓**能力[76]；另有以人造血栓的動物試驗，發現硫酸鎂的注射能使血栓體積明顯縮小，卻不影響正常的血流（止血），也**不會導致出血增加**[77、78]，這表示鎂有助於穩定體內的止血力，使凝血機能趨於正常。

某項研究以冠狀動脈病況穩定的患者為對象，發現口服鎂能夠抑制**血小板**血栓達 35％；這種效果似乎無關於血小板的凝集和活化，甚至能附加在阿斯匹靈的藥效之外[79–80]。此一發現又與另一項研究結果一致：細胞內的鎂濃度低下，會使冠狀動脈病患的血小板血栓生成[81]。

第 **4** 章

血糖調控的不可或缺因子——
鎂

《 《 《

鎂濃度低下,似乎是胰島素阻抗的直接成因之一。

當細胞內缺鎂,會導致胰島素阻抗上升,胰島素阻抗又造成鎂的不足,這是許多糖尿病患者面臨的惡性循環。因此,要想長期控制血糖,補充鎂可能就和提升胰島素一樣重要。

從代謝和病理生理學的角度來看，**糖尿病、冠狀動脈疾病**和**高血壓**三者密切相關，任一種都是其他兩項的危險因素，大多數病人更是同時罹患這 3 種疾病，糖尿病和高血壓尤其有關連[1-2]。

更甚者，糖尿病患者的衰弱和死亡主因是心血管疾病，高血壓又會使後者惡化。此 3 種疾病的共通風險因素，包含內皮細胞功能障礙和血管發炎[3]，以及代謝症候群的各種跡象，如腹部肥胖、三酸甘油酯與血糖升高、高血壓、高密度膽固醇（HDL）低下。

血清及細胞內的鎂濃度偏低，與代謝症候群和糖尿病的高發病率有關[4-5]；另一方面，口服**鎂劑**已被證實能夠改善代謝症候群，尤其是藉由**降血壓、降血糖**和**三酸甘油酯**這 3 項[6]。缺鎂是糖尿病形成的主要環境因素，它也會使糖尿病難以有效控制。

事實上，鎂濃度低下，似乎是胰島素阻抗的直接成因之一。

因此，要想長期控制血糖，補充鎂可能就和提升胰島素一樣重要，甚至更為重要。某項大型前瞻性研究發現，鎂濃度低下和婦女罹患糖尿病的風險相關[7]，另外，在糖尿病患者的身上，鎂濃度低就和磷酸鹽（Phosphate）濃度低一樣，似乎與神經傳導異常也有著密切關聯。此發現則與患者常有的周圍神經病變一致[8]。

相反地，補充鎂已被證明，能夠減少糖尿病患者的心血管風險因子，包括強化胰島素調控葡萄糖吸收[9-12]。

在一項日本團體進行的研究[13]，以及另一份彙集 3 項美國共同研究的合併分析中[14]顯示，膳食中的高鎂攝取量，似乎能減少糖尿病帶來的風險，和患者的冠心病低發病率也有關聯[15]。

某項動物研究顯示，鎂不只能減少胰島素阻抗，也能增加胰島素受體和葡萄糖轉運體的數量。以上這些因子，都能促使胰島素發揮最佳功能[16-18]。

當細胞內缺鎂，會導致胰島素阻抗上升，胰島素阻抗又造成鎂的不足，這是許多糖尿病患者面臨的惡性循環[19-20]。在糖尿病的臨床治療上，倘若醫療人員能在增補胰島素之前，及早針對缺鎂給予處方，則糖尿病的臨床治療會更加完善[21]。大多數時候，當糖尿病患者的鎂濃度能適時得到修正，他們的胰島素處方，幾乎都不必改劑量，甚至還可以調低。

在研究糖尿病童的血小板鎂含量時，研究者發現胰島素可明顯使其增加，但也同時發現，有嚴重胰島素阻抗的病童，會在初期出現血小板鎂減少的情況；如此可在病理生理學上，進一步證明細胞內鎂含量降低，會導致胰島素阻抗之基礎學說[22-23]。

無論如何，對於各年齡的糖尿病患者來說，補充鎂應當是療程的必要環節之一。在患者體內，長期的鎂低下，顯然會促進胰島素阻抗，持續補充則可使血清暨細胞內鎂濃度明顯提升[24]。

上述鎂、胰島素和葡萄糖之相互關係，還有另外一面，那就是胰島素和葡萄糖分別對於細胞內的游離鎂，具有正反調節的作用。研究觀察人類的白血球淋巴細胞（Lymphocyte），學者清楚發現胰島素能增加其細胞內鎂，而葡萄糖則會使之減少，並且由此推測，胰島素不只本身具有增加細胞內鎂的能力，還可以藉由減少葡萄糖來更增強細胞內鎂濃度[25]。

妊娠糖尿病，指的是非糖尿病患者，在孕期內突然出現的高血糖症狀，其特徵就是**細胞內外的鎂都大量消耗**，在血液和紅血球內亦然。有一項調查係比對婦女在 3 種狀態下鎂的總量，發現非孕期最佳，正常孕婦較少，而妊娠糖尿病患者不但是最少的，其細胞內鎂濃度更遠遠低於前兩者[26]。另一項研究則發現，妊娠糖尿病患者，同時補充**鎂**和**維生素 E**，可使血糖和血脂

都顯著改善 [27]。

如同胰島素可增加細胞內鎂含量，鎂也在胰臟 β 細胞分泌胰島素的過程中，扮演重要角色，而且它還能使胰島素受體，與胰島素完美結合 [28-29]。已有研究證明，非糖尿病患者補充鎂即可增進胰臟 β 細胞的功能 [30]，鎂濃度低下，則會抑制胰島素分泌 [31]。**可印證的是，糖尿病患者的病況，會在鎂偏低的情況下加速惡化，各種併發症的風險也隨之增加 [32]。**

第 **5** 章

管理心智和情緒——
鎂與神經性疾病及自律神經失調

《　《　《

某項憂鬱症治療試驗中，鎂補充劑對於輕度至中度症狀的成年患者有明顯助益。

另一項雙盲對照試驗，特別針對血中鎂濃度低下的憂鬱症患者，也顯示鎂劑能夠大幅緩解病況。

鎂能夠增進神經傳導，改善神經肌肉的協調性，因而在神經系統中，具有重要的地位。

不僅如此，它也能保護神經元免於受到過度刺激（興奮毒性），而導致病變及細胞死亡[1]。相對地，多種神經性疾病都有缺鎂的現象，施用鎂也被證明，能減緩這些疾病的病理症狀[2]。

憂鬱症和焦慮症

根據統計，美國精神病患的病例中，憂鬱症約佔40％。焦慮通常被視為憂鬱症的伴隨症狀，更被許多人歸納為同一種臨床症候群[3]。在動物和人體的研究中，也發現缺鎂與焦慮和憂鬱有關[4-11]。

同樣地，長久以來，臨床上證明補充鎂能有效改善上述病況。在某項隨機對照的憂鬱症治療試驗中，鎂補充劑對於輕度至中度症狀的成年患者有明顯助益[12]；另一項雙盲對照試驗，特別針對血中鎂濃度低下的憂鬱症患者，也顯示鎂劑能夠大幅緩解病況，當然也改善他們的血中鎂濃度[13]。

有些憂鬱症患者，對於現行處方藥沒有明顯的反應，在臨床上即被歸類為「難治型憂鬱症」。對此類病患施用傳統治療是極端無效，施用鎂卻有極明顯的益處，而且無論是在成熟的動物模型，或臨床病例上都獲得證實[14、15]。

補充**鎂**劑被證明能補強傳統藥物在**憂鬱症**上的療效，這種補強有時是以協同作用的形式呈現[16、17]。此外，相較於單獨使用，鎂劑結合特定非處方藥物的天然成分時，它的好處會更多[18、19]。

如同缺鎂與焦慮、憂鬱的相關性，長久以來，臨床上早已證明補充鎂能有效改善上述病況。

　　與缺鎂有關的其他症候群也會出現憂鬱、焦慮等症狀。在一組小兒偏頭痛患者身上，連續 6 個月施用鎂劑作為預防治療，發現其**偏頭痛**發作次數降低，有關**焦慮**和**憂鬱**的症狀也減少了[20]。中風後的病人經常有憂鬱症狀，而中風與憂鬱都與血中鎂濃度低下密切相關[21]。

　　此外，產後憂鬱症和子癲前症之間，可能互有關連性，這兩種病症對於鎂補充劑也都有反應[22]。成癮是另一種疑似與缺鎂有關的狀態，它對鎂劑的補充同樣有反應，焦慮和憂鬱也常與導致成癮的因素同時出現[23]。

　　失眠是焦慮與憂鬱的另一項表現症。有一項大型統合分析顯示，**失眠**會大幅增加罹患**憂鬱症**的風險[24]；另一項針對失眠治療的統合分析指出，失眠的改善促使患者的憂鬱症狀得到緩解，可見助眠能作為療程後期的過渡方式之一[25、26]，且焦慮、憂鬱和失眠等相關症候群之間的進程，具有正相關性[27]。

　　上述各症狀之間是否互為因果，至今尚未釐清楚，只知道三者之間可能有一個共同的誘發因素，好比是體內的鎂儲存量減少，無論如何，補充鎂都有益處。某項雙盲對照的臨床試驗，為失眠患者補充鎂，結果似乎改善了失眠的主觀測量值[28]。另一項研究發現，含有**褪黑激素**、**鋅**以及**鎂**的補充劑，可明顯改善療養院收容者的睡眠品質[29]。

　　某項研究係以酗酒患者為對象，發現鎂似乎與睡眠指數的提升直接相關，可使患者較少出現與失眠有關的症狀[30]。另有一項針對**失眠**和**不寧腿症候群**的研究，也顯示施用鎂對此兩種情況都有幫助[31]。

腦癇症與癲癇發作

　　癲癇發作是由大腦內無法控制的放電引起，或表現為一系列症狀，也可能僅僅是明顯的肢體抽搐。

　　腦部腫瘤、特定類型的中毒、神經系統發育不良、傳染病和高燒，都有可能是癲癇發作的病因，然而仍有大約 50%的癲癇患者，無法確診出真正的肇因。當癲癇反覆發作，且始終未能確診時，醫師一般會認定為腦癇症。

　　從病理生理學來說，所有的癲癇活動，都源於不穩定的放電，這種放電是由局部神經元的細胞內鈣濃度升高所引起 [32]，而且腦癇狀態的長期性與不受控，又和細胞內**鈣離子濃度**的調控功能喪失有關；如此的生理變化，使得我們越來越無法利用標準藥物，來干預細胞內鈣的濃度 [33、34]。

　　相對於其他患者，發作較不頻繁的個案，其細胞內鈣濃度常有起伏，差距較大，但他們也不常使鈣濃度升到那麼高 [35]。

　　癲癇是一種臨床急症，症狀發作時的活動持續，或者急促而反覆，患者在兩次發作之間不會恢復意識，受影響的細胞內部，會出現極高的鈣濃度，而且不會下降 [36]。另外，由於**神經元**很可能在癲癇發作期間，積存更多**鈣質**，故而必需即刻強制降鈣，才能減輕／停止發作，如此也同時防範這些細胞的損傷和死亡 [37]。

　　整體而言，神經元細胞中的**鈣**流入，會增加**電流**的興奮度和不穩定度，**鎂**流入則帶來鎮靜作用 [38]。**事實上，在模擬癲癇發作的細胞和組織模型中，研究人員發現鎂濃度低下的環境就是穩定誘因之一** [39、40]。

　　有鑑於癲癇與細胞內鈣的濃度升高有關 [41]，在受影響的神經元，施以**鈣離子通道阻斷劑**，便能產生抗癲癇作用。透過細胞研

究，人員發現維拉帕米（Verapamil）的抗癲癇特性，似乎來自於其阻斷鈣質滲透細胞膜的能力[42]。**鎂**同樣具備鈣拮抗，鈣離子通道阻斷的特性，不少臨床研究都有如此發現。

鎂不僅被證明可以保護細胞免受癲癇發作的損害，在動物和人類研究中，它也被發現能增益標準抗癲癇藥物，提高癲癇發作的閾值[43、44]。同時，高劑量的鎂似乎比低劑量更能提供保護效果[45、46]。對傳統藥物有抗藥性的癲癇患者，在口服鎂補充劑之後，都有癲癇活動明顯減緩的現象，而且 22 名患者中有兩名不再發作[47]；在發作當下，治療其中兩名病程最嚴重的患者時，由於抗癲癇綜合藥物無效，醫師改以**靜脈注射鎂**，使臨床症狀**立刻改善**，因而很快就能拔除這兩名患者的氣管內管，不必再插管[48]。

血中鎂低下，早就被證明與**癲癇**有關——癲癇患者的平均鎂濃度，比健康對照組要低得很多[49]。在一項以兒童患者的高體溫為主題的研究中，發現實驗組的血中鎂濃度和細胞內鎂濃度，都比對照組要來得低[50]；相對地，在另一份 22 年追蹤 2,442 名男性的研究發現，飲食中較高的鎂攝取量，與較低的癲癇發病率有關[51]。

癲癇最佳療法

我至今仍難以理解，鎂為何沒有被納入癲癇治療的基本程序之一。同樣令人費解的是，儘管它有機會在第一時間就徹底消解癲癇的發作——特別是如報導所說，曾經成功施用在某些抗藥體質的患者身上——卻仍然不是「最優先」被採用的藥劑。

更甚者，傳統的**抗癲癇藥物**，已知有諸多**副作用**，又不像鎂還兼具逆轉潛在病徵、修復細胞損傷的功效，照道理說，運用鎂

來治療癲癇，更可以預防藥物副作用才是。文獻共同指出，鎂能廣泛地改善神經系統疾病的臨床症狀，也能降低這些疾病造成的神經退化。

可以想見，在此類疾病的早期施用足量的鎂，應可切實逆轉這方面的病理現象 [52]。

帕金森氏症、阿茲海默症、失智症

這 3 種神經系統疾病，都屬於慢性的神經退化性失調，受此影響的神經元會逐漸凋零（死亡），進而導致大腦逐漸萎縮，而剩餘的細胞會在同時發生一系列代謝失常。

漸進性失智的病程後期，通常和阿茲海默症難以區別，而帕金森氏症對於大腦其他區域的影響，則比前兩者突出。然而，不同程度的失智，在帕金森氏症患者中也很常見。

一般來說，如同大多數的慢性病，大腦和神經系統的疾病也和人體內的鎂消耗有關，不同的疾病可能導致大腦各區域產生不同的耗損度。其中，**鎂消耗最嚴重的部位往往也會發現有過量的神經毒性金屬**，例如鋁、汞、砷，而這就表示我們在治療時不能只補充鎂了；**阿茲海默症**很可能就是鋁過多造成的情況 [53、54]。

檢視阿茲海默型老年失智患者的驗屍結果，研究人員發現，其大腦神經元的細胞核，有高比例出現濃縮的鋁，在顯微鏡下便呈現所謂的「神經纖維糾結」（Neurofibrillary tangles）[55、56]。

當然，無論是哪一種神經系統疾病，受損的神經元內部必然也有細胞內氧化壓力（IOS）過增和細胞內鈣濃度升高等情況，只是礙於某些因素，不能像治療別的身體部位，直接抑制細胞內部的氧化壓力。儘管如此，如何降低且穩定受損神經元內部的細

胞內氧化壓力（IOS），仍然是醫藥研究的目標。

在探討神經系統疾病的病理和治療上，大部分文獻以細胞培養和動物模型研究為中心。某項實驗以老鼠模型研究**帕金森氏症**，將神經元暴露在不同鎂濃度的環境中，發現較高濃度的**鎂離子**，對於預防並減少典型的神經元病變上，有「**顯著而令人震驚的效果**」[57]。

另一項類似的實驗，則發現受損細胞的活性，與細胞質的鎂含量上升呈正相關；後者係來自於粒線體釋放其儲備的鎂離子，連同細胞膜增強對於鎂的吸收力[58]。

在阿茲海默症的動物模型中，實驗者對老鼠施用羥丁胺酸鎂（Magnesium threonate，又譯蘇糖酸鎂），而使大腦中的鎂含量順利增加，**該文獻的作者群認為腦中鎂含量的增加，能夠預防突觸凋零，也可在一定程度上，逆轉大腦的認知缺陷**；此實驗也同時顯示，鎂對受損神經元的組織切片有正面影響[59]。羥丁胺酸鎂如今是鎂補充劑的一種形態，在動物實驗中發現，它比其他的常用形態更容易進入大腦和神經系統[60]。在阿茲海默症的老鼠模型中，腹部注射鎂似乎能夠保護認知功能，和突觸的完整性[61]。

相比於非屬中樞神經系統的疾患，這些神經系統疾病，和血中鎂濃度低下的關聯性，並不那麼直接了當。比方說，**某些研究致力於發掘血中鎂濃度，在阿茲海默症所扮演的角色，包括對於臨床病程的影響性**[62、63]，卻有一項研究的結論是，血中鎂濃度的偏高和偏低，都與失智症風險有關[64]，近期的一項統合分析發現到帕金森氏症患者的**體循環鎂濃度**會增加[65]。話說回來，倒有一份帕金森氏症的細胞模型研究顯示，鎂越多越有助於降低細胞內氧化壓力（IOS）程度[66]。在此同時，有不少研究發現，血清中

的鎂對於**血腦屏障**的穿透性特別差 [67]，恰恰呼應前述各項研究結論——即人體內鎂的存在似乎有某種不協調性。現在有一種被稱為**磷譜核磁共振**的方法，可以直接在體內測得不同組織中的**游離**細胞膜鎂濃度，運用這項新技術的研究，也許能使我們更瞭解鎂在體內的狀態，作為將來解決這些數據上的矛盾 [68]。

儘管血中鎂濃度與神經系統疾病的相關性，不如身體其他部位的疾病那般明確，但在目前看來，細胞質**鈣**過量導致的細胞內氧化壓力（IOS）增加，仍是各種疾病中一致的病理生理學狀態，神經系統疾病也不例外。

研究人員發現，在阿茲海默症患者的**腦脊髓液**中，發現的**鎂濃度**明顯**低**於對照組，然而這兩組人的血中鎂濃度差異並不大 [69]。在另一項關於阿茲海默症的對照研究中，兩組對象的血清總鎂濃度沒有明顯差異，患者的血清游離鎂濃度偏低許多，而這些降低幅度與認知功能有直接關係 [70]。

一份針對神經組織內的鎂含量研究顯示，即使是在正常的大腦裡，不同部位的鎂含量也有極大差距；而**阿茲海默症患者的病變部位，其鎂含量就遠低於正常人的同樣部位** [71]。當然，如同前述，即使這些部位不像身體其他部位容易醫治，使這種病變細胞內的鎂含量增加，來抵銷鈣質的過量，這仍是重要的治療目標之一。新式補充劑，如脂質體包覆的羥丁胺酸鎂已經問世，可望使此目標更容易達成。

某項長達 10 年的追蹤研究中，學者發現氧化鎂（一種常見的瀉藥）似乎能大幅降低患失智症的風險 [72]，至於**已確診為失智或阿茲海默症的患者，補充鎂除了能增進學習力，也能改善其他的相關症狀** [73]。

研究不同類型的失智和阿茲海默症病例，我們發現鎂之外的其他礦物質，似乎也是重要因素。曾有人假設併同失智，或帕金森氏症的 ALS（肌萎縮性脊髓側索硬化症，即俗稱的「**漸凍人**」）患者，是長期暴露在**低鎂**和**高鋁錳**的水土環境下而罹病[74]。腦組織中的**鉛過量**，也是早發型**失智症**的疑似現象之一[75]。

許多細胞、動物和人體研究都強烈支持這樣的觀念：站在病理學和細胞死亡的角度來看，**細胞鈣過量和鈣質調控機制受損——代謝不良，是大多數神經系統疾病**，與神經退化性病症的基本共通性[76-81]。這個觀念更加印證鎂與鈣互為消長的論點，包括設法增加鎂，是抑制鈣超量的重要方式，因為病變細胞中的鎂濃度確實偏低。

然而，許多疾病的細胞內氧化壓力（IOS）病理性過量，歸因於多種氧化誘導毒素，這些毒素可能是神經系統疾病的附加肇因，其中甚至包括**鐵和銅**[82]。事實上，病變細胞內的鐵之所以增加，可能就是因為細胞膜上的**鈣離子通道**為其吸收打開方便之門【圖 5-1】，如此越發說明鈣離子通道阻斷劑，對此類神經系統疾病在病理進程上的正面效益[83]。

鈣離子通道阻斷劑似乎能減緩帕金森氏症的病程[84、85]。有兩項統合分析發現，此類藥物能使帕金森氏症的惡化風險大幅降低[86、87]，另一項研究則發現，高血壓患者使用的二氫吡啶（類鈣離子通道阻斷劑），也可能降低罹患帕金森氏症的風險[88]。**鎂是天然的鈣離子通道阻斷劑和拮抗劑**，那麼只要把足夠的鎂輸送到目標組織，應該會對神經系統疾病的病程產生正面功效。

撇開過量的靜脈注射，和腎功能衰竭之類的情況，血液中的鎂濃度持續且明顯升高，相當罕見。在高鎂血症患者之中，有一

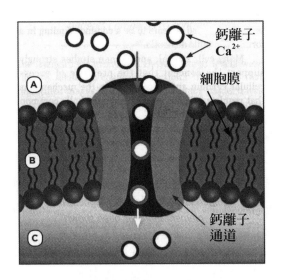

圖 5-1 鈣離子通道

鈣離子通道是細胞膜上的孔狀結構（B），可供鈣離子——包括鐵、銅等毒素——從細胞外的空間（A）進入細胞內部或細胞質液（C）。鈣離子通道阻斷劑可阻止這種移動。

定比例是年紀很大的老人家，尤其是住在安養院和長期照護機構的長者，因為這些病患經常依賴含鎂的瀉藥，來保持腸道蠕動，另一種則是慣用瀉藥來治療便秘的人，因為瀉藥能讓鎂在胃腸道內停留得更久，吸收率會比正規的鎂補充劑更高。無論患者是否有腎功能障礙，這種瀉藥都有可能使體內鎂濃度高到足以致命[89]。

中風

中風是因為血流不足或完全停止，而造成神經元受傷甚或死亡。這種症狀通常被分為缺血性和出血性；前者是流向大腦某個區域的血液嚴重不足，後者則是因為某個區域的供血完全喪失，或是由於**積血**產生壓迫，進而造成另一個區域的神經元細胞死亡或受損。

說到鎂及中風的關係，**鎂**的最大好處可能在於**預防中風**。有一項前瞻研究的統合分析發現，飲食中的鎂攝取量，與**缺血性中風**的罹病風險成反比[90]，另一項世代研究的統合分析，也得出相同結論[91]。其他研究曾發現膳食鎂偏低，與中風的風險增加及**血壓偏高**有關[92,93]，特別是後二者常常同時並存。另有一項研究也呼應此結論，許多缺血性中風的住院患者血中鎂濃度較低，而這個現象又和較高的院內死亡率獨立相關[94]。也有報導指稱，急性缺血性中風患者，若在發病的 1 個月後，出現**認知障礙**，則**血中鎂濃度低下**很可能就是風險因子[95]。

在與對照組相比的前提下，當急性缺血性中風患者，在住院的前 24 小時內，得到足夠的鎂劑輸注，患者的復原程度，仍是微小到不具備統計學上的意義[96]。對此，我們可以推定神經系統的受損，並不會因為亡羊補牢之舉而得以逆轉，然而鎂偏低，固然會增加中風的發作風險，偏高可減少風險，但若是在中風發作

之前，根據數據顯示，我們還有機會緩解神經系統的缺陷時，補充鎂的確是有好處的。

在暫時性局部缺血的動物模型中，實驗者在永久性損傷發生之前，就排除了血管堵塞的狀況，使得通往神經組織的血流立刻恢復，此時本該產生的**休克**，就被鎂和非類固醇消炎劑的結合劑，給同步減輕了[97]。

有一份關於 5 項臨床試驗的統合分析也證實，若要搶救已受損但仍有活性的神經組織時，鎂就具備為這種神經提供保護作用。同樣在臨床上，讓蜘蛛膜下腔出血的腦傷患者服用鎂劑，不僅可降低不良後果的風險，也減少了延遲性大腦缺血事件的發生[98]。有好幾個大腦受損的動物模型，都顯示鎂能增進認知功能的恢復[99、100]。

把鎂與鈣離子通道阻斷劑，合併施用於蜘蛛膜下腔出血的患者，也被證明可帶來顯著的益處。某項隨機雙盲的前瞻性臨床試驗中，120 個病例都接受鎂劑靜脈注射以及口服腦妥膜衣錠（Nimodipine），結果證實，能使蜘蛛膜下腔出血者，減少發生腦血管痙攣。此病發作後的腦缺血、周邊腦組織死亡（腦梗塞）以及神經功能障礙也明顯減少[101]。

研究發現，血中鎂低下與中風後的出血性併發症獨立相關[102]。某項研究係針對 299 名急性的自發性**腦出血**患者，明確證實**鎂在減少出血的功效相當卓著**；另外，血中鎂濃度較高的患者，在入院時的積血量（血腫體積）多半較低，此兩者也是獨立相關[103]。

第 **6** 章

做個深呼吸——
鎂和肺部疾病

《　　《　　《

　　血中鎂濃度又和成人氣喘患者的症狀控制呈正相
關。

　　研究顯示，靜脈注射鎂能在一定程度上增進肺功
能，也能減輕急性發作時的症狀

氣喘與支氣管痙攣

多種研究發現，攝取**鎂**有助於**健全肺功能**。單單是膳食中鎂的多寡，便與肺功能和喘鳴（支氣管痙攣）的發生率獨立相關；反之，飲食中缺乏鎂，則可能會導致肺功能缺損[1、2]。

血中鎂濃度又和**成人氣喘**患者的症狀控制呈正相關[3]。依照現有研究看來，鎂似乎能夠改善或有助於預防多種肺功能不全症，而且至少有 3 種正面功效[4]：

1、在**血管擴張**和**支氣管擴張**上有強效作用。

2、有助於調節乙醯膽鹼和組織胺（支氣管收縮劑）的釋放。

3、有消炎（減少氧化壓力）功效。

在慢性氣喘患者之中，我們發現血中鎂濃度低下的患者，有明顯多項肺功能不全[5]，這些人的臨床症狀，也比鎂濃度正常的病患來得嚴重[6]。不意外的是，氣喘病人的細胞內鎂濃度受到抑制，而這個現象也牽涉到支氣管的敏感性，或是支氣管痙攣的好發性[7]。

較高的鎂濃度確實能**抑制氣喘**的發生，或者使症狀極輕微，反之則似乎會使病況惡化，然而鎂用於氣喘治療的有效性並不明確。急性氣喘發作在急診的處置，通常是用吸入劑以及靜脈注射藥物。許多研究一致顯示，**靜脈注射鎂**能在一定程度上**增進肺功能**，也能減輕急性發作時的症狀，但不是每次的效果都一樣顯著。

此外，在緩解急性發作時，吸入式（噴霧）鎂劑的效果，總是不甚明確[8-12]。近期有一份統合分析指出，在成人和兒童氣喘患者的標準治療中，添加鎂長期口服劑，顯示出有限的益處[13]。

話說回來，就和其他慢性病一樣，氣喘患者定期補充鎂，仍

值得鼓勵，況且此舉還可能降低其他疾病的發病率，又或者能減輕其症狀，只是全身性缺鎂，會使補充劑很慢才出現效果。

老菸槍的秋後算帳（COPD）

慢性阻塞性肺病（COPD）在病理上與氣喘截然不同，它會隨著時間導致肺部組織逐漸被破壞。

在長期罹病的病人身上，呼吸困難的惡化，往往是因感染和環境／化學刺激物所引起。細胞內氧化壓力（IOS）重症患者的呼吸困難加劇，多半也會有支氣管收縮的現象。

有一份包含 4 項隨機臨床試驗的系統綜述發現，鎂輸注似乎能增強支氣管收縮緩解劑的效果，但是這種效果並不明顯[14]。在一項以細胞內氧化壓力（IOS）重症患者為對象的雙盲對照研究中，研究者認為硫酸鎂靜脈注射，可作為**支氣管擴張**標準用藥的有效添加劑[15]。另一項以細胞內氧化壓力（IOS）重症患者治療的研究發現，靜脈注射鎂本身，並沒有明顯的支氣管擴張作用，也沒有減少患者的住院時間[16]。

另一項研究發現，鎂噴霧似乎不會改善氣喘病人的支氣管收縮，但對細胞內氧化壓力（IOS）重症者的呼吸表現有好處[17]。當然，就像在氣喘患者的情況，細胞內氧化壓力（IOS）患者定期補充鎂還是有好處的，畢竟無論是否有肺功能障礙，鎂濃度低下，總是有損生活品質[18]。

第 **7** 章

骨質的臨床表現──
鎂與骨關節肌肉疾病

《　《　《

鎂有一項為人所熟知的功效,就是刺激造骨細胞的
增生。

當人體缺鎂而減少骨骼形成,最終就會導致骨質缺
乏症,亦即骨質疏鬆的最初階段,因為這種狀態,不僅
抑制造骨細胞的活動,還會促進破骨細胞的活動。

人體內大約有 60％的鎂儲存在**骨骼**，另外的 40％則存於骨骼肌和軟組織，僅有不到 1％是在細胞外被發現，如血液和細胞外液[1、2]。

鎂有一項為人所熟知的功效，就是**刺激造骨細胞**（骨骼形成細胞）的增生[3]當人體缺鎂而減少骨骼形成，最終就會導致骨質缺乏症（Osteoblasts，骨質疏鬆的最初階段），這種狀態不僅抑制造骨細胞的活動，還會促進破骨細胞（破壞骨質的細胞）的活動[4、5]。

研究者在一項動物實驗中，觀察新骨骼形成和癒合的過程，發現浸泡過鎂的鈦植體，植入後可以**加速骨骼形成**，也能增進造骨標記的不同表現[6]。

骨質疏鬆

在骨質疏鬆的臨床症狀表現之中，骨折是最糟糕的結果。

某項長期的前瞻性世代研究發現，單單是血中鎂濃度偏低，就攸關骨折增加的風險[7]。另一項針對 3,765 名患者為期 8 年的研究發現，膳食鎂攝取量最高的男性和女性，其骨折發生次數都少於攝取量最低的人[8]。

相對地，讓一組停經婦女持續 2 年補充鎂，結果發現她們的骨折發生率降低，骨密度也大幅增加[9]。想當然爾，膳食鎂的攝取量增加，也能延緩因衰老和骨鬆加劇而出現的骨骼肌退化[10]。

對骨骼健康而言，擁有並維持體內正常的**鈣**與**磷酸鹽**（Phosphate）代謝非常重要。進一步說，維生素 D 在人體內是否正常吸收、存量是否穩定，是調節鈣／磷酸鹽代謝的重要關鍵。**鎂在人體內也扮演著活化維生素 D 的角色**[11、12]。無論是人類或動物，

鎂不足都和維生素 D 濃度偏低有關[13]，而它除了在維生素 D 的代謝過程佔有一席之地，也是維生素 D 合成的重要因子之一[14]。

　　有一項研究係針對已停經的骨鬆患者，發現這些人的血中鎂濃度，比對照組的正常人還要低，可知骨骼中的礦物質密度，也和鎂濃度直接相關[15]。這些研究結果在在顯示骨骼中（和全身）的鎂儲量，是維持骨骼健康的重要元素，而且優質的鎂離子補充劑，對於預防和治療骨骼疾病都非常重要。

骨關節炎

　　一般來說，**缺鎂**一向被認為是**骨關節炎**形成和損壞的主要風險因素，因為它與軟骨受損、促進發炎的物質增加，以及新生軟骨細胞的缺陷有關[16]。

　　鎂的攝取量低，表示飲食和補充劑有所不足，在骨關節炎的影像檢驗結果看來，這種不足與患者的**膝關節疼痛加劇**有關[17]。另有一項研究則證實膳食中的鎂攝取量，與 X 光片上的骨關節炎和關節腔窄化呈負相關[18]。無獨有偶的是，這種負相關性也發生在血清中的鎂濃度上[19]。

　　其他研究同樣佐證，鎂不足可能引發骨關節炎，或是增加鎂攝取的重要性，後者包括關節內注射——可減輕骨關節炎症狀[20、21]。人們早已發現，針對 X 光檢驗確診的早期骨關節炎，其患者的發炎指標 CRP 指數，與飲食中鎂攝取量暨血中鎂濃度皆成反比[22]。軟骨鈣化症指的是鈣質在軟骨中沉積的現象，經常和骨關節炎一起發生，也被許多人認為是骨關節炎演變的病理進程之一，而其發病率已被證明和血中鎂濃度成反比[23]。

　　同時，在硫酸鎂、軟骨素（Cartilage）這種合成藥物幫助下，

骨關節炎主要症狀的治療成功率大增（即增加軟骨細胞增殖，減少細胞凋亡造成的破壞）[24]。

肌肉組織方面

如同身體的其他細胞和組織，骨骼肌的健康和功能，有賴於人體內保持最佳鎂含量。儘管沒有那麼多文獻，直接點明鎂和肌肉健康之間的關係，不過肌肉的構成也是細胞和組織，鎂的重要性自然是相同的。

某項動物研究發現，飲食中缺乏鎂，會導致骨骼肌組織內的鈣含量和氧化壓力異常增加，那麼理所當然就會導致肌肉組織的病變和退化[25]，假如又伴隨有其他膳食營養的不足，則**肌少症**（肌肉質量流失）的發生率會增加[26]。在一份針對運動員生理表現的研究回顧中，鎂的正面功效被認為具有「證據品質」[27]。

第 **8** 章

活力的關鍵——
鎂和生物系統

《　《　《

研究發現，某種鎂化合物有助於保護肝臟細胞免受
非酒精性脂肪肝的傷害。

藉由降低肝臟和其他部位的細胞內氧化壓力
（IOS），鎂能夠輔助肝臟的解毒機能，讓細胞正確排
毒，使人體不至於暴露在新的毒素中。

肝臟

　　鎂的攝取和肝臟疾病之間的關係缺乏廣泛研究，只有一項大型研究檢驗過，前者和肝病致死風險之間的關聯性，結論是**日常攝取量每增加 100mg，即可使肝病的死亡風險減少 49%**；此研究還發現，這種反比關係，在飲酒人口和脂肪肝患者身上更顯得突出[1]。

　　一項肝細胞研究發現，某種鎂化合物有助於保護肝臟細胞免受非酒精性脂肪肝的傷害[2]。某個小鼠實驗顯示，鎂可以**保護肝臟免受敗血症相關毒素的影響**[3]；某一項大鼠實驗模擬**膽結石阻塞膽管**的情況，實驗人員便發現，鎂也能保護實驗鼠免受堵塞後遺症可能造成的傷害[4]。

　　此外，若將它施用在暴露於四氯化碳（Carbon tetrachloride，一種損害肝臟的毒素）的大鼠身上，則可大幅防止 GOT、GPT（肝臟分泌的酵素）升高，明顯減少肝細胞的死亡，因而能減輕其他的傷害[5]。另一項動物模型研究也證明，鎂可以保護肝臟免受**化療藥物**奧沙利鉑（Oxaliplatin）的傷害[6]。

　　所謂的「代償性肝硬化」（Compensated liver cirrhosis），指的是部分肝臟因受損而失去功能，但是只要健康的肝細胞數量足夠，則這些健康細胞仍能正常運作，且遞補原有的機能。在以這些患者為對象的研究中，凡是細胞內鎂和血中鎂濃度都處於較佳狀態者，其認知表現也比較理想，這個角度暗示鎂或許能減少肝性腦病變的機率，或減輕病程——肝性腦病變往往使肝病患者的**情緒**、舉止、性情或知覺產生變化[7]。在另一項研究中，人員對誘發了肝性腦病變的實驗鼠施用鎂，發現能夠大幅改善其認知與運動功能[8]。

以上這些研究，都強調一個事實：藉由降低肝臟和其他部位的細胞內氧化壓力（IOS），鎂能夠輔助肝臟的**解毒機能**，讓細胞正確排毒，使人體不至於暴露在新的毒素中。

胰臟

曾有動物研究證實，鎂能夠保護**急性胰臟炎**引起的肝臟損傷，抑制多種肝臟損傷症狀的影響[9]。

在另一項以人工誘發胰臟炎的動物實驗中，補充鎂劑則被證明可減輕症狀，反之則會增加對發炎刺激因子的敏感性[10]。**有一項調查以非糖尿病患者為對象，發現補充鎂能改善胰島 β 細胞，在分泌胰島素時的代謝反應力**[11]。在以人工誘發糖尿病的大鼠實驗中，鎂的補充則防止了可能發生的**胰腺**病理變化[12]。

生殖系統

目前的高危險妊娠對策中，鎂常被用為安胎藥物（抑制子宮收縮）以防止早產陣痛和早產[13]，而鈣離子通道阻斷劑具有相同藥性，在這些情況下，也常獲處方使用。此類干預藥物也是一種可能的**神經保護劑**，能夠減少**腦性麻痺**和**顱內出血**的機率[14、15]。

隨著孕期行進，新陳代謝狀態改變，人體內許多營養素、維生素和礦物質的儲存量都會減少。**有文獻認為，鎂儲量急速耗減的孕婦，最容易發生子癲前症**，她們也更常出現**腿抽筋**和早產等現象[16]；實際上，靜脈注射硫酸鎂劑，是此類病患在孕期血壓升高時的臨床降血壓用藥的首選，正和文獻所指的結果一致。**也有人認為，嬰兒猝死症很可能就是母體在孕期嚴重缺鎂所導致的後果**[17]。

事實上，鎂被公認是「**降血壓**」的特效藥，這的確表示夠高

的劑量，可以使血壓下降到所需的程度 [18、19]，卻也同時意味著鎂過量時的主要「副作用」，會造成**血壓太低**，以致於無法維持生命。藥理上，因為鎂而造成鈣離子通道的過度阻塞，情況就類似處方阻斷劑降血壓藥物使用過量（通常是自殺未遂的結果），在急診室表現為低血壓休克；因此，這類型的處方藥，總被認為是治療指數較小的藥物（最低毒性濃度小於最低有效濃度之兩倍）[20]。

儘管如此，只要不是刻意超量使用，無論是懷孕或其他情況，鎂和鈣離子通道阻斷劑，仍被廣泛認為是對病人安全的藥物，只是在用藥期間需要適度受監測 [21、22]。

腎臟

針對未罹患已知腎臟疾病的人，我們發現鎂濃度低下與**腎功能加速惡化**有關係，尤其是反映在腎絲球過濾率的偏低。

有一項包含 2,056 名參與者，且平均追蹤 7 年的研究發現，最低的血中鎂濃度，都與最嚴重的腎功能損失有關聯，而且這群參與者之中的糖尿病患者，甚至出現更明顯的功能下降 [23]。**至於已經是慢性或末期腎臟病患的人，他們低下的血中鎂濃度，則和心血管死亡率及總死亡率的提高有明顯關係** [24]。當這些人的鎂濃度保持在稍高範圍時，死亡率和鈣化程度也都會大大減少 [25]。

聽覺

有大量文獻證實，鎂在**保護聽覺**和恢復聽力的重要性。長期以來，鎂不足被證明會增加聽覺對於噪音和毒素所引發損害的敏感性 [26]。

在一項對照雙盲實驗中，300 名健康的新兵，接受為期兩個月的基本軍事訓練，其中一組每天飲用含 167mg 天門冬胺酸鎂的

飲料，而另一組則喝安慰劑，等到訓練期結束時，人員發現噪音導致聽覺受損的情形，在補鎂組是明顯減輕 [27]。

對於已經發生的**聽力損傷**，鎂也有很好的治療效果。在一項隨機雙盲對照的前瞻性實驗中，患有突發感音神經性聽力受損（涉及神經）的病人接受含鎂類固醇治療，另一組接受的類固醇則含有安慰劑；在所有測試中，實驗組的聽力改善比例和程度都明顯居高 [28]。

除了額外補充鎂，透過膳食大量攝取，也是聽覺健康的強力支援。有一項橫斷面資料分析，以 20 至 69 歲的成年人為對象，並在 3 至 4 年的時間裡，對 2,592 名參與者測量聽閾，同時推算其飲食中**鎂、維生素 C 和 β– 胡蘿蔔素（維生素 A 前趨物）**的攝取量，結果發現對這些營養素的攝取量越高的人，其聽力損失的風險就越低 [29]。

某項動物實驗，以兩個不同品種的天竺鼠為對象，研究**慶大黴素**（Gentamicin）的耳毒性（因抗生素而造成的聽力受損），結果發現飲食中添加鎂和維生素，能夠大幅減輕聽力受損 [30]。另一項天竺鼠研究，則是實際分析聽覺受損者**耳蝸**中的鎂含量，同樣發現鎂含量越高，則聽力損失越小 [31]。還有一項實驗，將天竺鼠暴露在槍聲中使其聽力受損，之後再使用鎂製劑治療，結果發現鎂帶來的改善是暫時的，但在**持續使用 1 個月**後，就能治療受損的聽力 [32]。

針對中度至重度**耳鳴**的病患，研究人員發現，使用 3 個月的口服鎂，可使此症狀大幅減輕 [33]。有一個病例是 5 歲女童，同時受聽覺障礙與**梅尼爾氏症**的症狀（每天眩暈、頭痛和嘔吐）達 6 個月之久，卻在補充**鎂和維生素 B₂**，以及一套專為偏頭痛患者所設計的飲食方案之後，就完全康復了 [34]。

第 **9** 章

腦心管問題——
鎂與偏頭痛

《 　《 　《

　　研究顯示，當血流受限或阻斷一段時間之後又重新恢復，鎂會大幅減少因氧化壓力而造成的損傷。

　　鎂能夠使收縮的血管（血管擴張）自然放鬆，同時又可減少氧化壓力，這樣的雙重功效，讓人期望它能夠施用於治療偏頭痛，而且最好能比血管擴張劑，更能應付促氧化活性反應。

大約有 16％的美國人，會經歷一次或多次偏頭痛 [1]。

這種使人乏力的常見病症，可以歸入多個病理類別，有人認為它是一種「原發性」的疼痛或神經障礙，有人則認為它是一種血管疾病，而比較有可能的是後者，也就是和**血管平滑肌**組織的張力有關。

當血管張力增加時，血管的直徑會縮小，若人體經常發生這種零星且無法預測的收縮，長期下來便會導致一系列的症狀，其中包括劇烈頭痛。目前，我們並不十分瞭解偏頭痛的症狀發展，唯一可以肯定的是，大多數臨床醫師認為，這類型症狀牽涉到腦血管狀態與功能的嚴重混亂 [2]。

偏頭痛的症狀，多半可能是由於**過度收縮的血管急速擴張**，在血流突然恢復時所產生的「沖刷」而造成。這情況就類似於一度完全阻塞的動脈被打通。

以**急性心臟病**發作為例，堵塞的冠狀動脈，可以用血管成形術或血栓溶解藥物來重新疏通，但總是因下游的受損心臟肌肉細胞試圖恢復正常新陳代謝，而隨即誘發新的心律不整。回到偏頭痛來說，隨著症狀的進展，人體會試圖用類似上述的方式，來使因血流不止而受損的腦神經細胞恢復正常，這是合乎邏輯的。

只是，相對於受損的心臟肌肉細胞會導致使心律不整，腦神經細胞則會出現另一系列不同的症狀，包括**視覺和聽覺異常**、暫時性的神經障礙，例如：自律神經失調、頭痛、恐慌、焦慮、憂鬱等等（編審附圖 8），而**偏頭痛**或許就是其中症狀之一。

許多研究顯示，在實驗動物的身上，當血流受限或阻斷一段時間之後又重新恢復，鎂會大幅減少因氧化壓力而造成的損傷。當然，這項觀察結果，也可以適用於嚴重偏頭痛的血管反應。

某項能夠測量大腦血容量的研究證實，輸注鎂劑會導致**血管擴張**效應，**增加大腦皮質血容量**[3]。

鎂能夠使收縮的血管（血管擴張）自然放鬆，同時又可減少氧化壓力，這樣的雙重功效，讓人期望它能夠施用於治療偏頭痛，而且最好能比血管擴張劑，更能應付促氧化活性反應[4-9]。

偏頭痛經常在懷孕期間發生，顯然它會隨著孕期而惡化，跟子癇前症病例中的進行性血管收縮很像[10]。

醫學上已證實，補充鎂不僅能減少孕婦的偏頭痛發作頻率和強度，似乎還能減少住院治療的必要性[11]。

無論這些病因的本質如何，醫學驗證的結果是確鑿的，那就是缺鎂是偏頭痛病程中的重要因子[12]。有研究觀察，相比於健康的人，偏頭痛患者的血中鎂濃度不只長期偏低，而且在病症發作時還會更低[13]，這就顯示細胞的鎂濃度嚴重低下，很可能就是偏頭痛發作的主要原因。

許多關於偏頭痛的文獻提到，鎂在預防和治療此病症的正面貢獻，但似乎一直在迴避某個明確的結論，那就是在適當的劑量下，**鎂是治療偏頭痛的首選藥物**。無論是治療還是預防，曾經用過與至今仍在使用中的臨床藥物包括：美多普胺、乙醯胺酚、布他比妥、鴉片類藥物、苯海拉明、妥品美、普萘洛爾（心律錠）、納多洛爾、美托洛爾、阿米替林、加巴噴丁、克多炎、咖啡因、丙戊酸鈉（帝拔癲）、坎地沙坦、款冬、小白菊、核黃素、輔酶 Q_{10}、卡尼丁（肉鹼）、菸鹼酸、維生素 D、維生素 B_6、維生素 B_{12}、α 硫辛酸以及褪黑激素[14-16]。

這份清單上的藥品已經很多，而它還在不斷增加，其實是進一步顯示，我們對此疾症的病理生理學是多麼缺乏瞭解，同時也

點出另一項警訊，那就是天然非藥物鎂對於此類症狀和病理上的強大緩解功效，同樣未得到醫學界足夠的認知。

在晚期偏頭痛患者之中，疼痛最嚴重且最持久（持續 72 小時以上）者，被稱為**持續性偏頭痛**；靜脈注射硫酸鎂能夠使 54％此類患者明顯減輕疼痛，44％的患者則可完全緩解，甚至不需要服用肌肉鬆弛劑與止痛藥物 [17]。

有幾項研究，是以較不嚴重但需要緊急處置的偏頭痛發作為對象，就發現靜脈注射硫酸鎂，對緩解疼痛始終有效。有一份歸納了 21 項隨機對照臨床試驗的統合分析指出，靜脈點滴注射硫酸鎂在給藥後的 15 分鐘內，就能大幅緩解急性偏頭痛 [18]。

另一項研究以急診室為背景，發現**靜脈注射硫酸鎂，不僅能即刻緩解偏頭痛的痛楚，而且明顯比常用消炎鎮痛劑更有效** [19]。有一份結構類似的研究顯示，靜脈點滴注射硫酸鎂在施用後 2 小時內，就完全解除偏頭痛帶來的疼痛感；在同樣的時間內，輸注**咖啡因**，則只能使疼痛得到些許緩解，但無法完全消除 [20]。在上一章文末提及的病例中，5 歲的女童被診斷為梅尼爾氏病（內耳平衡失調）併發，每日的頭痛、嘔吐和眩暈等症狀達 6 個月，但在經過持續補充 6 週的鎂與維生素 B_2 後，那些症狀就不再發作了 [21]。

補充口服鎂離子後，也能夠有效預防偏頭痛，只是通常無法使它徹底不發作 [22-24]。

治療偏頭痛的臨床醫師，要嘛沒有讀夠相關文獻，要嘛沒有完全理解，要嘛就是選擇忽略那些明明白白的數據，否則他們應該會把鎂列為治療方案中的主要藥劑來運用。

持續施用鎂劑的偏頭痛病例，都呈現清楚直接確鑿的成果，

但就像其他的非藥理介入，這麼多研究都取得壓倒性的正面效果，卻仍然只得到一個「受測藥劑『可能』適用，需進行更多研究以證明」的結論。

當然，現有的文獻還是會建議對所有偏頭痛患者施行鎂治療[25]。

有鑑於靜脈點滴注射硫酸鎂，在急性偏頭痛發作時的顯著療效，臨床醫學或許有可能會藉由提高日常補充口服鎂劑量，來控制往後的發作，若高於上述實驗所施用的建議量，或許能夠對此病症，達到完全控制或接近完全控制的效果，而這一點或許能利用微脂囊技術來實現，也就是攝取脂質體包覆的鎂劑（微脂鎂），來直接提高細胞內的鎂濃度。

若能並用多管齊下的方式，在管理鎂含量的同時，支撐新陳代謝與荷爾蒙平衡，效果自然更佳。有一項以 30 名患者為對象的研究，就採用了這種方案，成功地使患者們的偏頭痛完全消失[26]。（編審附圖 9）

第 *10* 章

強力解毒劑——
鎂的解毒功效

《　《　《

鎂之所以具備這種抗毒功能，很可能因為它是一種獨特而強效的天然鈣鈣離子阻斷劑——當鎂濃度升高而使鈣濃度降低，細胞內氧化壓力（IOS）也隨之緩解。

鎂的一切正面效用，都與它能夠全身性地減少氧化壓力有關。

因毒素而受損的細胞中，即使沒出現氧化壓力（IOS）過增的現象，至少也會有抗氧化能力降低的情形。那些遭受慢性疾病影響的細胞，也是如此。

鎂固然不是能夠直接供給電子的抗氧化劑（如維生素 C 等等），用來直接中和自由基，但是當它在體內——尤其是細胞內的存在量達到一定程度時，其抗氧化的作用就不容小覷了。

其實，以一種能大幅減少，甚至完全抵銷細胞內氧化壓力（IOS）的藥劑來看，鎂（與**維生素 C** 和**穀胱甘肽**等強效抗氧化劑一起）在解毒與預防中毒上，絕對具有實質性的臨床效果。正如前面提過的，鎂之所以具備這種抗毒功能，很可能因為它是一種獨特而強效的天然鈣離子阻斷劑——當鎂濃度升高而使鈣濃度降低，細胞內氧化壓力（IOS）也隨之緩解。

因此，我們主張應該把各種形態的鎂製劑，當作標準解毒療程的基本用藥之一，無論是用在急性、慢性中毒，或是暴露於極端的環境中。

當我們從抗毒性的角度去檢視鎂時，必需牢記**所有疾病、臨床症狀、各式各樣的感染或直接接觸毒素與毒物，對身體所造成的傷害，與透過在細胞內而導致的病理生理反應，都是相同的。**

正常代謝的細胞都會產生氧化壓力，但只要每個細胞內的氧化壓力都被降至最低，則身體任何地方都不會存在病症了。基於這一點，鎂對於任何疾病與中毒，都有助於援救（除了極少數鎂過量的情況，詳見第 18 章）。至於因感染而引發的毒性，鎂不僅同樣能夠予以解除，還能額外發揮抗病原體的威力。因此，**鎂是維生素 C 在治療所有疾症時的天生好搭檔。**

中毒者因誘發心臟病而死

會使心電圖顯示異常的藥物很多，即使是在許可範圍內的治療劑量，也不能免除。當攝入或施用過量時，此類藥物必然會引發心搏異常，萬一不幸致死，其死因往往是由於 QT 間期延長，而造成的心律不整（參照圖 10-1 和 10-2）。

有時，這樣的異常狀態，會演變為極度不規則的心律，稱為「多型性心室心搏過速」，或可能演變為危險，但通常相對穩定的心室性**心搏過速**。

一般來說，QT 間期越長，就越有可能演變成 TdP[1]。有一項研究顯示，中毒的患者若因 QTc 延長而送急診，在 30 天內發生心臟驟停的風險，會增加 3 倍，總死亡率亦然[2]。當 QT 間期不能得到有效處置（使它縮短），則異常的心律，最終會退化為心房顫動而造成猝死。

心肌細胞極快速的去極化（Depolarization）或收縮之後，隨即進入再極化（Repolarization）或恢復階段，呈現在心電圖上的區段，便是此處所說的 QT 間期。

QT 間期所象徵的恢復期越長，意味著心肌細胞在電訊號傳導上越不穩定，更容易發生異常去極化和收縮，包括多種心律失調。當病患的 QT 間期延長，是受到毒素影響所致，我們往往也會觀察到**血清鈣濃度低下**的情形，似乎是這類型毒素會促使鈣從細胞內的儲存區，移動到細胞質[3]。（編審附圖 10）

如此一來，即使血鈣濃度不高，**細胞質**卻可能處在**鈣含量過剩**的狀態。在眾多因過量毒素或藥物而造成的 QT 延長案例中，鎂被證明能有效使它盡快恢復正常或趨近於正常，很可能就是藉由對鈣質拮抗的作用來實現，因為鎂能阻擋新的鈣離子進入細

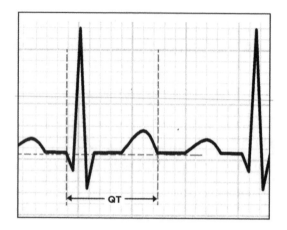

圖 10-1 QT 間期正常的心電圖

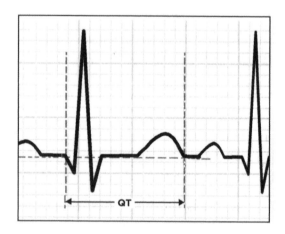

圖 10-2 QT 間期延長的心電圖

胞，同時又能阻止鈣離子從肌漿網狀體（又稱肌質網，是鈣離子的儲存區）釋放到細胞質[4-7]。

在中毒患者的身體努力排除毒素之際，盡快**縮短 QT 間期**，往往是決定生存的關鍵因素。

從資料紀錄來看，許多風險效益比偏低，或明擺被歸類為有毒的藥劑，其最重大的毒性影響，就是在於使 QT 間期延長，即使是在安全劑量範圍亦然[8]；甚至從反方面來說，當我們評估該類藥物致毒後的治療手段是否有效，也會藉由能否縮短 QT 間期，使它最終恢復正常而穩定來判別。因**藥物過量**而導致的 QT 延長，都與該藥物的血清濃度有關[9]。以下列舉可造成中毒、心臟 QT 間期延長的部分藥品及毒物，特別是在大量或過量使用時：

- ✓ 泰妙林（抗生素）[10]
- ✓ 心利正（抗心律不整藥）[11]
- ✓ 烏頭鹼（心臟毒素、神經毒素）[12]
- ✓ 野菇（中毒、致幻）[13]
- ✓ 大麻（影響精神行為）[14]
- ✓ 美沙酮（鴉片類藥物）[15、16]
- ✓ 伊博格鹼（致幻劑）[17]
- ✓ 阿米替林（抗憂鬱藥）[18]
- ✓ 嘉磷塞（除草劑）[19]
- ✓ 巴拉刈（除草劑）[20]
- ✓ 古柯鹼（興奮劑、麻醉劑）[21]
- ✓ Mad axe plant（Hyoscyamus reticulatus）[22]

✓ 氧可酮（麻醉性鎮痛劑）[23]

✓ 乙醇（神經系統抑制劑，動物實驗）[24]

✓ 吲哚拉明（治療攝護腺肥大的 α-受體阻斷劑）[25、26]

✓ 鋰（躁鬱症用藥）[27]

✓ 有機磷酸鹽（殺蟲劑）[28]

✓ 度硫平（抗憂鬱藥）[29]

✓ 氟化物（有毒礦物）[30]

✓ 鉛（重金屬）[31、32]

✓ 吡拉明（抗組織胺）[33]

✓ 杜鵑花蜜（瘋狂蜂蜜）[34]

✓ 利培酮（抗精神病藥）[35]

✓ 艾司西酞普蘭（抗憂鬱藥）[36]

✓ 鉋（礦物）[37]

✓ 舒必利（抗精神病藥）[38]

✓ 阿曼他丁（抗病毒和治療帕金森氏症）[39]

✓ 曲唑酮（抗憂鬱藥）[40]

✓ 阿利索黴素（巨環內脂抗生素）[41]

✓ 一氧化碳 [42]

✓ 文拉法辛（抗憂鬱藥）[43]

✓ 砷（殺蟲劑，急性和慢性）[44、45]

✓ 阿米普利特（抗精神病藥）[46]

✓ 西酞普蘭（抗憂鬱藥）[47]

✓ 嗎氯貝胺（抗憂鬱藥）[48]

✓ 苯海拉明（抗組織胺）[49]

✓ 硫利達井（抗精神病藥）[50]

✓ 喹硫平（抗精神病藥）[51]

✓ 安非他酮（抗憂鬱藥）[52、53]

✓ 奈法唑酮（抗憂鬱藥）[54]

✓ 索他洛爾（抗心律不整藥）[55]

✓ 布福脈迪歐（血管擴張劑）[56]

✓ 匹莫齊特（抗精神病藥）[57]

✓ 阿斯特咪唑（抗組胺藥）[58]

✓ 艾米達隆（抗心律不整藥）[59]

✓ 多巴胺拮抗劑（又譯氟哌啶醇，抗精神病藥）[60、61]

✓ 硫滅松（殺蟲劑，動物研究）[62]

✓ 柏飛丁（安非他命類）[63]

鎂的解毒機制

鎂的解毒效果，透過多種機制而進行。當有**急性中毒**造成**心律不整**、QT 間期延長之類的情形時，鎂可以穩定心搏，盡快使 QT 間期縮短或恢復正常，只要減除因急性心律不整而致死的可能性，在治療上就可以從容許多，也就能更審慎地因應過量藥物的施用了。

長久以來，針對因用藥過量而出現 QT 間期延長，甚至是 TdP 的患者，鎂的療效一向都是穩定且成功的，而且無論是單劑高量注射（Boluses）還是靜脈點滴都同樣有效[64]。

在處理**有機磷**中毒的案例中，即使不去管患者的 QT 間期如何，光是靜脈點滴注射硫酸鎂，也足夠減少其住院期間以及死亡率 [65-67]。另一項研究中，靜脈點滴注射硫酸鎂，不僅能急遽降低有機磷中毒的死亡率，而且隨著**劑量漸增，效果越顯著**。由於該研究為小規模實驗，當使用最高劑量時，受測對象的死亡率可被全面遏止 [68]。在某一份有機磷中毒的病例報告中提到，靜脈輸注硫酸鎂可明確解決 TdP 症狀 [69]。

同樣是**靜脈點滴注射硫酸鎂**，另有一項對照研究顯示，它可使三環抗憂鬱劑（Tricyclic antidepressant）中毒患者的死亡率，從 33.3％降至 13.9％（樣本數皆為 36）。儘管 QTc（依心率而調整的 QT 間期長度）的延長問題，不在該研究討論之內，也可看出此類型中毒的致死主因是心律不整 [70]。

維生素 C、鎂的陰謀論

不幸地，針對藥物中毒引發的 QT 延長，鎂是否列為必用藥物之一，仍然得看醫藥政策的決定，且看**胰島素**和**維生素 C**，在目前的治療應用上如此受限，鎂所受到的箝制也就不足為奇。

一項對醫藥毒物學家的問卷調查顯示，59％的受訪者不會建議對 QT 間期非常延長的中毒病人，做硫酸鎂劑靜脈點滴注射，可是卻有 90％的人認為，對這種病人做一兩劑靜脈注射是完全安全的 [71]。考慮到大量資料都支持鎂在這方面的正面功效，人們只能猜測思考，它這般不受重用的原因。表面上看來，集合式的醫學文獻，可以被視為一種「不足為結論的陰謀」，也就是無論研究的本身有多麼切實，都不可能得到足夠的資料，來確證某個新的療法或臨床手段，應該要用於某個特定病症。

對於像**鎂**、**維生素 C** 和**胰島素**之類的藥劑，研究實驗的結論總是這樣：「可能表現出正面功效，有必要進行更深入且規模更大的研究。」

將近 **80** 年來，這 3 種**好用**、**便宜**又**安全**的治療藥物就一直受到這樣的冷落待遇。

一項大規模的統合分析也指出，針對急性有機磷中毒，鎂的鈣拮抗特性，對於減輕症狀和死亡率可能非常重要，因為施用鈣離子通道阻斷劑，似乎能產生正面效果[72]，而這一點正符合急性中毒的細胞內，始終有細胞質鈣濃度過高的事實——當鈣濃度上升到一定量時，細胞內氧化壓力（IOS）即過度增加到致命程度。同時，體外實驗顯示氯化鎂，能促使毒素滅活酶（其性質是使毒素去活化）活性化，後者就是鈣離子送出細胞外之所需[73-75]。

不同形式的口服鎂，可用來對付許多經口攝入的毒素和毒藥，因為某些鎂劑能夠吸附（結合）毒劑，促使**毒性減弱**，並且**防止細胞吸收更多量毒素**[76]。即使不能結合毒素，也都起碼能使腸道加速排空，同時促進鎂的吸收，不限形式以發揮其毒素中和的作用。此類口服劑可運用在增強**活性炭**的毒素結合力，而不是取代它。

酒精是目前社會上最常見的毒素之一，當劑量夠大時也會導致 QTc 間期延長，而且無論是急性或慢性攝入，都會有效阻止鎂在體內積存，**不僅如此，飲酒也被公認是人體各組織流失鎂的主要原因**，尤其會經尿液大量排出。事實上，有一項動物實驗做過紀錄，對比於正常的情況，飲酒後的**尿液排鎂量**會暴增 200％，甚至於 300％[77]。鎂療法似乎能減輕酒精對酗酒者造成的毒性傷害，並且是反映在降低肝指數（GOT、GPT）的指標上[78]。

　　某些開發中國家，**有機磷農藥中毒**是重大的公共衛生問題。在此類患者進到加護病房的 24 小時之內，只需要用 4 公克的硫酸鎂，做 30 分鐘靜脈注射，就能大幅加強阿托品（Atropine，神經毒氣或殺蟲劑的中毒用藥）和提升血氧量的治療效果。醫學已經證實，鎂可以減少阿托品使用量，以及避免插管的必要性，還能縮短患者在 ICU 的住院時間 [79]。

　　科學文獻已經廣泛證明，大部分的抗氧化劑──尤其是維生素 C ──是現有最強大的解毒劑和防毒劑，包括處方用藥在內 [80]。值得重申的是，技術上來說，鎂雖然不屬於抗氧化劑，也沒有電子直接中和毒素的自由基，或修復氧化的有機體，它卻能發揮極為強大的抗氧化作用。

　　單就急性磷酸鋁中毒的病例而論，施以靜脈點滴注射硫酸鎂的患者死亡率，只有未輸注者的一半。 這項研究的主題，無涉於心律不整或 QTc 延長，但有兩個案例報告顯示，鎂成功地治療心室性與室上性的心搏過速 [81、82]。

　　鋁中毒特別具有心臟毒性，而且往往致命 [83、84]。在一次兒童集體磷化鋁中毒的事件紀錄中，研究者便發現鎂的施用，與提高生存率明顯相關 [85]。而另一項研究則暗示，在沒有「特定解毒劑」的情況下，鎂能改善此類藥物中毒患者的生存狀況 [86]。

　　諷刺的是，雖然未獲認可，鎂仍舊為許多中毒患者帶來很大的益處。儘管鎂的施用還不夠頻繁，至少人們知道，它可以用來應對各種中毒造成的「心律不整」，並且也不知不覺地順帶阻止和逆轉了許多氧化傷害。要不是如此，想必會有更多病人死亡或苦於長期病痛。

　　在另一項研究中，有此類**心電圖異常**的中毒患者（18 人中的

18 人）也同時都有**血中鎂濃度低下**的情形；另外，驗屍報告也可見心肌部位的發炎，而這一點則獨立於心電圖變化之外。

當鎂濃度下降到最低時，心電圖變化就是最常見的徵象[87]。有多項實驗和臨床研究都顯示，無論是直接或間接效果，抗氧化物質能夠自然地減輕此類毒素的影響[88]。

要是我們能對每一種中毒都進行充分研究，或許就能證明：凡是減少氧化壓力的治療方式，都能部分甚至完全地阻斷這些中毒的臨床影響——而鎂永遠都能用來降低人體全身的氧化壓力。

反之，當全身都出現**氧化壓力增加**的情形，**缺鎂**的現象也必然存在[89]。鎂能減少細胞內鈣的積存，改由細胞內**維生素 C** 和**穀胱甘肽**來取代，藉此加強臨床治療效益。鎂最為人知也最基本的效果，就是抑制細胞內的氧化壓力，後者便是所有疾病和毒害標誌的首要取決條件。

直接針對鎂之於毒素，及毒性症狀的研究相對較少，但是**既有的研究，都認同它應該被列入各種急／慢性中毒的臨床治療方案，並且應該被視為重要的一環**。其中的某些研究（人類和動物）包括以下內容：

✓ 有一份回顧性研究，係以接受順鉑化療的肺癌患者為觀察對象，研究者就發現，補充鎂可以降低化療患者的**中毒性腎損傷**風險[90]——中毒性的腎臟受損是順鉑常見的副作用之一，在患者的發生率大約為 30％。同時，動物研究（小鼠）也顯示鎂的補充，可中止順鉑所引發的傷害，甚至還能增進順鉑殺死腫瘤細胞的效果[91]。在小鼠實驗及人工培養的人類肝臟細胞上也觀察到，有一種鎂鹽能幫助肝臟免受奧沙利鉑（另一種化療藥物）的毒性[92]。

✓ 在實驗室對大鼠同時施以腹腔注射鎂劑與重金屬鎘（一種

有毒金屬），在顯微鏡觀察下，發現用鎂者能預防並且使腎毒性的跡象逆轉[93]；另一項以鎘中毒為主旨的大鼠研究，也證明鎂可以防止和逆轉鎘對於**睪丸**的傷害[94]。鎂還被證明能保護大鼠**肝臟**免受鎘毒[95]；服用鎂可降低由鎘引起的血漿氧化壓力指數[96]。

✓ 在接觸**內毒素**（Endotoxin，指細菌和病原體死亡後釋出的天然毒素）的大鼠身上，缺鎂的情況越嚴重，與該毒素有關的死亡率便增加；研究也同時發現鎂替代療法，能夠為實驗鼠提供顯著的保護力，以對抗該毒素[97]。在**敗血症**模型小鼠身上，提早施用鎂，可以保護**肝臟**免受脂多醣（Lipopolysaccharide，一種內毒素）的急性傷害[98]；一項細胞研究顯示，鎂可以防範脂多醣引發的細胞死亡[99]。相反地，另一項細胞研究則證明，缺鎂會增進脂多醣誘發炎症的能力，而高濃度的鎂，可以部分抑制這種炎症反應[100、101]。

✓ 鎂鹽可以減弱**四氯化碳**對大鼠肝臟的毒性作用[102]。

✓ 經動物（大鼠）和細胞模型實驗發現，有一種鎂鹽（異甘草酸）可以減少漢方草藥「雷公藤內酯」的肝毒性。值得注意的是，在臨床上，中醫也將這種鎂化合物，用於治療慢性病毒性肝炎，和急性的藥物性肝受損[103]。

✓ 在懷孕的大鼠身上，有一種鎂化合物可以保護肝臟，免受乙醯胺酚和乙醇的傷害[104]。

✓ 將硫酸鎂施用在**一氧化碳中毒**的大鼠身上，不僅有效解除心電圖上的異常，還使實驗動物的心臟細胞死亡（壞死）程度降低[105]。另有一項大鼠研究，將動物分為兩組對照，施用鎂的實驗組，同樣在細胞壞死和氧化壓力上，都呈現更低指數[106]。

✓ 有一隻狗發生急性**鎘**（重金屬）中毒，表現症狀為全身性

無力肌肉麻痹，和不規則的心律，施用硫酸鎂、氯化鉀（表現症亦包括血鉀過低）併同支持性治療可得到成效[107]。

✓ 小鼠服用致命劑量的氟化鈉，有部分在口服硫酸鎂之後，得以存活下來，而且高劑量比低劑量更有效[108]。

✓ 鎂（連同鋅）可減少靈丹（即六氯環己烷，一種農業用殺蟲劑）對大鼠肝臟和大腦的毒性影響[109]。

✓ 鎂也對植物有防護功用，能避免毒素和重金屬的影響。有研究顯示，鎂可以緩和鉛與光合作用，在幼苗生長期的不利影響[110]。

結論

說來說去，鎂的一切正面效用，都與它能夠減少全身性的氧化壓力有關，特別是在細胞內空間。鎂產生這種功效的方式包括：

1、一般來說，它是強大的鈣離子通道阻斷劑暨鈣拮抗劑。有鑑於細胞內鈣濃度上升，是所有毒素損傷細胞的直接原因，任何減少或調節細胞內鈣濃度的手段，都會改善甚至徹底解決此類臨床症候群。鎂在細胞內的鈣調節機制至少有以下 3 種：

✓ 擋住細胞膜上的鈣離子通道，使細胞無法吸收鈣質。

✓ 抑制鈣從細胞內的儲存區轉移到細胞質中。

✓ 輔助正常酶（酵素）功能，把鈣排出細胞之外。

2、鎂能直接使異常延長的 QTc 間期縮短，這一點讓諸多中毒病例中的早期死亡率大幅降低。鎂對於心臟細胞的正面功效，也能迅速緩解心律不整或急性中毒時的心臟異常收縮。即使沒有 QTc 延長的現象，鎂似乎也能穩定心律。QTc 延長，通常代表心臟毒性作用最強烈也最危險的階段。

3、由於鎂會積極減少細胞吸收鈣離子，同時促進細胞內鈣的釋出，降低氧化壓力，因而**促進維生素 C 被吸收進細胞的能力**。

4、在不明確界定機制的前提下，無論在人體、動物、試管和植物的身上，鎂都能減少不同毒素所造成的氧化壓力。有些研究顯示，鎂能預防氧化傷害，更可加速修復這種傷害。

5、鎂**支援免疫系統**，增加白血球的吞噬能力，因而在解決病原體所產生的毒性病症上特別重要（見第 11 章）。

6、針對經口攝入的毒素，口服鎂劑有時可以**結合毒素**（限於特定形式），防止後者繼續被吸收，它也能令未吸收的毒素，更快由**糞便排出**（清瀉作用），同時讓部分鎂有效被吸收。

7、鎂也會防止某些毒素累積 [111]。

8、鎂輔助並增進 Nrf2（一種核因子，可增加細胞內多種抗氧化酶功能）的作用 [112]。

無論是急性或慢性，在所有中毒和毒性症狀的最佳療程中，都應該納入鎂的使用，而且也沒有任何的科學理由不這麼做。甚至，醫學文獻揭露的訊息在在表明，要是醫療人員還不把鎂和**維生素 C** 用在任何程度的**中毒**病患身上，那可就是**醫療疏失**了。

第 *11* 章

病毒感染的防護──
鎂與病原體

《　《　《

維生素 C 能自動凝聚在免疫細胞內部,針對感染及發炎部位輸送更多的即時抗氧化物質,藉此增強各種免疫細胞的能力。

鎂則是以更間接的方式,增加白血球的吞噬性(吞噬並破壞)來對抗感染。

鎂和小兒麻痺

　　儘管鎂尚未充分運用於各種病症的治療，但它已逐漸成為一種普遍又通用的「保健補充品」，所以越來越多的靜脈點滴注射願意把它加進產品裡頭。並且，一如本書再三強調，我們應該盡量保持**細胞內**長期有鎂的積存，除非是極少數的特殊情況（當人體對鎂的吸收可能反而致毒時，詳見本書第 18 章）。

　　如前所述，感染性疾病會使全身的氧化壓力急遽升高而造成傷害。幾乎所有與感染程度相關的因素，都會使病原體之類的毒素增長，無論在細胞外或細胞之內，**這些毒素永遠都是氧化促進物質**。

　　除了部分感染症可能導致人體組織結構性的破壞（例如集中氧化而侵蝕血管，最終造成出血而可能致命），大部分的感染只在消耗抗氧化物質（如**維生素 C、維生素 E、礦物質、鋅、硒**等的耗損）的層面上，使細胞或組織失能。

　　這表示維生素 C 的濃度可能下降到極低，甚至低到無法用標準的尿液 C 濃度測試來檢出。有趣的是，當人體中毒或發炎時，鎂濃度與維生素 C 的減少幾乎是同步一致的，顯示此兩者對於降低細胞內氧化壓力（IOS）有很強的協同療效。

　　當升高的細胞內氧化壓力（IOS）能調整到正常水準時，細胞內的生理運作就會正常化，那麼這個細胞基本上可以視為康復。無論是感染或是外來毒素促使細胞內氧化壓力（IOS）升高，這一點都恆真。

　　此外，當細胞內氧化壓力（IOS）變得正常，也幾乎可推論免疫系統，已有效地中和／殺死了感染源病原體，因為只要有活性病原體在增生繁殖中，細胞內氧化壓力（IOS）的正常化，就

不可能真正達成，也持續不了太久。

維生素 C 可以直接攻擊病原體，藉由增加病原體的細胞內氧化壓力（IOS）的方式，使它破裂，或是向上調升病原體細胞內的芬頓反應（Fenton Reaction）（編審附圖 11），而使其滅活。正如先前的討論，維生素 C 還能自動凝聚在免疫細胞內部，允許這些細胞向感染及發炎部位，輸送更多的即時抗氧化物質，藉此增強各種免疫細胞的能力。

鎂則是以更間接的方式，增加白血球的吞噬性（吞噬並破壞）來對抗感染。

回顧舊文獻，某些鎂對病原體的抵抗力紀錄：「只用」口服氯化鎂而已，不用別的，每日數次，竟能治癒**急性小兒麻痺症**，甚至在已經出現**嚴重癱瘓**的患者身上也有成效（見下文）[1、2]。該報告的作者奧古斯特・內弗醫師（Auguste Neveu）同時還發現氯化鎂對於其他**感染症**也非常有效，包括對動物[3、4]。另有一位作者也就氯化鎂施用於動物和人類感染性疾病的影響寫過報告[5]。

我們幾乎可以確定，鎂能發揮如維生素 C 這般抗病原體的作用，是因為它能獨立又迅速地調節氧化壓力，且無論此壓力起因於任何毒素，包括來自於感染症亦然。

基於這一點，有人認為**鎂**與**維生素 C** 是很棒的組合。若在這個組合中加入**胰島素**和**氫化可體松**（Hydrocortisone），應該更能達到快速恢復細胞內氧化壓力（IOS）的目標，因為後兩者能促使細胞吸收更多的維生素 C 和鎂，同時降低細胞內鈣濃度。**以這些藥物的不同劑量、組合所搭配出來的特效療法，很可能會被證明，是當今醫學上最有效的抗感染兼抗毒方案，尤其是在患者的性激素、甲狀腺激素狀態完全正常時。**（編審附圖 12）

對於許多感染症而言,維生素 C 和鎂的協同作用,似乎大有可為,因為它是利用多重機制,來達到醫學上的治療目標,也就是把升高的細胞內氧化壓力(IOS)給打回正常值。維生素 C 是人體內主要的抗氧化劑,能在中毒/受傷/受感染的細胞內暢行無阻,因而可直接降低細胞內氧化壓力(IOS);相對地,鎂雖不被認為能直接抗氧化,但由於它能迅速降低受損細胞內的胞質鈣濃度,也等於能迅速降低細胞內氧化壓力(IOS)。

鎂──小兒麻痺實例報告摘要

1、內弗醫師(Dr. August Pierre Neveu)(編審附圖 13)施治的第一例小兒麻痺患者,是一名 4 歲的男童,當時是 1943 年 9 月。報告中提及該病例的感染發作得很快。

男童啼哭且不肯吃飯,左腿無法站立。內弗醫師將 5 公克氯化鎂加進 250c.c. 的開水,先在下午 1 點和 4 點分別讓男童口服 80c.c.;在第 2 次服用時,醫師判定其左腿已經完全癱瘓。3 小時後又餵給 1 劑。次日早上,癱瘓和發燒的情況即已解決,也沒有再出現症狀。由於後來並未接獲復發或殘留病症的通報,表示男童在接受氯化鎂治療後不到 24 小時就徹底痊癒。

2、兩年後,內弗醫師為第 2 個小兒麻痺症患者治療:一名 11 歲的男孩,有頭痛、頸部和背部不適,喉嚨發炎得連吞咽口水都困難。他對醫師說自己的雙腿沒有知覺,好像是羊毛做的一樣,軟綿綿站不起來,而且上臂疼痛,眼睛對光線非常敏感,肛溫為 38.8℃。

◎內弗醫師用 20 克氯化鎂,和 1 公升飲水製作成氯化鎂溶液。男孩是在就診的當日早上突然發病,到了下午稍早即接受第

1 劑口服液 125c.c.，之後每 6 小時服用 1 次。當晚的體溫曾上升到 39.4℃。

◎次日早上的體溫為 37.8℃，夜間體溫為 38.3℃。孩子在第 1 晚睡得很好，所有症狀大致都減輕了，起床後就能夠站立。第 2 天晚上，他主動說想吃東西。

◎第 2 天（症狀出現後的 48 小時）晨間體溫為 37.3℃，晚間溫度為 37.6℃。整體狀況明顯改善，鎂溶液的服用頻率降為每 8 小時 125c.c.。

◎又過 1 天，男孩的病情似乎已經好了大半，不過還是有輕微畏光的跡象。繼續以每 8 小時 125c.c. 的劑量給藥。

◎發病後第 4 天，醫師診斷為完全康復，於是停止服藥。次日的晨間體溫為 37℃，晚間體溫為 37.4℃。

3、內弗醫師的第 3 個病例是 1 位 47 歲的婦女，她的右小腿和下背部（腰部）完全癱瘓。

他在施用鎂治療的期間，臨床觀察到**完全治癒小兒麻痺症**，只是需時長達 12 天。

4、一名 13 歲的男孩突然出現畏寒、顫抖和頭痛的現象，發作當日體溫 40℃，次日為 38.8℃，而且增加了頭、頸和背部劇痛等症狀，眼睛也受不了亮光（畏光），後來體溫又升回到 40.4℃。初診的醫師（不是內弗醫師）對男孩的母親表示，懷疑孩子感染了小兒麻痺症，並說他將在 2 天內回來檢查。

可是等到第 2 天早上，母親說孩子的所有症狀都加重了。由於這位母親讀過關於內弗醫師和鎂劑療法的文章，便力邀醫師到家裡看她的兒子。內弗醫師稱男孩的情況是「迅速發展中的小

兒麻痺症」，為孩子注射了第 1 劑 125c.c. 的氯化鎂溶液（20 克藥劑兌 1 公升水），每 6 小時重複 1 次。施針當時的體溫仍為 39.6℃。第 2 天早上，患者的頭、頸和背部疼痛已經緩解，晨間體溫為 37.1℃，晚間體溫為 37.8℃。

孩子的活動力逐漸恢復正常。次日，男孩只服用 2 劑鎂溶液，頭部又出現輕微不適，體溫也上升到 38.2℃；再次日改為服用 3 劑，又次日則停止服用，而這一天的晨間體溫為 37.2℃，夜間體溫為 37℃。後來便沒再出現任何症狀，此病例被視為完全治癒。

5、有個 9 歲男童的右小腿癱軟無力。在內弗醫師指導下，施用一週的鎂治療後完全康復。

6、一名 13 歲的女孩，出現背部僵硬和下肢顫抖的症狀，服用鎂劑後，迅速收到良好的臨床效果，於是她的父母決定停藥。後來內弗醫師重新讓患者服用鎂劑，女孩最後大致康復，卻留下了左腳大拇趾伸肌無力，可能是因為治療中斷的緣故。

7、一名 20 歲的女子，因持續頭痛後出現嘔吐、頸部和背部僵硬而就醫。家庭醫師懷疑是小兒麻痺症，因疼痛越發嚴重，病患甚至揚言要自殺。由內弗醫師處方第 1 劑鎂劑後，女子的痛楚緩解到足以入眠，再經過 12 天的鎂治療，患者完全康復。

8、有一個 3 歲的女童，因小兒麻痺症住院，後來出院但雙腿無力。她在感染後整整 **25 天**才開始接受鎂治療，持續兩個星期，便重拾雙腿大部分的活動力。在那之後，女童接受物理復健，但仍有輕微跛腳。

9、20 歲的男性農民，發生雙腿和右臂麻痺。他在症狀初次發作 32 天後，才開始服用鎂劑，反應尚可，持續治療 4 個月後能夠拄雙拐杖行走。2 年後，他只需用一支拐杖即可行走。

10、一位 19 歲的女性感染小兒麻痺症，在初次發作的 **4 個月後**，由內弗醫師診治。當時，她的左腿不僅癱瘓，還開始萎縮（肌肉萎縮）。女子接受 15 天的鎂劑治療，左腿出現明顯改善。她最後能夠騎自行車，並能跛著行走。

11、2 歲的女童在小兒麻痺初次發作的 17 天後，接受鎂劑治療。在初診時，女童無法站立，右手臂也不能動。經過治療後，她的雙腿完全康復，只剩右肩仍然無力。

12、4 歲女童的右臂和右腿麻痺無力，在發作 10 天後開始接受鎂劑治療，手臂和腿部功能，都收到極為驚人的恢復成效，可惜仍只有正常出 60% 的力。

13、2 歲半的男童在診斷為小兒麻痺症後的 10 天開始接受鎂治療。2 天後，他的腹部無力有明顯改善，且在 2 個半月後完全康復。

14、一名 20 個月大的男嬰臨床症狀出現 12 天後經脊髓穿刺證實為小兒麻痺症。男嬰的左腳掌完全癱瘓，但他服用鎂劑的反應良好，5 個月後幾乎恢復正常，只是需穿著醫療矯正鞋。

15、一個 12 歲的女孩，在出現喉嚨痛和頸部僵硬後，立即求診於內弗醫師，並且開始服用鎂。服藥之初，僵硬感不減反增，還沿著脊椎向下蔓延，不過隨著鎂劑的繼續使用，僵硬感在第 2 天上午即緩解了。到了次日早上，喉嚨痛的症狀也消失了。

鎂與醫療政策

如果從表面上看，把內弗醫師的成就，歸功於專業經驗和氯化鎂之於小兒麻痺療效的結合，那麼他的貢獻，對公共衛生的潛在影響太巨大了，像氯化鎂這樣便宜又通用的藥物是少之又少。

然而，每當評估某個藥方的可行性時，無論該藥方的有效性或安全性，是多麼驚人，它對於既有療法的潛在經濟影響，無庸置疑地是首要考慮因素。有錢的製藥公司絕不會坐視，任由旗下許多帶毒性又昂貴的商品，不再受醫師處方的青睞，企業利益因此損失數億以至數十億美元。

維生素 C 所受的待遇就是一例。它是地球上最受研究與宣傳的治療劑之一，卻被漠視甚至刻意打壓了將近 80 年。我將在另一本書中詳細討論 [6]（可參考《維生素 C 救命療法》，晨星出版）。

換作是氯化鎂這樣便宜有效的東西，坐冷板凳的時間只怕會更久，也就沒什麼稀奇了。**正如維生素 C 有效治療了許多疾病，可靠地對付小兒麻痺症和許多其他的傳染病** [7-12]，**氯化鎂在治療這類疾病的作用，或許和維生素 C 一樣大，甚至可能更大。**然而，既知所有的疾病和毒素，都會消耗維生素 C，那我們有什麼理由不把氯化鎂和維生素 C 列入療程，優先用來試探現今的各種病症呢？

此外，雖說各種形式的鎂，對於人體綜合健康、疾病的治療和預防都有好處，但是氯化鎂的抗病原能力，在醫學紀錄最多見。也許其他形式的鎂，同樣善於抗病原，只是在文獻中還沒有得到明確證實。

舉例來說，某篇文章指出硫酸鎂可保護麻疹病毒，不受高溫造成的滅活作用所影響，但是氯化鎂卻能在所有測試溫度下，強化這種滅活作用 [13]，如此看來，陰離子（在此例中就是硫酸或氯化物）在鎂化合物的抗感染能力中，扮演著重要角色。同樣的關係，在氯化物和鈉的組合中也可見到，即氯化鈉（例如用於治療咽喉炎的漱口藥水）具有實質的抗菌活性，其餘大多數鈉化合物

卻沒有。

前述的小兒麻痺治療報告中，由於氯化鎂發揮的臨床效果令人稱奇，使得我們必需認知細胞實驗或可能嚴重誤導。這一點非常重要。話說回來，在體外的洋菜細菌培養基模型中，有些病毒（脊髓灰白質炎－小兒麻痺病毒、ECHO 病毒、柯薩奇病毒）殺死生物細胞的能力，卻會因氯化鎂而增強 [14]。

顯然，臨床研究還是最重要的，因為無論細胞實驗的結果如何，解除感染才是最重要的目標。有時細胞實驗，可能顯示出龐大的實用價值，但若臨床實證顯示出正面意義的結果，就不應該讓體外實驗凌駕於臨床實證。

鎂與病原

內弗醫師曾著書，公開他在感染症和氯化鎂應用的經驗，但他似乎不曾發表同儕評閱形式的學術論文，或者說至少沒有留下此類研究紀錄。外科醫學教授皮耶·德爾貝教授（Pierre Delbet, M.D.）是內弗醫師的老師之一，內弗醫師曾積極運用氯化鎂並寫下驚人的完整臨床紀錄，可能就是從恩師得來靈感。

德爾貝教授係在第一次世界大戰期間，開始使用氯化鎂，因為他正在尋找一種能夠有效清潔並治療傷口的藥劑。當時常見的傷口處置，往往在殺菌的同時也會破壞患部組織，而**德爾貝教授發現氯化鎂可使組織不受損傷，不僅能有效地破壞病原體，還能大幅提高免疫系統的吞噬能力**。就在一戰結束後，德爾貝教授也開始研究氯化鎂內服的效果。

德爾貝教授與卡蘭諾樸羅博士（Karalanopoulo, Dr.）合作，於 1915 年 9 月向法國科學院提交一篇題為《細胞防禦》

（*Cytophylaxis*）的論文。文中論述吞噬性白血球，有效消滅血液中病原體的能力。德爾貝教授運用他獨創的體外實驗，將病原體和既定數量的白血球，混合在各種溶液中，發現有多種溶液，會同時摧毀這兩種細胞；有些溶液非常能殺死病原體，卻保留免疫細胞不受損害，**氯化鈉**便是效果最佳的其中之一。

隨後，教授用到**氯化鎂**溶液，發現它**最能殺死病原體**，足可作為有效的外傷急救方案。他也發現，**把氯化鎂注入狗的體內，可令吞噬白血球細胞殺滅病原體的能力增強 100%到將近驚人的400%** [15、16]。

內弗醫師進而把氯化鎂，更廣泛地運用於治療各種感染和病症，發現它的確有臨床實務上的大功效，包括對付**白喉**和**小兒麻痺症**。

內弗醫師去世後，他的妻子接手繼續氯化鎂的鑽研。據傳這種「德爾貝─內弗」式氯化鎂療法，可用在治療**腦膜炎、破傷風、接觸性中毒（如毒癮皮疹）、肺結核、氣喘、支氣管炎、肺炎、扁桃腺炎、咽喉炎、普通感冒、百日咳、麻疹、德國麻疹、腮腺炎、猩紅熱、骨髓炎和外傷感染。**

勞爾·維吉尼醫學士（Raul Vergini, M.D.）也致力於研究氯化鎂，對應多種疾病的大量使用 [17]，尤其是採取靜脈注射（而且他強調只能是氯化鎂）。

維吉尼的靜脈點滴注射「配方」，是用結晶氯化鎂（Hexahydrate Magnesium Chloride）的 25% 溶液（25 克佐以100c.c. 已滅菌蒸餾水），劑量為 10 至 20c.c.，在 10 至 20 分鐘內點滴注射，每天 1 次或 2 次。由於注射疼痛，故不建議進行肌肉注射。口服方法如下（2.5%的溶液，25 克兌 1,000c.c. 飲用水）：

成年人以及 5 歲以上兒童：125c.c.

4 歲：⋯⋯⋯⋯⋯⋯⋯⋯100c.c.

3 歲：⋯⋯⋯⋯⋯⋯⋯⋯80c.c.

1 至 2 歲：⋯⋯⋯⋯⋯⋯60c.c.

6 個月至 1 歲：⋯⋯⋯⋯30c.c.

6 個月以下：⋯⋯⋯⋯⋯15c.c.

✓ 用於慢性病，口服此藥劑通常是每天 2 次，持續數月甚至數年。

✓ 用於急性疾病和感染症，每 6 小時服用 1 次。

✓ 用於預防，每天服用 1 次，不間斷[18]。

縱使採用臨床上常用的特效療法，急性和慢性的骨骼感染都格外難治。

有份動物實驗，將純鎂顆粒植入骨髓炎的實驗模型，發現此舉能加速新骨生長，同時又降低骨頭裡的病原數量[19]。另有別的實驗使用不同形式、不同用法的鎂製劑，特別是在骨骼及植入物相關的抗排斥感染環境下，也一致顯示，鎂具有這種廣泛的抗病原特性[20–25]。

我們已知鎂是**自然殺手細胞**（NK Cell）與 **T 細胞**反應的輔助因子，而且它對於預防及治療感染很重要，因為血中鎂濃度低下，與腎臟移植後的感染風險上升有關[26]。

同樣地，當病患入院時所測的鎂含量越低，日後發生**敗血症休克**的風險也會隨之增加[27]。在肺炎鏈球菌誘發腦膜炎的動物模型中，氯化鎂改善了實驗動物的生存和症狀反應，減輕肺炎鏈球菌溶血素所造成的傷害[28]。

鎂能適用於打擊不同類型的病原體，這一點已獲得證明。有鑑於小兒麻痺症的治療實例，不同形式的鎂製劑也具有抗病毒作用，包括抗病毒活性和病毒防禦力；已經實證的有**腸病毒、口蹄疫病毒**（動物）、手足口病（兒童）和第四型人類皰疹病毒（**EBV**）[29–32]。鎂也被證明對原蟲類、黴菌和其他細菌有治療效果[33–35]。

回顧

1、儘管在醫學／科學文獻中未獲廣泛紀錄，但是鎂——特別是以**氯化鎂**的形式——**似乎是一種強大的抗病原藥物**，無論是單獨使用，還是與其他藥劑結合使用。據說，它可能對幾乎所有的急性傳染病，都有明顯的效果。

2、曾有報導宣稱氯化鎂對治癒小兒麻痺症非常有效，即使是在**感染的數月**之後，都還能使**後遺症**（如肌肉麻痺）大幅減輕。

3、鎂似乎能強化白血球的吞噬能力。

4、臨床上有單純且平價的氯化鎂靜脈注射或口服配方，既可用於治療感染和疾病，也可用於預防。

第 *12* 章

靈活的細胞防禦——
對付氧化壓力

《　《　《

過度增加的氧化壓力是一種失衡狀態。

維生素C（抗壞血酸）是人體中最重要的抗氧化劑，
無論在細胞內部還是外部，它都是氧化還原反應的主要
角色。

　　醫學詞典對發炎的定義是「因損傷或組織破壞而引起的保護性反應，目的是中和有害因子，同時試圖修復受損組織，或允許其修復」。

　　這個定義既沒有說明有害因子是如何造成傷害，也沒有解釋所謂的「保護性反應」是如何使有害因子消滅或修復組織的受損。

　　如今，炎症是一個熱門話題，與它有關的文章推陳出新，許多研究都想瞭解它與各種疾病暨症狀之間的關係，然而從分子層面去探究，當「發炎出現時，究竟發生了什麼事」的主題卻不多見。

　　以下，我們將從分子層面來討論炎症的生理學。依循此論述而設計的緩解方案，以及具體的治療藥劑，則將在另一章中討論。

過增的氧化壓力

　　過度增加的氧化壓力是一種**失衡**狀態。當生化分子的電子流失（氧化），通常會有另外的游離電子來替補（還原），倘若流失的速度比替補的速度更快，失衡就發生了。

　　如同鐵銹（氧化）有損於鐵的完整性，生化分子的氧化也會損傷，或阻止其正常的生化功能，等這些氧化的生化分子增加到某個程度，病症或生理失調就會發生。疾病的臨床表徵，完全取決於以下因素：氧化分子所在的部位、氧化分子在該組織中所佔比例、被氧化了多久，當然還有這些分子屬於何種類型（糖、蛋白質、脂肪、結構分子、酵素、RNA、DNA，以及所有相關的「輔助」分子）。換句話說，下面這行字一點也不誇張：**疾病即過度氧化。**

　　許多科學文章都斷言，**過度氧化**或氧化壓力增加會導致疾

病,這在很大程度是真的,只不過,更精確的說法是將疾病的各種變化,都視為氧化壓力增加的「現象」,而不僅僅是認定為原因。同時,這個認知也完全解釋了疾病為何會發生、哪種疾病會發生、緩解的原因為何,以致於某些症狀能夠徹底解除的關鍵(包括許多至今仍無有效療法的疾病)。

當氧化物質(自由基和其他不穩定的缺電子分子)的產量超過身體的抗氧化能力,而無法使其中和,或是人體無法在一開始,就防止氧化物質的產生或積存時,氧化壓力就會增加[1];換言之,當身體某區域的生理狀態處在「氧化大於還原」的速度下,氧化壓力即有增無減——這就是「氧化還原反應」在生理學上的基本概念。除此之外,還有以下幾點非常重要的基本事實:

1、氧化促進物質,從正常生化分子中**奪走電子**(氧化)。

2、抗氧化物質**捐出電子**,回填給遭氧化的生化分子(還原)。

3、遭氧化的生化分子,無法執行正常的生化功能,或是功能會降低。

4、遭氧化的生化分子,可在還原之後恢復正常的生化功能。

5、所有的**毒素**都是**氧化促進物質**,或至少會間接造成氧化。

6、毒素的所有負面功效,肇因於下列條件:遭氧化生化分子的所在**位置**與**數量**,遭氧化的分子類型,以及被氧化了多久。

7、感染和病原體得繁殖生長區,是**製造毒素**(氧化促進物質)的最大來源。

8、**好的**食物或營養補充品對於身體的好處,只在於他們最終能促使生化分子產生一定程度的抗氧化(**捐獻電子**)的能力。反過來說,假如我們從食物或外在來源吸收到足夠的被氧化分

子，這些分子在人體內，嘗試恢復自己原有的電子量，那便是解毒產生效果的時候。

維生素 C（抗壞血酸）是人體中最重要的**抗氧化劑**，無論在細胞內部還是外部，它都是氧化還原反應的主要角色。

因此，我們對於維生素 C 瞭解得越透徹，就越有助於為各種疾病尋找出理想的臨床療程。如今我們已知，電子確實是生物細胞運行的主要燃料，那麼，維生素 C 就形同是**人體全身最重要的營養素了**。

所有的抗氧化物質都具備提供營養／**捐出電子**的價值，唯獨維生素 C 的化學結構，能令它對身體各處的整體健康，都做出獨特貢獻，而這種獨特貢獻，大多發生在下列情境：

1、**維生素 C（$C_6H_8O_6$）**是小分子物質，其結構非常接近於葡萄糖（$C_6H_{12}O_6$），甚至還可以與葡萄糖同樣藉由胰島素促進的運輸機制來「搶進」細胞。自然界中能夠自體製造維生素 C 的動物體內，葡萄糖就是轉化維生素 C 的原料，這過程只需要 4 種酵素的催化。

2、維生素 C 可以進入身體的所有組織和細胞（包括穿越神經系統的**血腦障壁**）。

3、每個維生素 C 分子，都能夠**捐獻出 2 個電子**，不像其他抗氧化物只能提供 **1 個**。

4、當維生素 C 只捐出一個電子時，它會形成抗壞血酸自由基；雖然是自由基，卻是相對**穩定的**，而且仍可以繼續捐獻另一個電子，或是藉由外來的電子捐贈，來恢復成還原的形式。如此特殊的中間狀態，可以視為一種電荷緩衝區，當組織出現新的氧化壓力時，它能更立即的供應電子。

5、到達一定濃度的維生素能夠直接引發微電流，這對細胞是健康的。微電流的強度，僅止於電子之間的流動和交換，可藉由測量細胞膜內外的電壓差來測得。

6、結合以上特性，**維生素 C 便成為全面通用的終極抗毒素，不限毒性類型，無論是在體內還是在體外，沒有它不能中和的毒素**，只需正確地施用 [2]。

或許，檢視炎症的最佳角度，就是將它視為一種免疫反應、用以對抗氧化壓力過度增加時的生理狀態。

如同發生在體內的其他代償機制，這種過程是為了緩和發生在病灶的異常事件；也就是說，免疫系統用發炎來表現其運作，目的是要把已然**過度增加的氧化壓力降到最低**。

要是促使氧化壓力增加的因素持續不斷，代償機制就來不及完整修復受損組織（即組織中遭氧化的生化分子），免疫反應被拖長，沒完沒了，而整個階段就演化成疾病和症狀，呈現在我們眼中的面貌。不幸的是，由於科學文獻對此始終定義不一，使得這項事實經常被忽略。但從實務觀點來看，我們可以斷言：

長期消耗維生素 C 的部位，必然是慢性發炎的部位，慢性發炎的部位，也必然嚴重地消耗維生素 C。

於是，就概念而言，套用下面這句話的演繹，學術文獻就沒那麼難懂：**局部的發炎就是局部的壞血病，局部的壞血病就是局部的發炎。**

人體隨著缺乏維生素 C 的區域擴大，發炎狀態就一直持續延燒。上述定義和基本概念，係得到實驗室與臨床研究結果的強烈支持。早在許久以前，就有臨床醫療發現，罹患嚴重感染症的住院病人，不約而同地出現**血漿維生素 C 濃度**過低的情況 [3、4]。不

只是維生素 C 濃度低下，血液中的 C 反應蛋白——簡稱 **CRP**，是人體內組織受損暨發炎反應的基礎指標——濃度也持續升高。

在**冠狀動脈**的內皮或是內膜之類的部位，當炎症發作後出現**粥狀硬化**，該部位必定測到維生素 C 的存在嚴重減少，因為病原定殖於內皮，就是一個強烈的氧化促進因子，會迅速消耗該區域所有可用的維生素 C。

有幾種病原體的 DNA，是一旦存在就幾乎不會消滅，而且通常都和**口腔**來源的病原一致。在一項以冠狀動脈疾病患者為對象的研究中，人員藉粥樣硬塊切除手術取得 38 份標本，發現全都存在與病原體有關的 DNA，無一例外；對照的標本取自於，非冠狀動脈疾病患者的驗屍，則沒有可測出的病原 DNA[5]。

其他研究者，持續在冠狀動脈和頸動脈等粥狀硬化斑塊的檢體中，發現**口腔病原體（即牙周病菌）**的 DNA[6–9]。的確，早期的研究人員發現，在被血塊堵塞的動脈標本上，根本就檢測不到維生素 C[10]。

鎂的治療修復與整合應用

　　現代人缺鎂的程度，可能比你我所想像的還要普遍，甚至已經到了影響全民健康的地步，所以適度的補充鎂，對每個人來說都是必要的，特別是人口老齡化的今日社會。

　　鎂，作為天然解毒劑，應用於治療原則，是藉由降低細胞內氧化壓力（IOS）或重建細胞內氧化壓力（IOS）的正常反應，來釐清疾病的普遍因果關係。

　　因此，無論是直接或間接，只要能夠把升高的細胞內氧化壓力（IOS）給降下去，都會是解除病症、促進康復的關鍵元素。

第 *13* 章

積極治療的通則

《　《　《

───────────────────────────────

　　所有的細胞病變，都起源於細胞內氧化壓力（IOS）
的增加，及細胞內鈣濃度的上升，並且在兩相助長之下
開始惡化。

　　由於所有病理進程都是細胞內氧化壓力（IOS）增
加的結果，所以，簡化後的最佳治療方案，應該包括預
防與修護。

───────────────────────────────

本書通篇有個一再出現的主題，那就是氧化壓力——特別是發生在細胞內部的氧化壓力（IOS）增加，可說是所有疾病與症狀的唯一原因。

細胞內氧化壓力（IOS）的增加，不只是因為細胞質的**鈣濃**度一時升高，更因為它是長期升高。正如同前章所列舉的各種證據，**鎂便是此一狀態的天然解毒劑**。

本章將介紹一系列治療原則，這些原則的共同目標，是藉由降低細胞內氧化壓力（IOS）或重建細胞內氧化壓力（IOS）的正常反應，來釐清疾病的普遍因果關係。事實上，凡是能真正阻止、逆轉病程的有效處置程序，最終都必需降低細胞內氧化壓力（IOS）才行，幾乎沒有例外。唯有增加抗氧化能力，也就是修復（減少）氧化的生化分子，同時減緩生化分子被氧化的速度（減少毒素繼續釋出），方能實現這個目標。

一般來說，處方藥使症狀緩解，只是因為藥物以氧化或阻斷生化反應，暫時性的削弱或防止病症表現出來。

除了極少數特例——例如鈣離子通道阻斷劑——這些藥物其實無法逆轉疾病，和症狀中潛在的細胞病理過程，這是我們不得不接受的現實。然而，如前所述，此類藥物的副作用可能會**降低性激素**和**甲狀腺素濃度**，服用此藥就表示患者必需定期監測這些濃度，視需要調整替代治療。

既然我們的目標是根治疾病（IOS），那麼，有多種方式可以實現真正的疾病緩和，甚至是逆轉：

1、當抗氧化物質／營養成分得以完全控制被氧化的生化分子。

2、當我們能停止或具體減少日常接觸的氧化物質或毒素時。

當然，生物學、醫學和疾病之間，有諸多複雜的差異性，直

視疾病背後的根本原因，本質上，最有效的療程也同樣簡單明快。

本書首要傳遞的訊息是：

1、所有疾病都是由細胞內氧化壓力（IOS）增加所導致。

2、伴隨著細胞內**鈣**濃度的上升，細胞內氧化壓力（IOS）也跟著增加。

3、增加**鎂**的吸收，可加強對抗、予以緩解。

4、連同任何能夠增加細胞內抗氧化能力的措施，特別是**維生素 C** 和**穀胱甘肽**。

5、在新的氧化促進物質（毒素）出現時，疾病會惡化。

因此，無論是直接或間接，只要能夠把升高的細胞內氧化壓力（IOS）給降下去，都會是解除病症、促進康復的關鍵元素。

細胞病理學

所有的細胞病變，都起源於細胞內氧化壓力（IOS）的增加，及**細胞內鈣濃度的上升**，並且在兩相助長之下開始惡化[1]。

當這種氧化壓力升級，或演變成長期狀態時，細胞內的鎂濃度會相對降低，因為細胞內兩種最重要的抗氧化物質——**穀胱甘肽**和**維生素 C**——被升高的細胞內氧化壓力（IOS）給消耗（氧化）掉了。

因此，無論是針對哪一種疾病或症狀，舉凡有效的保健方案，在概念上都很單純。我們的目標是利用以下方式降低細胞內氧化壓力（IOS），抑制它的升高，最好能使其正常化：

1、降低細胞內鈣濃度。

2、直接增加受損細胞內的抗氧化物質濃度。

3、減少身體暴露在新毒素（誘導氧化）中。

當罹病的細胞之氧化狀態，恢復正常或接近正常時，病理變化不再劇烈，患者的臨床表現逐漸穩定，越是在細胞內氧化壓力（IOS）增加初期或是疾病新近發生，則越容易觀察到這些轉變。對大多數人來說，理想的攝取鎂，有助於實現這個目標。

許多慢性病，包括從未以這個角度檢視過的疾病，都可望藉由這種方法來改善。然而，若是疾病拖了幾年或甚至幾 10 年，因氧化而層層受損的組織會導致**結構上嚴重的永久性傷害**。

以**心臟瓣膜**為例，當瓣膜組織本身和輔助締結的組織，因物理傷害而失去功能，那麼就目前的技術來說，我們不能指望它自我修復，未來的幹細胞科技或其他重建手法，或許能生成新的替代組織，則此一「定律」可能顛覆。到那時，「衰老」的本質或許會被破解，老化得以延緩，可是我們仍然會需要抗氧化物質，需要限制與毒素、氧化促進物質的接觸，來減少細胞內氧化壓力（IOS），這些都是不可或缺的。

治療原則

由於所有病理進程都是細胞內氧化壓力（IOS）增加的結果，一個理想的治療程序，就應該設法從全方位去降低這種氧化壓力。不僅如此，此類方案也應該包含如何阻絕，或大幅減少細胞與氧化促進物質（毒素、毒物、輻射）的接觸，避免新的氧化促進物質產生、傳播。

所以，簡化後的最佳治療方案，應該包括預防與修護。

預防與修復

傳統醫學療程的設計不是為了實現這兩個目標，而整合醫

療、輔助醫學往往只致力於修復。

　　無論進行何種干預，只要能做到這兩個目標中的任一項，就有希望改善病患體內的細胞病理進程，或至少改善到一定程度。當然，唯有這兩個目標同時達成，而且是以最完整的方式去達成，治療方案才會得到最佳回應，而我們也不應心存僥倖，奢望治療過程中就能收到最好的成效。

　　因此，一套理想的治療方案，要尋求所有可行的手段／機制，以圖能夠：

1、減少新毒素的產生和接觸。

2、解毒、排毒，並盡量修復（減少）受損（氧化）的生化分子。

3、利用**鎂**來調節或降低細胞內的**鈣**濃度。

4、增加細胞內外的抗氧化能力（細胞外能力的提高，可供給更多的細胞內能力）。

5、使主要的氧化調節激素（性激素、甲狀腺、皮質醇）濃度正常化。

第 *14* 章

限縮毒素暴露——
避免新的傷害

《　《　《

　　鐵、銅和鈣都應當避免過量,但從統計資料來看,最具負面影響的是鐵和鈣。

　　長久以來,鈣質始終頂著「維護骨骼健康」的光環,被譽為日常保健所必需的美好營養素,這使得人們很難不攝取過量。

毒素的暴露，分為內部與外部來源：外部指的是一個人所在的環境，以及此環境對人體的影響性，藉由吸入、飲食攝取或接觸皮膚等等方式。

內部則是指物質在人體內，生成或累積到一定程度而產生毒性，追溯源頭則不外乎組織局部**感染**或代謝產物累積至有毒的濃度，好比在腸道、肺臟、脂肪組織或牙齒（補牙的汞）等部位。

外部來源

病患所在的外界環境各有不同，所以在探討外來毒素的暴露時，應該要徹底瞭解其病史，並且從空氣、食物、飲水與其他重要環境因子著手限縮，用以辨識毒素，這方面的努力，十分仰賴病患本身的意願及經濟條件，以及主治醫師的決策。

毒性的臨床表現，亦受許多變數所影響，某種毒素在某病患身上可能很嚴重，在另一個患者身上卻是相對輕微——合格的整體醫療照護，臨床的專業指導，便是在此一環節中突顯其珍貴價值。

始料未及的是，我們發現外部毒素的主要來源之一，除了藥物以外，竟是日常的營養補給品。當然，只要是品質良好，大部分補充劑都是安全的，縱使大量攝取也沒有真正的壞處；然而在這之中，有 3 種營養劑是明顯的例外，因為它們會大幅增加全身性的氧化壓力和發炎反應，總死亡率也隨之提升。

由於這些營養素仍是維護健康之不可或缺，只是在攝取劑量上必需重新定義，甚至要遠遠低於現行的普世標準，因此最好是從「毒性營養素」的角度來檢視：

✓ 鈣

✓ 鐵

✓ 銅

以上這 3 種製劑，只要攝取量超過了最低標準，就必然使細胞內氧化壓力（IOS）增加——在致使健康不良和慢性疾病的層面上，這一點已經是公認明確的共同原則。

首先，**細胞鈣濃度的增減與細胞內氧化壓力（IOS）值恆成正比，且與異常代謝互為因果**，這是早有證明的；再者，**過度攝食乳製品**而造成鈣質過量，連同任何劑量的**定期補鈣**，都和總死亡率的增加有明確關係。諸此種種，在其他著作都有大篇幅的論述和分析[1]。

同樣地，除非是確診的**缺鐵性貧血**患者（鐵蛋白值極低，且在顯微鏡檢驗紅血球有小球現象），否則一般人不應該額外補充鐵質。鐵固然是人體內各項機能和多種酵素的重要觸媒暨輔因，所需的使用量卻是十分微少。

事實上，酵素作用需要的鐵從來就不靠（非天然來源的）合成補充劑，真正需要大量鐵質的是血液中**血紅素**的合成作用。因此我們應該認知，只要血紅素的數量正常且合成作用未受阻，就表示體內的鐵質已足夠來維持其餘功能了。我們攝取大部分的營養素都是多多益善，對鐵卻不能如此。

銅會增加全身各部的氧化壓力，在細胞內尤其如此，其方式與**鐵**相似，只有一項差別，那就是**人體幾乎永遠不會缺銅**，而某些體質的確是會缺鐵。正因為如此，所有額外補充的銅都會造成過量，也必然會增加體內全域的氧化壓力，端看攝入的多或少。

　　說起這 3 種有毒營養素，可悲的是人們之所以額外補充，是想要使自己更健康，卻反而讓自己更容易生病、罹患慢性或退化疾病後更難康復，包括心臟疾病和癌症等重大疾病。**由於這些營養劑，永遠都會使體內的氧化壓力增加，額外攝取補充品就形同對身體的「自殘」**。據統計，這 3 種營養素對大眾健康的有害影響，可能僅次於口腔部位的感染和中毒。

　　其中特別值得注意的是鐵。70 多年來，鐵一直被刻意推銷給「已開發國家」的人口，而這其實是一樁令人匪夷所思的陰謀。大約 1940 年代，美國的公共衛生機構認為嬰幼兒（但顯然並不只是嬰幼兒，還包括其他豐衣足食的美國人）需要多一層保護，以預防流行於世界各地的缺鐵性疾病，可是這種「流行病」只發生在極端營養不良的族群裡。

　　經此恫嚇，美國民眾便也認定成年人需要同樣的防禦力，這使得在美國自 1941 年起，在境內銷售的含穀物食品都有添加鐵質和 3 種維生素 B 群[2]，製造商還標榜那是「營養強化」食品。直到今天，這種「營養強化」的風氣是有增無減，**缺鐵流行病的「威脅」反倒轉為慢性鐵中毒促成的「瘟疫」**。

　　一般來說，鐵可在任何部位增加氧化壓力。超出正常飲食量而長期攝入的額外鐵質，都會**侵害胃黏膜**並導致腸道慢性發炎。有多項動物研究證明鐵質補充劑，必然會增加腸胃及其他部位的氧化壓力和發炎現象[3-7]。

　　研究顯示，**懷孕**本身就會使氧化壓力上升，補充鐵質更會使這種情況進一步惡化[8、9]。縱使是缺鐵而有貧血現象的孕婦，也應密切監測補充劑的攝取，並儘可能減少劑量，因為**僅僅是最小劑量的補充，都很容易立刻引發氧化壓力的激增，提高孕產婦併**

發症，如妊娠糖尿病之類的風險。

換句話說，即使是在明確診斷為缺鐵性貧血的情況下，額外補充鐵仍會產生有害的毒性影響[10、11]。

無論是否懷孕，婦女都不應該為了「預防」缺鐵性貧血而補充鐵，更不可無限期的持續服用鐵劑，同樣地，男性也不該視鐵質為常規補充品。

缺鐵性貧血一旦得到解決，所有鐵質補充劑都應該立刻停用。

鐵質的毒性早有明確紀錄，但是廣大的孕婦仍定期服用鐵劑，即使沒有貧血亦然。許多綜合維生素補充品也依舊在配方中保留著鐵質，並鼓吹消費者要每日服用以促進健康。堆積如山的證據擺在眼前，偏偏舊習難改，甚至根本完全改不了。

無差別地向全人口鼓吹服用任何「人工製劑」就已經是不可取了，更何況是已知有毒性的。穀物、麵粉和麥片等主食中添加的鐵質（還標榜「營養強化」等字樣）幾乎使每個人都面臨鐵過量的問題。

如今，世界上有數以百萬計的人因攝取過量鐵質而致病，或者間接致病，甚或使原有的病情加重[12-14]，這些人最不需要的就是，任何額外補充的鐵質，無論是何種形式。其他人雖然尚未因鐵過量而出現明顯病症，也沒有缺鐵的隱憂，卻有可能因別的疾病而被含鐵製劑所累，諸如心臟病、內分泌失調、傳染病、癌症、骨骼疾病、肺部疾病和神經系統疾病[15]。

可悲的是，對於鐵質的普世執迷，甚至還將稻米之類的食物基因改造。當然，要是這些新品種的稻米只供應給極度貧困、營養不良的族群，它對大眾健康的好處當然多過於壞處[16、17]。

反過來說，其餘營養良好的人口，應該堅持食用未經營養強化的稻米，且最好是以有機方式種植。

不足為奇的是，在人體內，鐵質過量之於氧化壓力的關聯性，大致和細胞內鈣過增一樣。有一項細胞研究發現，服用**鐵劑**能導致細胞內的**鈣**濃度明顯增加 [18]，在病態的**神經元**細胞中也是如此 [19-21]。

針對鐵質過量引發的細胞內鈣濃度升高，連同如何迅速減輕相關症狀，最好的治療方法，就是在減少鐵質攝入的同時，也促使其排除。此外，設法恢復中毒細胞內的鎂濃度，也能迅速且徹底地減輕細胞質中的氧化壓力。

更糟的是，公部門推廣的鐵質強化所使用的添加劑，竟然一直都是磁鐵可以輕易吸上來的金屬鐵屑（在 YouTube 輸入「Iron in cereal」早餐脆片中的鐵）（編審附圖 14），**這一點更促成全身性的氧化壓力和炎症俱增。**

無論基於哪一種理由，我們都不應該直接攝取元素形式的任何金屬，更不用說是這般高效氧化促進物質。攝取類似的金屬或元素，必需先轉化為生物可利用、可消化的食物形式，擔任此一轉化器的應該是植物才對，鐵絕對不應該以如此粗糙原始的形態被人類吃下肚。

同時，我們也必需體認，服用補充劑極容易使鐵質攝取過量，就算不是鐵屑之流的還原金屬形態也一樣。定期攝入這種來源的鐵質，只會加重它的毒性。

鐵屑形式的鐵質，會直接使腸道的炎症反應惡化，其程度甚至超過別的營養補充劑、藥品或食品形式的鐵來源，即使是合乎處方的鐵劑，也已被證明會誘使細胞發炎。試想，當每一個微小

的鐵「碎片」都構成一次異物入侵，激起人體的攻擊反應，這便加重了傷害。慢性發炎逐漸使腸道內壁出現近似**腸漏症**的病理，這種病變一旦發生，消化不完全的食物，就會頻繁地刺激**自體免疫**反應，誘發越來越嚴重的**過敏**。

更甚者，這一類的慢性損傷，經常被忽略而未能補救，除非是在飲食上大幅改變，否則患者往往終生受罪，卻苦於無從改善。這些飲食改變多半是不經意的，其原始動機不外乎懷疑自己是**麩質不耐症**，或者單純追求更健康的有機飲食等等，結果歪打正著，因為無麩質有機食品幾乎都不含鐵質。

據說有一位麩質敏感的病患（輕度，非晚期）藉飲食調整而徹底解決了過敏問題，方法就是避免吃營養強化食品和只吃真正的無麩質食物，為期 6 個月。

有一種解釋是，只要停止接觸過量、不必要的鐵質，那麼類似的輕度發炎或腸漏是有能力完全自癒。當腸道恢復健康，麩質就可以像其他蛋白質一樣正常消化。

不自覺地食用有毒廢棄物

有趣的是，在自來水中添加**氟化物**，和在食物中添加**鐵屑**，可謂異曲同工之妙。鐵屑通常是鐵器在打磨、切削等製程中的廢棄物，就連添加在食品中的也是，而這種「副產品」本來是業者要花錢請人處理掉，如今竟然能用來向消費者搾出利潤——消費者的捧場，就和付錢請求鄰居允許自己去幫他家倒垃圾沒什麼分別。

同樣地，在美國，將近 9 成的自來水，是用化學磷肥製造商的危險廢棄物來進行氟化。**氟矽酸**取自於化肥工廠的煙囪，性質

不穩定，不僅會致毒，還具有腐蝕性。類似的廢棄物含有**鉛、砷、汞**等危險物質，在這種工廠定期產生，數量高達數百萬加侖[22]。企業不必支付巨額費用來處理這些有毒物質，而是把它賣給城市去氟化自來水，反而能獲得一筆利潤。

即使到了今天，大多數支持水氟化的民眾，仍然不知道這些氟化物添加劑的真正來源，然而這份關係性不容忽視：鐵屑和氟矽酸都是有毒性的廢棄物，必需經過處理才能丟棄，結果此二者反被加進人們的食物和日常用水裡，由大眾花錢替業者消耗他們生產的有毒殘渣。

鐵、銅和鈣都應當避免過量，但從統計資料來看，最具負面影響的是鐵和鈣。銅當然也「有機會」變得像鐵和鈣一樣有毒，只是一般人與銅的接觸量，永遠比不上鐵和鈣於日常生活的攝取量。具體而言，普通民眾只要避免服用含銅的營養補充品，銅過量的隱憂幾乎就不存在了，但如同前述，鐵是另外一回事，而且相比之下，鈣質的長期過量攝入甚至更難避免。

長久以來，鈣質始終頂著「維護骨骼健康」的光環，被譽為日常保健所必需的美好營養素，這使得人們很難不攝取過量。在最近的 10 餘年，隨著越來越多的製藥公司投入營養食品市場，標榜含鈣的膳食補充劑不斷增加，美化鈣質的行銷宣傳也日益膨脹，已成全球趨勢[23]。

更糟的是，如同一般民眾，絕大多數的醫療工作者，本身也相信「含鈣的乳製品對人體『有益』」。鈣依然是地球上最熱門的保健品之一。

除了「蓄意」補鈣（服用含鈣或幾乎純鈣的營養補充品），還有兩種常見的主要的額外來源，其中之一就是摻雜在別的營養

劑裡。不少綜合維生素、多種礦物質補給品中都含有多量鈣質。同時，龐大的**胃酸制酸劑**市場，被含鈣產品所主宰，尤其是**碳酸鈣**。

民眾經常性的過量服用此類制酸劑，所攝入的鈣質往往遠超過他們「刻意」補充的量——包括飲用牛奶的攝入量。當這種「不經意」的補鈣與刻意的攝入相結合時，日常的攝取總量就非常可觀了。

同樣地，針對乳製品，不知情的消費者，又面臨另一個造成鈣過量的隱憂，那就是所謂的「營養強化乳品」。市面上，幾乎所有的非乳製替代品（杏仁奶、腰果奶、米漿、椰乳等等）都添加了鈣——每一份所帶的鈣質，往往和普通牛乳等量或者更多，這會兒甚至連含鈣量高於牛奶的柳橙汁都有得賣。在眾多醫師的幫助下，乳品工業致力於讓更多的民眾多多攝取鈣質，也一向實行得非常成功，但就和鎂或維生素 C 在研究領域的方向一樣，此間的證據，似乎還不足以阻止或減緩這種趨勢，至少到目前為止還沒有。

過量攝取鈣的毒性病例頗具說服力，把所有的相關研究，和各種慢性病放在一起分析時，其證據力更是不容反駁[24]。**有幾項大型研究明確顯示，當鈣的攝入量超過一定程度，罹患心血管疾病的機會和總死亡率都會增加**[25-27]。

話說回來，雖說有效吸收的維生素 D，能夠緩解部分鈣毒性，過量攝取的鈣質越多，則毒性越強的這一點永遠成立。我們或許能看到某些研究對此感到疑惑，或是試圖否定此類警告，但是大量證據顯示堅持服用鈣片、含鈣制酸劑，或每天把牛奶當開水喝的人，其健康和壽命都籠罩在高風險下。

許多研究顯示，細胞內氧化壓力（IOS）的增加，是由於細胞內鈣濃度上升，併同細胞的鈣質代謝失調所造成 [28]，而這也正是鎂作為鈣離子通道阻斷劑，和拮抗劑的治療意義。在原發性高血壓患者（持續且病理性）的紀錄中，我們可以明顯看出，細胞內鎂和細胞內鈣之間的治療性與拮抗性：在治療之前，細胞內的鈣濃度升高而鎂濃度下降，在細胞外提高鎂濃度，會使細胞內鎂含量也增加，隨即以交互作用的方式，使細胞內的鈣濃度降低 [29]。

舉例來說，神經元的細胞內鈣濃度升高，會觸發細胞自傷，放任不管則會導致神經元死亡。事實上，人們早就明白神經元內的鈣超載，是一種原發性的病理狀態，它會使神經元因為腦部血流不足（缺血）而受損 [30]。細胞內鈣的增加，已被認定為缺血性中風的早期指標之一 [31]。

顯而易見，長期過量攝取鈣質，最終會導致細胞內鈣濃度與細胞內氧化壓力（IOS）的上升，但還有別的機制，也會導致細胞內的鈣濃度增加。某些毒素會急速消耗鈣質，這會迫使粒線體釋放鈣進細胞質，而致使游離鈣持續激增；當細胞「擠出」鈣質的能力受損，胞質鈣的增加趨勢還會更明顯。在胞質鈣持續增加的初期，這種代謝障礙似乎是一大關鍵 [32]。別的研究證實，毒素能造成細胞內的鈣濃度迅速上升 [33、34]。

能造成細胞內鈣濃度增加的毒素不只一種，但有研究顯示，能防止胞質鈣增加的藥物，同時能阻止毒素對細胞的影響 [35、36]。這些觀察進一步佐證：毒素會持續刺激細胞質的鈣含量增加。此外，抗氧化劑對細胞的全面功效，也必然使細胞內的鈣濃度降低 [37]。

使細胞維持正常的鈣質代謝，是**粒線體**的一個重要功能 [38]。干擾粒線體的代謝，就會妨礙細胞的鈣質代謝，反之亦然 [39]。病

毒感染同樣是細胞氧化壓力上升的另一個源頭，文獻紀錄證明，該現象會大幅增加細胞內的鈣濃度 [40]。

有一項細胞暨毒素研究的實驗模型發現，在已知可誘發胞質鈣濃度上升的毒素環境中，去除細胞外部的鈣，並不會使細胞內鈣減少，也不能防止細胞凋亡，因此可見胞質鈣濃度的增加，並非來自於細胞外。不過，在細胞內注入鈣螯合劑，能夠大幅降低胞質鈣的濃度，也能防止可預期的細胞凋亡 [41、42]。

所有毒素都會使細胞質中的鈣含量增加，其機制有兩種：**暴露在毒素中的細胞可能把自己儲存的鈣從細胞器（如內質網和粒線體）重新分配到細胞質，如此「從內部」毒害自己**；另外有些毒素，則是打開細胞膜上的鈣離子通道，使細胞能從外部吸收新的鈣離子 [43]。合理的結論是：**舉凡能增加胞質鈣濃度的機制，都會產生毒性作用**。

內部來源

來自內部的毒素多半都是新產生的，像是局部性感染，或便秘的腸道就會產生這類毒素；其餘則是繼發性，由舊毒素在身體各部位，累積到一定程度後才產生。消耗大量的抗氧化劑，或許能與這些毒素抗衡一陣子，可是人體的各種機制會搬移這些積存物，結果就導致毒素的擴散。

所謂**重金屬螯合解毒療程**能夠使病灶的毒素有效排出，卻也會因為排出太有效率，而使得毒性來不及被螯合與中和，就被傾倒至血液系統，使得其他的組織暴露在毒性中，導致二次中毒。

無論是哪一種解毒療程，療程本身都會導致不同程度的二次中毒——對某些病患而言，這一點在康復期非常重要。此類療程

的設計，必需容許毒素緩慢而穩定地排放，使重要的正規檢驗（例如血脂檢查）不會跑出異常結果，也要使病人在解毒過程中，保持舒適和感覺良好。

相較於緩慢穩定的解毒過程，快速、大量的解毒方式，極少能表現出更好的成果。在臨床醫學，這也是康復和一敗塗地的差別，而 DMPS（二巰基丙烷磺酸鈉）重金屬螯合法，正是一個這樣的好例子——假如未經專業指示而使用，它可能就會造成二次中毒的傷害。

一般來說，在注射 DMPS 時，應該要同時給予大劑量的維生素 C（25 至 75 克靜脈注射），並且依據病人的反應和解毒症狀的程度多次施用，持續一天或更多天。像 DMPS 這樣的強力解毒劑，固然有其潛在缺點，偶爾用用還是可以，特別是當醫師判斷患者體內的毒素量很大，但綜合治療方案卻未見起色的時候。

當病患表現出令人滿意的排毒反應時（經臨床或實驗室檢測），如此較慢且較安全的方法就可以繼續採用。話雖如此，有些常見處方藥的排毒效果比 DMPS 小，卻反而不該使用，諸如 DMSA（二巰基丁二酸）、BAL（二巰基丙醇）、EDTA（乙二胺四乙酸）、青黴胺（Penicillamine）、去鐵胺（Deferoxamine），以及地拉羅司（Deferasirox，一種口服鐵螯合劑），除非別的治療方案通通無效，連同無毒性或非處方的解毒藥劑，也未能改善病人的狀況。

無毒性的營養補充劑，和螯合劑包括 ALA（α 硫辛酸）、IP6（肌醇六磷酸，或稱植酸）、乳清蛋白、NAC（乙醯半胱氨酸）、S 乙醯穀胱甘肽，以及微脂囊穀胱甘肽。這一類的天然成分，大多可提高細胞內的穀胱甘肽濃度，並刺激與後者有關的酵

素，有助於中毒細胞內的排毒過程。

　　無論施用哪一種藥劑來促進排毒，醫護人員都應該在過程中保持警覺，留意患者是否需要額外的抗氧化劑來輔助療程，好比靜脈注射維生素 C。總而言之，在排除氧化促進物質的同時，恢復細胞內**穀胱甘肽**的濃度，是降低細胞內氧化壓力（IOS）的兩大重要助力。

　　要說緩慢、穩定又不會造成再毒化的長期排毒法，恐怕是定期做**遠紅外線排汗**了。當然，所有的三溫暖都能幫助人體排毒，但遠紅外線排汗艙的功效似乎特別好，因為它促進排出的汗水中所含有毒溶質，竟能比普通三溫暖或運動時的流汗更多。常做三溫暖的人，需要更**注重良好的營養補充**，因為**流汗**也必然流失大量的**鎂和鉀**。

病灶局部性系統感染

　　人體有許多部位的局部感染，能使毒素擴散到全身，導致系統性的發炎反應 [44]。以下所列舉的部位都是，但不僅限於這些部位：

　　✓ 肺部（慢性支氣管炎與支氣管擴張症）[45]

　　✓ 胃腸道潰瘍；痔瘡、憩室和闌尾的感染症 [46、47]

　　✓ 淋巴結，包括腸繫膜裡的淋巴結

　　✓ 膽囊和肝臟

　　✓ 輸卵管、子宮、攝護腺、泌尿道、精囊

　　✓ 皮膚和指甲（癤腫、疔瘡、腳趾甲）

　　✓ 心臟（心內膜炎）

- ✓ 腎臟（常起於口腔的病灶）[48]
- ✓ 關節（關節炎常起於口腔潰瘍）
- ✓ 發炎或受感染的血管 [49]
- ✓ 發炎或受感染的骨骼

　　要注意的是，幾乎所有論及**病灶局部性系統感染**的文獻都有點兒年份，而現代的研究則極少，在這些「老」文章裡，你會發現早年的醫師與研究者，在觀察時是多麼機敏而犀利。早期的醫學報告對這個主題做到真正的綜合分析，把許多不同的疾症與**口腔感染**連結起來，甚至在**齒科根管治療**感染死牙的各種案例，都觀察到慢性感染。在當時如此勤奮、高品質的研究，卻再三被貶為粗劣不精，甚至被全盤推翻，認為研究主題「與事實無關」。

僅憑發表年份就漠視研究成果所造成的謬誤

　　就科學研究而言，無論是任何研究，用發表日期來評判其價值，都會導致荒謬的結果。假如後人要用這個標準，來質疑研究的合格與合理性，那麼諾貝爾醫學獎得主，是否需要在一定年數之後，歸還他們所得的獎牌呢？

　　班廷和貝斯特在 1921 年發現胰島素，他們借助的研究方式，在今天看來已經非常古老，可是我們反過來問，真有糖尿病患者會因為「研究老舊而被證明不再有效或明顯錯誤」就拒絕使用胰島素嗎？事實上，在以局部感染為主題的醫學研究領域中，被引用來「反駁」這些報告的其他研究，往往是受有心人士或商業集團所支持的極少數研究，為的是擔心自身的既得利益會因這些報告，被大眾廣泛接受而受到威脅。

　　如今，我們被告知口腔感染與全身的重大疾患無直接關聯，

是更離譜或更偏離事實的，還有牙醫認定那些老文獻的內容不實或結論不相關，而實際上，是因為他們缺乏邏輯思考能力，或者是短視近利，而不願採納老報告中的證據。

根管治療是一門大生意，年年都至少有 2,500 萬個手術案例，牙醫協會和牙科期刊中是否有誤導或粉飾太平的嫌疑，很容易就能證明。這一類具風險的商機，會干擾人們審視舊有文獻的客觀性，而現代文獻更輾壓了那些早期根管研究驗證上的正當性 [50、51]。

當然，這不是指所有的根管治療，都必然有害於患者 [52]，只是我們需要精密而無偏見的前瞻性研究來追蹤他們，收集更多資料，包括定期 X 光觀察、臨床實證如心臟病，以及關乎炎症發作的各項血檢指標：CRP、T_3 甲狀腺素、纖維蛋白原（Fibrinogen）、葡萄糖、血脂，以及荷爾蒙濃度等等。

之後，開發演算法，幫助牙科醫護隨時掌握患者的健康風險，1 顆做過根管治療的牙齒，是否會造成身體整體性的負面影響，會不會導致心臟病發作，抑或患齒是否需要更密切的監測──這些都極具意義。

更高的理想是，讓這套系統彙整出可靠的資料，幫助病患和醫師決定這類死牙是否該盡早拔掉，即使血檢及影像均顯示為不足以構成警訊，醫事人員也能憑藉這些資料去做終生的定期追蹤，因為做過根管治療的牙齒，可能會在生命的某個時間點「突然惡化」，但在惡化之前的幾年，甚至幾 10 年裡，都不會顯示對整體健康產生重大負面影響。

前文列舉的感染部位很多，但在超過 95％ 的狀況中，**口腔**是最善於引發**全身性炎症**的部位，這些發作在口腔的局部感染和來源如下：

✓ 長期感染但無症狀的牙齒（**慢性根尖周炎，或有根尖膿腫**的牙齒，據全球統計為重大發炎感染因素）

✓ 做過**根管治療**的死牙，通常也是無症狀（所有的感染，但不全具傳播性；據統計，這也是重要因素）

✓ 急性膿腫和疼痛的牙齒（諷刺的是，只佔所有感染中之極少數）

✓ 慢性牙周（牙齦組織）感染與發炎（極重要因素）

✓ 齲齒性骨壞死（濕性壞疽堆積在舊的未清創拔牙處——極常見）

✓ 慢性感染的扁桃腺（通常外觀正常——在做過根管治療或有其他感染性患齒的喉部極常見）

✓ 慢性感染的鼻竇（通常源於上頜骨的感染牙）

✓ 受感染的牙科植入物（例如：膠原蛋白、骨粉等）

✓ 口腔內和靠近口腔的淋巴結受感染

✓ 具毒性且活體不相容的金屬和其他復形材料（例如：根管治療置放於牙髓內生銹的劣質銅釘、補牙的汞合金和金屬牙套，以及齒顎矯正的金屬線圈等）

關於牙齒感染和毒素，以及它與多種慢性退化性疾病的因果關係，特別是**心臟病**和**乳腺癌**（編審附圖 15），連同牙科、醫學和科學文獻佐證，另有更詳細的探討 [53-55]。

能造成全身性發炎的另一種內部新生毒素，來自於**消化不良的腸道**。消化越不徹底，速度越慢，**病原體**及衍生的**毒素**就繁殖累積得越多。排便次數較少看似是個無關緊要的問題，卻極有可能對身體健康造成嚴重的不良影響，因為這種消化道的停滯，恰

恰是增殖型病原體的避風港。消化正常是為減少食物在腸道中積存而腐壞的比例，所以每天至少應該排便一次、最好是兩次（或更多）。

對於許多便秘的人來說，只要避開某些會延緩腸道運輸的食物，多**口服維生素 C** 和**鎂**，就能完全使腸道恢復活力。這一點另有更詳盡的討論 [56]、[57]。

第 *15* 章

療癒的荷爾蒙——
降低全身的氧化壓力

《　《　《

　　雌激素具有鈣離子通道阻斷和鈣拮抗的作用。

　　由於能夠抑制鈣質在細胞膜通道上的吸收性，雌激素還被證明，能藉此來保護接觸到毒素的細胞，使細胞免於凋亡。

性激素、甲狀腺素和皮質醇的平衡，牽動著人體對於炎症和過度氧化的控制，所以也直接關係到細胞的修復和健康。

女性體內的**雌激素**，和男性體內的**睾固酮**濃度過低時，細胞內氧化壓力（IOS）與抗氧化物質濃度不能受控，使得任何外來的治療，都難以發揮最佳功效；**甲狀腺功能低下**也會造成同樣局面，尤其對**發炎**無法控制。皮質醇的濃度偏高或低下，都會對人體的氧化狀態產生負面影響。

胰島素是另一種「高能」激素，強勢協調全身細胞的氧化壓力，迫使其正常化，為身體組織的修復提供可靠的助力。局部施用則局部見效，全身施用則全身見效。

雌激素

這種荷爾蒙決定女性的第二性徵，可維持生殖系統和性器官的健康，但它的作用可不僅止於此。雌激素是人體內調節鈣質代謝的極重要物質，而且這一項功能的貢獻也不只在於對抗**骨質疏鬆症**、增進骨骼健康方面而已。

雌激素具有強大的**抗發炎**作用，在許多細胞研究和動物、人體實驗中都得到證實[1-7]；當然，這項作用可能是來自於它對於**鈣質代謝**的導正能力。這種鈣拮抗性，也被認為是能夠對心血管疾病展現抵禦力的原因之一[8]。

在動物和人體細胞的體外實驗中，研究人員普遍發現，雌激素具有鈣離子通道阻斷和鈣拮抗的作用[9、10]；**由於能夠抑制鈣質在細胞膜通道上的吸收性，雌激素還被證明，能藉此來保護接觸到毒素的細胞，使細胞免於凋亡**[11]。甚至有某些類雌激素（植物雌激素）也具備鈣離子通道阻斷的效用[12]。

不僅如此，**除了抑制細胞內鈣濃度的上升，雌激素還能有效地提高細胞內的鎂濃度**。此類發生在細胞與胞質中的礦物元素變化，是發炎現象解除而細胞內氧化壓力（IOS）減少時的兩項重要表現 [13-15]。

雌激素會刺激腎小管的再吸收作用，如此又促使體內鎂濃度的提高，因為鎂會從腎小管被擠回血中，減少隨尿液排出的量 [16]。對切除了卵巢的大鼠注射雌激素（雌二醇），可使其陰道上皮細胞中的胞質鎂增加，而且是持續增加，再次凸顯雌激素在鎂代謝和細胞內氧化壓力（IOS）控制上的重要作用 [17]。合理健康的雌激素濃度，顯然也是長壽的重要關鍵，因為雌激素有助於改善細胞內的鎂鈣濃度，而後者是病理生理學上的重要標記，也是諸多疾病的成因。

雌酮、雌二醇和雌三醇是人體內三大內源性雌激素。其中雌酮（Estrone）濃度降低所表現的雌激素缺乏，與停經婦女的**冠狀動脈疾病**的高死亡率有關 [18]。瑞典的一項研究發現，婦女接受激素替代療法，可使 12 類死因中的每一類總死亡率都明顯下降，僅受傷除外 [19]；另一項以雌二醇替代療法為主題的研究，也顯示出同樣結果 [20]。

一項隨機對照的臨床試驗共有 1,458 名女性參加，並接受平均 10 年以上的追蹤，發現曾使用激素替代療法的婦女之總死亡率大幅下降，即使只用了 2、3 年也一樣 [21]。**在 40 歲之前就開始停經的婦女，則會因為較早失去天然雌激素的保護，呈現出更高的總死亡率** [22]。

雌激素的作用和鎂濃度之間有另一種連動性。在下列徵兆中，只要同時出現任 3 項，就是典型的代謝症候群：

✓ 腹型肥胖

✓ 三酸甘油酯過高

✓ 高密度脂蛋白偏低

✓ 高血壓

✓ 空腹血糖偏高

有以上情形的成年人，其體內的鎂濃度明顯低於對照組[23]。為此類患者補充鎂，便可有效解除他們的異常症狀[24]。有一項收錄 9 篇論文的統合分析顯示，補充鎂越多，越能夠降低罹患此類症候群的風險[25]。在動物身上，雌激素可以逆轉代謝症候群的各種表現症[26、27]。至於人類女性，雌激素替代療法不只能改善代謝症候群的檢驗異常值[28]，研究也發現雌激素偏低，會在一開始就增加罹患此症的風險[29-31]。這些研究共通的明確解釋，那就是雌激素促使細胞內鎂增加的能力，是一種非常具有決定性的重要機制，此機制能夠減少代謝症候群所造成的異常生理癥候。關於雌激素的最佳用法和劑量，在其他地方有更詳細的討論[32]。

回顧

雌激素抑制細胞內氧化壓力（IOS）過增（或使其減少），有以下表現：

1、降低細胞內鈣的濃度，成為鈣離子通道阻斷劑和鈣拮抗劑。

2、是一種有效的抗發炎物質。

3、提高細胞內的鎂含量。

4、有助於重新吸收鎂，避免它被腎臟排出體外。

5、其替代物質也能明顯降低總死亡率。

6、可能藉由增加細胞內鎂，來減緩代謝症候群的症狀。

睪固酮

如同雌激素，睪固酮也是一種抗發炎物質[33]，而這其中至少有部分原因，來自於它阻斷鈣離子通道與降低細胞內鈣濃度的能力[34-37]。

在細胞研究中，睪固酮的抗發炎特性已得到證實：從健康男性所取得的嗜中性白血球內，研究人員發現，睪固酮的生理濃度能抑制過氧化物的產生，且在同時助長一氧化氮的產生[38、39]，足可證明睪固酮在調節免疫反應方面所扮演的重要角色。

事實上，人體內的每一種激素，都能降低全身的氧化壓力，只是雌激素、睪固酮、胰島素、皮質醇和甲狀腺素的作用格外明顯。這些荷爾蒙促使細胞功能趨於健全，而且這個過程消耗的能量非常少。各種激素的差別，只在於生化機制，也就是效用路徑的不同。

睪固酮是碳水化合物、脂肪和蛋白質代謝機制的關鍵因子，歷來文獻對於這一點記述得最詳盡：它能夠提升男性的體脂肪結構和肌肉量。假如睪固酮的缺乏能夠及時回正，與代謝症候群有關的癥候也會隨之改善。**讓睪固酮濃度趨於正常，可使人體的胰島素敏感性降低，葡萄糖耐受性則提升；相對來說，睪固酮濃度偏低，則與氧化壓力過增、粒線體功能不全，以及動脈粥狀硬化與心臟疾病等生理異常有關**[40、41]。

許多研究發現，偏低的血清睪固酮濃度與總死亡率的上升有關，這些紀錄中，睪固酮低下的男性患者，在其他項目的醫學檢驗結果也多為異常，因此這樣的結論並不令人意外[42-46]。

睪固酮的濃度固然是隨年齡增長而下降，但是下降速率較快的男性，其總死亡率也會增加，而且這與睪固酮的基礎濃度無關[47]。**反過來說，藉由替代療法，來使睪固酮濃度正常化，亦有可能使總死亡率大幅降低，包括減少心臟病和中風的發作**[48]。

最近的一項研究顯示，即使在心血管疾病風險因素尚未明顯改善的情況下，睪固酮療法也能明確降低總死亡率。這進一步強調睪固酮對於增益細胞功能的重要性[49]。睪固酮濃度偏低時，細胞似乎比較容易受到感染，而這一點又暗示著，它與細胞內氧化壓力（IOS）的負相關性[50]。

睪固酮濃度的低下與胰島素阻抗密切相關[51]。而且就邏輯上來說，睪固酮對於胰島素敏感性的抑制，表示這種激素能直接促進細胞對於鎂的吸收，或是能經由其他機制來改善細胞內鎂濃度。下面的胰島素段落將會提到，**嚴重的胰島素阻抗，對於胰島素劑量的增加沒什麼反應，直到受損細胞吸收了大量鎂之後才有改善**，這足以說明睪固酮是胰島素在增進葡萄糖代謝時的重要「夥伴」。

胰島素阻抗是一個警訊，當它和代謝症候群的諸多癥候，一起出現在睪固酮低下的男性病患身上時，無論該患者的年齡如何，都沒有理由不審慎地解決這個問題；之所以選用「審慎」一詞，是因為有證據顯示，過度給予超生理劑量的睪固酮，反過來會增加氧化壓力[52]。任何接受睪固酮替代治療的病患必需經常驗血，確保關鍵的健康指標都合乎正常值。

考慮到鎂之於維持細胞正常代謝的功效，它顯然也能左右血漿中的游離睪固酮濃度。相較之下，有運動習慣且運動量大的人，想必會比久坐不動的人更能體會到，鎂對於睪固酮濃度的正面影

響 [53、54]。

同樣地，總睪固酮濃度正常的男性，其血中鎂濃度也明顯高於總睪固酮缺乏的男性 [55]。

直接探討睪固酮與鎂代謝，或鎂對於睪固酮生理學影響的研究相對較少，但有大量文獻指出，睪固酮是一種抗發炎物質兼鈣阻斷劑，或許也意味著這種激素，與其他可使細胞內鎂增加的生理機制或物質交互作用，進而輔助這些機制。

下一段討論**胰島素**可以強勢地**迫使細胞吸收鎂**，縱使細胞外的鎂濃度較低，胰島素也能令鎂留在細胞內部而不被釋出。

在一項骨骼肌細胞的體外研究中，有某種不明機制，竟然可使睪固酮擁有胰島素效應 [56]，而且另有證據顯示，循環睪固酮濃度，和空腹胰島素濃度有相關性，但不會明顯影響脂蛋白濃度；有些研究也認為，胰島素可以**調高睪固酮分泌** [57、58]。和安慰劑的效果相比，睪固酮顯著**提高皮質醇濃度** [59]。

綜合上述，這些結論意味著，太快且劑量太高的睪固酮替代療法會造成弊端，特別是在老年病患，但這並不代表要排斥低劑量漸進式的睪固酮療法。

維生素 D 被許多人認為是一種激素而不是維生素。它和游離睪固酮之間，有獨立的線性關係 [60]。儘管目前還無法明確定義此一相關性的本質，但它點明了人體內各種激素與類激素之間平衡的必要性 [61]。

回顧

睪固酮抑制細胞內氧化壓力（IOS）過增（或使其減少），有以下表現：

1、降低細胞內鈣的濃度，成為鈣離子通道阻斷劑和鈣拮抗劑。

2、是一種有效的抗發炎物質，免疫系統的幫手。

3、有助於提升其他激素的功能。

4、其替代物質，能明顯降低總死亡率。

5、藉由增加細胞內鎂濃度，來緩和代謝症候群的症狀；濃度偏低時可能造成胰島素阻抗。

胰島素

自從 1921 年，班廷和貝斯特發現胰島素以來，世人都熟知它的主要功效在於調節葡萄糖的代謝，可是文獻中一再把它描述成一種有效的治療物質。當然，細胞要能夠適度吸收葡萄糖，使粒線體內的克氏循環能夠從中製造出最佳濃度的 ATP，這過程絕對少不了胰島素，但它的重要性並不僅止於此。

長久以來，胰島素在各個層面都顯示出強大的治癒功效[62-64]。對糖尿病患者做全身性的胰島素治療，能夠大幅提高**潰瘍傷口的癒合率**[65]；此外，無論是否患有急性糖尿病，對大鼠局部施用胰島素，即可加速傷口的癒合[66]。

在一項雙盲對照的臨床試驗中，外用的胰島素霜，能明顯改善糖尿病患者的傷口癒合[67]；也有一份囊括 9 項人體臨床試驗，和 12 項動物實驗結果的審閱報告作出推論，認為**胰島素**可以作為一種**低成本的生長因子**，用於加速**傷口癒合**會更凸顯其價值[68]。

同時，只要不是嚴重過量，胰島素是用途最為廣泛的**安全藥物**之一。在糖尿病患者和非糖尿病受測者的一隻前臂故意製造出均勻的傷口，再將**胰島素**和**鋅**組合或單獨施用於傷口上，讓兩隻手臂互為對照，發現施用藥劑的傷口更快癒合[69]，與這

項發現一致的是，在傷口處注射胰島素–鋅製劑（Insulin-Zinc Injections），也能夠刺激並加速患部 DNA 的合成[70]。

外用胰島素也同樣被證明，可以加速以下傷口的癒合：

✔ 大鼠的耳鼓膜穿孔[71]。

✔ 糖尿病患者和非患者的角膜損傷[72、73]。

✔ 壓迫性傷口或褥瘡，此兩者常是特別難治[74]。

✔ 糖尿病患者的大面積全層皮傷口，增加結締組織和新血管的形成[75]。

✔ 非糖尿病患者的傷口，僅兩週就生成新血管[76]。

✔ 糖尿病患者的傷口，利用抑制慢性發炎來達成[77]。

另一個醫藥界之謎：為什麼胰島素沒被用於傷口護理？

說來令人難以置信，80 多年來，儘管醫學文獻中處處可見胰島素的各種應用，歌頌它戲劇性的功效以及安全性，美國或世界各地的傷口照護中心，卻鮮少用胰島素來加速並改善傷口的癒合品質。

歷來的研究報告，把胰島素的傷口修復力記述得多麼清楚明確，可文章的結語還是要來上這麼一句「需要進行更多的研究」。

我們不禁要問，究竟要有多少符合「黃金標準」的研究（隨機、雙盲、安慰劑對照），取得夠令人驚艷的成果，才能使這項成分，真正應用於傷口護理？本該是護理標準用藥卻未獲充分運用，甚至也沒有變成傷口癒合醫學討論的一部分，這般冷落的待遇幾乎能和維生素 C 同病相憐了。

尤其令人費解的是，胰島素的多款衍生製劑，仍受到專利保

護，如果它的臨床應用擴大，想必能為生產胰島素的製藥商，帶來更大的利潤。當然，回過頭來看，維生素 C 並非專利保護成分，這一點或許能解釋它所坐的冷板凳。

胰島素的超強療效，來自於兩個重要原因，分別是它能夠直接提高細胞內維生素 C 和鎂的濃度，而這兩項就足夠抑制細胞內氧化壓力（IOS）濃度。細胞內氧化壓力（IOS）濃度攀升，是所有慢性退化性疾病的細胞病理肇因，它的存在也會使這類疾病持續惡化，因此舉凡能夠降低這項指標的措施，可使人體內的病理因子大幅縮減，有時甚至足以逆轉疾病。

細胞內的維生素 C 是直接去抵銷了氧化壓力，鎂則是有助於降低細胞內鈣的濃度，等於是削弱了細胞內氧化壓力（IOS）升高的成因。

胰島素還能幫人體保留鎂。在一項有關小鼠腎小管細胞（過濾血液以製造尿液）的研究中，人員發現胰島素會刺激此類細胞對於鎂的吸收；這麼一來，隨尿液排出的鎂會減少，被細胞吸收的鎂，則可重新進入體循環並被利用 [78]。

我們已經知道，胰島素會讓維生素 C 和葡萄糖去搶通道，藉此促進細胞對維生素 C 的攝取；葡萄糖越多，進入細胞的維生素 C 就越少，反之亦然 [79]。如果沒有補充胰島素，葡萄糖的增加也會使正常人白血球中的維生素 C 濃度即刻下降，這種反應又進一步突顯出，**葡萄糖與維生素 C 的細胞通道之爭** [80]。

葡萄糖和維生素 C 在分子結構上非常相似。在能夠自體合成維生素 C 的動物身上，是肝臟利用酵素將葡萄糖轉化為維生素 C。這種結構上的相似性或許正是胰島素調節血糖的施力點，也**可能是糖尿病的所有病理及長期副作用的首要原因**。換個方式解釋：

葡萄糖濃度的升高，使體內幾乎所有細胞都處於**細胞內壞血病**狀態（維生素 C 重度耗竭），有些組織會特別容易因此受到損傷；隨著葡萄糖升高的程度加劇，時間越長，細胞內壞血病就越嚴重。

相對來說，胰島素不僅能藉由特殊的運輸工具（GLUT），來增進細胞吸收氧化形態的維生素 C（DHAA），還能促使它在細胞內還原為活性（AA），整個過程就像是胰島素把失效的維生素 C 拉進細胞，然後在細胞內幫它重新充電[81]。

胰島素還能增加細胞內鎂的積存[82]。**若要降低細胞內鈣和氧化壓力並且持續抑制，細胞內鎂的囤積是非常關鍵的因素**。研究發現，無論是體內或體外，胰島素有能力將鎂從細胞外轉移到細胞內空間，而且在人類淋巴細胞和血小板的實驗模型中得到確證[83–87]；從另一方面來看，**細胞內鎂已被證明是胰島素的良性調節物質，是減輕胰島素阻抗的重要因素**[88]。合理說法是，第二型糖尿病患者的細胞內鎂濃度總是偏低，維生素 C 濃度也高不起來[89]。

在一項動物研究中，人員發現鎂補充劑能夠向上導正胰島素受體和葡萄糖轉運體，也就是使這類受體和轉運體的數量增加，可為鎂和胰島素協同抑制細胞內氧化壓力（IOS）的明確機制之一[90]。

若是把焦點放在鎂和維生素 C 的細胞內外移動過程，以胰島素之療效為題的研究報告，就更具有臨床意義了。這些報告都重申大量補充鎂和維生素 C 是如何的重要，應該列為所有臨床治療方案的重要環節。

胰島素在非糖尿病相關的臨床應用上，留有不少紀錄也都支持上述推論[91]。有一項大型研究，以加護病房中使用**呼吸器**的重

症外科病患為對象，觀察他們接受強化胰島素治療（利用點滴注射使血糖維持在 80 至 110mg/dl 之間）的結果；與常規治療相比之下，這些病患的院內死亡率降低了 34%，降幅最大的是同時患有晚期敗血症的人 [92、93]。另一項研究則顯示，當未罹患糖尿病的心肌梗塞患者，出現血糖升高的情形（壓力性高血糖症），若不加以控制，其院內死亡的風險也會明顯增加 [94]。

有鑑於糖尿病和高血糖症的普遍，施用胰島素的額外效果——除了更嚴格的血糖控制之外，也許將對 ICU 和 CCU 病房的早期死亡率，發揮重要的抑制作用。重症病人的體內氧化壓力更高，許多細胞受到嚴重摧殘，但隨著更多的鎂和維生素 C 移入，首先就能讓病態的細胞得以存活，有機會被修復到正常，或趨於正常的氧化還原狀態。盡可能讓健康細胞的數量增加，必然等同於延長生存期，也等於減少疾病的相關症狀。

胰島素並沒有被定性為**鈣離子通道阻斷劑**，但具有調節鈣質的作用。在神經元中，胰島素似乎可以減輕細胞內鈣濃度升高所產生的負面影響，而這種負面影響，被視為神經細胞的超極化後電位，會造成患者的認知能力下降 [95]。

回顧

胰島素抑制細胞內氧化壓力（IOS）過增（或使其減少），有以下表現：

1、改善葡萄糖代謝的主要因素，預防或減少葡萄糖濃度長期上升的負面影響，包括葡萄糖對於氧化壓力和發炎的助長能力，以及它對克氏循環的產能限制。

2、直接增加細胞對**維生素 C** 的吸收量。

3、直接增加細胞對**鎂**的攝取量。

4、減緩細胞內**鈣**濃度過增時的新陳代謝失調。

5、因第 3 點而促使胰島素受體和葡萄糖／維生素 C 轉運體增加，進一步維持細胞質鎂的濃度（亦減少細胞質的氧化壓力）。

6、有助於鎂的再吸收，以免被腎臟排出體外。

氫化可體松

　　氫化可體松（皮質醇 Hydrocortisone）和**維生素 C**，是人體內最重要也最強大的天然消炎物質。

　　從現有科學資料的邏輯分析中，我們知道免疫系統之所以會被急性炎症反應啟動，維生素 C 和相關抗氧化物質的嚴重缺乏是主要原因。無論發生在什麼部位，是局部或是全身，只要維生素 C 嚴重不足，炎性反應就隨之而生；不僅如此，只要以維生素 C 為首的抗氧化物質沒有恢復到足量，發炎狀態就不會完全解除。

　　從實際的角度來看，**維生素 C** 的缺乏和**發炎**本質上是同一件事，至少你會發現他們兩者總是焦不離孟、孟不離焦。

　　只要不是全身性的維生素 C 不足，那麼它就只代表小區域的壞血病病灶，和局部發炎狀態而已。舉例來說，病原體來到某一區域，開始消耗該區域儲存的維生素 C，當此區域的儲量用完，感染症就形成了，炎性反應跟著發生。當炎症發生在全身，維生素 C 的缺乏也是全身性的，而且也代表全身各處都有不同程度的細胞內壞血病，這時，人體的**血漿維生素 C 濃度**會降到極低，如同嚴重感染的住院病人和重度傷患 [96–98]。

　　除了血液中的維生素 C **濃度**低下，C 反應蛋白（**CRP**）濃度

也會持續升高，這也是體內炎症的可靠指標[99]。

炎症引發的免疫反應，主要發生在維生素 C 濃度被耗盡的部位，而且該部位的維生素 C 少到**幾乎無法測出**，因此也可以說，直接向體內消耗量最急遽的部位，提供高濃度維生素和抗氧化物質，就是免疫系統的重要功能，甚至說是首要功能也不為過。

在這一連串的過程中，最早趕到發炎現場的免疫細胞是單核球（Monocytes）。這種細胞裝著極**高濃度的維生素 C**（比周圍血漿高 80 倍）。其他免疫細胞也帶有相當高濃度的維生素 C[100–102]。值得一提的是，除了免疫細胞，部分神經元細胞也含有超高濃度的維生素 C，有些甚至比血漿高 100 倍。

和淋巴細胞相比，單核球的鎂含量及濃度似乎也高得多[103]。**這一點更證明了單核球之於急性發炎的高度救援機動性。**曾有人建議，把單核球列為測定全身鎂含量的指標[104]。

皮質醇又被稱作**壓力荷爾蒙**，通常在突遭重大身心壓力時，迅速從**腎上腺**分泌出來，進而使血糖上升。

值得注意的是，在自體合成維生素 C 的動物中，這樣的血糖飆升，會立刻導致血液中的維生素 C 濃度也迅速提升，因為葡萄糖就是肝臟用來轉化維生素 C 的基底原料。

不僅如此，在這些動物的體內，此一轉化的過程，也會在遭逢巨大壓力的同時加快速度，可見這項機制的主旨，**在隨時依照需求來製造維生素 C**。遺憾的是，由於基因缺陷，人類缺乏這項機制所需的關鍵酵素，以致於**暴增的葡萄糖**，完全不會被轉化成維生素 C。就這樣，當個體面對的壓力變成長期性的，**皮質醇**本身的消炎作用漸漸被扳倒，削弱免疫系統的副作用開始占上風──所以，長期服用高劑量皮質類固醇的患者，身上往往會出現

免疫抑制的症狀。

此外，身體無法代謝的葡萄糖具有毒性，它會大幅促進皮質醇超量分泌時的慢性副作用，無論這些皮質醇，是吃進來的藥物，還是體內高壓力的病態產物。

在抑制細胞內氧化壓力（IOS）方面，**鎂**和**皮質醇**的效果相似。有一項動物研究發現，補充鎂能降低唾液中的皮質醇濃度，同時減少與壓力有關的行為[105]。

在極端的壓力環境中，補充鎂可使皮質醇濃度明顯降低[106–108]，有一種解釋是外來的壓力，使氧化壓力也跟著增加。在皮質醇的重要功能之中，有一項是幫助細胞吸收更多的維生素 C，既然鎂能夠大幅緩解氧化壓力，那麼當鎂足夠的時候，人體對皮質醇的需求也就不那麼急迫了。

另一項研究發現，讓患有**原發性失眠症**（一種壓力情境）的老年受試者補充鎂，不僅能使他們睡得更好，期間的皮質醇濃度也明顯降低[109]。

鎂、皮質醇和維生素 C，三者之間的連帶性，曾在一項隨機雙盲對照試驗中得到證實：該試驗以**青少年**為對象，補充 3,000mg 的維生素 C，可讓受試者的皮質醇濃度降低，也減少他們對於突遭**心理壓力**的主觀反應[110]。如此看來，當補充維生素 C 後，由皮質醇主導的細胞，吸收維生素 C 之「需求」被解除了，生理上也就不再有理由讓皮質醇濃度增加。

氫化可體松（皮質醇／類固醇藥物）最重要的功效之一，就是在短期內加強服用時，能夠使維生素 C 在細胞內的濃度增加，而此一論點也經由上述試驗獲得佐證。（編審附圖 16）

我們把焦點放在類固醇和細胞內鈣濃度之間的關係上。**相對**

於鈣在細胞內氧化壓力（IOS）過增所扮演的角色，類固醇的拮抗性就和鎂一樣。我要再次強調，此處討論的類固醇作用，處理偶發的過敏與炎症上的效應，不包括長期投藥的高劑量或高內源性濃度的類固醇個案。

有好幾種細胞研究，紀錄了**氫化可體松**對於細胞內鈣濃度的抑制性。這種作用會導致細胞內氧化壓力（IOS）的急遽降低。同時，也有多項體外研究檢驗細胞對於鈣的吸收力，證實氫化可體松是一種非常有效的鈣離子通道阻斷劑，因為它可以大幅限制鈣流入細胞質；只要有這種作用存在，細胞內鈣的濃度就會持續受到遏抑[111-116]。

在另一項研究中，**糖皮質激素**（Glucocorticoid）受體的刺激會降低內部鈣濃度[117]，顯示類固醇對於鈣的阻斷性，很可能發生在鈣離子通道的胞質側，因為類固醇受體是位在細胞內部的。

當腎上腺皮質細胞（負責分泌類固醇的細胞）接觸到過量的鈣，就會立刻引起**皮質醇**的分泌，這使得**氫化可體松**和鈣之間的拮抗關係得到進一步認定，也和皮質醇降低細胞內鈣濃度的觀點一致[118]。

本質上來說，皮質醇會減少細胞內的鈣，同時基於代償機制，過量的鈣又引發皮質醇的釋放，如此便使細胞質的鈣濃度得到控制。

皮質醇對於癒合的促進力，在不少研究中得到證實。有一系列試驗以**社區型傳染性肺炎**，一種免疫反應非常強烈的感染症為對象，觀察皮質類固醇的短期施用效果（單劑至 10 天劑量）；或許是前述的各種機制，使得有限劑量的皮質類固醇起了消炎作用，加速使病情穩定，因而縮短患者的住院時間，且其中的幾項試驗中，還顯示出死亡率的降低。

由於研究提供的證據強而有力，便有人認為皮質類固醇的使用，可成為治療此類病患的標準護理程序之一[119]。無論是否並用別的藥物，**維生素 C** 都能盡快排除感染問題，而氫化可體松則能**幫助維生素 C 進入受損細胞**。

從鈣離子通道阻斷的觀點而言，既然氫化可體松能降低細胞內鈣濃度，所以它也能當作解毒劑來用。由於所有的毒素，都是藉著提升細胞內鈣濃度來傷害且殺死細胞，所以這一點也成立。

環孢素 A（Cyclosporin A）是一種免疫抑制藥物，它會在心臟、肝臟和腎臟，持續引發毒性副作用。這種藥物係藉由增加細胞內鈣濃度和細胞氧化壓力，來釋放其毒性。皮質醇已被證明可以減少環孢素 A 在療程中的毒性。在動物細胞研究中，無論是體內或體外，皮質醇都能夠降低這種藥物產生的毒性，方式是降低細胞內鈣離子濃度，以及大幅減少藥物的鈣離子通過量[120、121]。

足量的**腎上腺素**也有毒性，研究發現它會使狗的心肌增加鈣攝取量，但若在點滴注射的同時加入氫化可體松，則心肌受損的跡證明顯減少[122]。

這又再次顯示，可體松的鈣拮抗性能夠緩解毒素威脅，或甚阻擋毒性。當然，這些研究雖然並未涉及維生素 C，但是皮質醇也能增加細胞對維生素 C 的吸收，藉此阻止毒素的危害，而維生素 C 已被多次證明，是現今最有效的單一制劑，能夠中和毒素、阻斷毒性影響，並修復已被氧化的生化分子[123]。

我們應該記住：氫化可體松是抑制細胞內氧化壓力（IOS）的重要因素，而且它的效果直接且迅速，也因為這項特性，臨床醫護應該隨時提醒自己：

長期施用高劑量氫化可體松或皮質類固醇的諸多負面性，

絕不應該被用來當作排斥短期且小劑量皮質類固醇用於治療的理由，尤其是當合併大劑量維生素 C 的使用時。

事實證明，皮質類固醇（Dexamethasone）的施用，可顯著增強細胞對維生素 C 的吸收。（編審附圖 17）

最早是一項小鼠細胞研究[124]，後來是人體試驗，讓 5 名志願者口服維生素 C，再接受氫化可體松的靜脈點滴注射，結果發現**單核球**的維生素 C 吸收力大幅提升[125]。如此可知，維生素 C 使細胞內的氫化可體松受體處於還原活性，而氫化可體松則大幅促進細胞對維生素 C 的吸收，這兩種人體內最重要的消炎物質，構成絕佳的**協同作用**。

回顧

氫化可體松抑制細胞內氧化壓力（IOS）過增（或使其減少），有以下表現：

1、降低細胞內鈣的濃度，成為鈣離子通道阻斷劑和鈣拮抗劑。
2、鈣的存在量越多，越能使腎上腺細胞反射性地釋放更多的氫化可體松。
3、因降低細胞內鈣濃度而可作為一種抗毒劑。
4、增加細胞內的維生素 C 濃度。
5、鎂能夠分擔氫化可體松的工作量，使它不至於對細胞內鈣濃度太過敏感。

甲狀腺素

濃度正常時，甲狀腺素（T3）稱得上是全身最重要的氧化壓力抑制劑。甲狀腺素的功能失調，與氧化壓力的激增有關[126]。

甲狀腺功能低下的患者常見 TSH（甲狀腺刺激素）濃度升高，也和全身性炎症的增加有關 [127]。

在一項動物研究中，甲狀腺功能低下的開端，似乎以某種因果關係的方式，直接增加氧化壓力，而且在甲狀腺功能開始下降後，心臟組織隨即出現炎症跡象 [128]。**實際上，當甲狀腺素在細胞中的作用減弱，必然意味著某種程度的全身性炎症或中毒正在發生；站在治療的角度，假使這個狀態持續下去，那麼再有效的療程都不可能會成功。**

許多研究和試驗，探討過甲狀腺功能亢進或低下的症狀與治療，但在臨床上，目前似乎有一種名為「**亞臨床性甲狀腺功能低下**」的病症正在流行；標準的甲狀腺檢查測不出異常，但卻只有 TSH 明顯偏高。即使是亞性缺乏，對健康仍有深遠影響，特別是**心臟**疾病 [129–131]。

布羅達‧巴恩斯博士（Dr. Broda Barnes）是一位專門治療甲狀腺功能低下症的醫師，他從臨床病例導出邏輯推論，認為即使是**最輕微**的甲狀腺功能不足，也有可能使體內氧化與還原的平衡性失調 [132]。

巴恩斯博士首創用**體溫**測量，來診斷出甲狀腺功能的低下。他在許多求診者身上發現，乾燥甲狀腺劑的施用，可以改善他們的體溫表現和主述症狀，奇怪的是，這些人的甲狀腺功能檢測結果卻都是正常的。

巴恩斯博士的觀察結果是，若體溫持續低於華氏 97.8 至 98.2 度（36.6℃～36.8℃），絕對表示甲狀腺功能已然偏低；只要甲狀腺功能低下症的任一項症狀與偏低的體溫同時出現，他就會啟動甲狀腺治療。巴恩斯博士還斷言，只要基礎體溫不超過華氏

98.2 度（36.8℃），就不會有「甲狀腺劑過量的風險」。

運用體溫測定、乾燥甲狀腺劑和臨床經驗，巴恩斯博士對 1,569 名患者進行診治和研究，期間長達 20 年。有些患者是整整 20 年都沒有回診接受追蹤，但在研究期結束時，巴恩斯博士發現這些患者中，總共只有 4 人曾發作心臟病，全為男性，年齡從 56 歲到 61 歲不等，而他回顧病歷，懷疑這 4 個人在當年用藥時可能劑量不足。

若是依照公認可信的佛拉明罕健康研究（Framingham Health Study），在同樣的 20 年時間裡，巴恩斯追蹤的成年人心臟病發生數，應該為女性 22 人、男性 50 人才對。

更重要的是，巴恩斯博士並沒有直接要求病人戒菸，而其對象群體的糖尿病、高血壓、根管治療和其他感染性齒疾，以及各種慢性退化性疾病的發病率，與佛拉明罕研究中的觀察對象都相同。

巴恩斯博士更指出，至少有 30 起心臟病發作，是出現在退出研究並停止服用甲狀腺劑替代品的患者身上，而這些人大多數都是年輕人（60 歲以下），有 5 人在發作時還不到 50 歲，引得他連帶觀察起甲狀腺功能低下，與冠狀動脈疾病和心臟病發作之間的關係。

撇開上述觀察不談，巴恩斯博士意外地察覺到，當甲狀腺功能低下時，病人普遍患有其他**感染性**疾病，而當病患處於正常（甲狀腺正能）狀態，感染性疾症便受到極為妥善的抑制。他也在臨床上觀察到，上述的染病體質大約需要 2 個月的甲狀腺治療才能明顯矯正，甚至「要是停止甲狀腺治療，此（調整）效果會在 6 個月到 1 年內消失」。

健康甲狀腺提供額外保護

今天的醫學和牙科文獻中已經公認，**冠狀動脈疾病**導致心臟病發作，而前者的進程和惡化，幾乎都是（>90%）由口腔病原體持續局部感染所造成的慢性動脈血管損傷而引起，尤其是來自於受感染的牙齒（通常是根管治療）和慢性牙周（牙齦）疾病[133、134]。

做過根管治療的死牙都處於慢性感染狀態，這一點在病原體的局部感染行為似乎格外重要。這些病原體最終進入**冠狀動脈**，**導致動脈粥狀硬化和心肌梗塞**。據統計，口腔中的病原體與心臟病發作率大幅增加有關[135]。（編審附圖 18）

事實上，在根管治療和其他口腔感染處常見的病原體，與發生粥狀硬化的冠狀動脈內壁所發現的病原體都一樣。曾有檢驗員趁粥狀硬塊切除手術時刮下 38 位冠心症患者的堵塞**血管斑塊**，然後比對分析，發現 38 份採樣全都含有牙周病菌的 DNA，細菌種類超過 50 種，而一份斑塊樣本通常有 10 到 15 種不同的細菌 DNA[136]。

而且，幾乎所有樣本都有**真菌**的 DNA[137]。其他研究者也老是在冠狀動脈斑塊中找到病原體，尤其是口腔來源的病原體[138-140]。確切地說，致病菌（也包括真菌）不應該出現在正常的冠狀動脈中。正常的冠狀動脈內壁，也應該不會被病原體定居。

有了以上這樣的證據，還要否定這些口腔菌（牙周病菌）病原體是動脈粥狀硬化的致病因，那就是有意規避這個結論的邏輯性了。無獨有偶地，絕大多數**急性形成的血小板凝塊**，是導致冠狀動脈完全阻塞和心臟病發作的直接原因，那些凝塊中也都帶有極高濃度的同種病原體[141]。

如此看來，我們可以得出明確的結論：**完全正常的甲狀腺功**

能，能夠有力地保護人體對抗全身性感染，不使慢性感染部位的病原體向外散布，也避免該病原在身體其他部位定居。

換句話說，在甲狀腺功能完全正常的人身上，局部感染（牙齒、牙齦、扁桃腺）幾乎只會局限在該部位。實際上，甲狀腺功能正常的人，能夠與感染共存，不會因為感染擴散到非口腔部位，而導致自己的整體健康連帶受損。

針對輕至中度的慢性甲狀腺功能低下，巴恩斯博士的臨床評估和治療手法成效非凡。

除了博士愛用的體溫指標，測量游離 T3 和反式 T3（以下作 rT3）濃度，也是診斷輕度甲狀腺功能低下的有效方法，之後再紀錄受測者是否因服用乾燥甲狀腺劑而恢復正常。rT3 是甲狀腺素的非活性形態，它會堵住正常的 T3 結合位，不讓活性 T3 發揮其應有的生理作用。追蹤 rT3 濃度也可作為監測和量化全身氧化壓力的一項可靠指標。

糖尿病患者的 T3 濃度一向偏低，rT3 濃度則始終居高不下 [142]。在體外，rT3 可導致**乳腺癌**細胞和**膠質母細胞瘤**細胞的增殖 [143]。話說回來，即使有 rT3 測量法，巴恩斯博士當年所使用的測量原則、追蹤治療等等，在今天的臨床診療仍然極具價值。

監測游離 T3 和 rT3 濃度，有助於辨識並治療最常見的甲狀腺素疾病：細胞性甲狀腺功能低下症。這種病症同樣不容易被例行的甲狀腺檢查發現，因為它的 TSH 正常，甲狀腺素濃度也正常，但在臨床上非常重要，是動脈硬化和心臟病發作的主要原因 [144]。

人體中幾乎每個細胞都會用胞內酶（去碘酶 Deiodinases），將無活性的 T4 轉化為有活性的 T3，而這些酶和其他生化分子一樣會被氧化而失去活性 [145]，將近 80％的 T3 是在**甲狀腺以外**的身

體細胞中產生[146]。也就是說，**氧化壓力**或許會大到阻止外部組織轉化 T3，但是這一點卻和甲狀腺製造 T4 的功能本身是否健全並無關聯[147、148]。

當全身的氧化壓力增加，越來越多的去碘酶被氧化，rT3 濃度逐步增加，往往令 T3 濃度下降。理想情況下，T3 與 rT3 的比例應該是 18:1 至 21:1，只要沒有其他病症顯示有甲狀腺功能亢進，這個比率稍高也不至於構成問題。假如濃度偏低，那就表示患者需要接受某種程度的甲狀腺治療，同時尋找並解除氧化壓力的來源（如感染的牙齒），期盼身體能重新活化（還原）去碘酶。

多數病患需要終身接受甲狀腺治療，其餘患者只需要正確診斷、適度移除感染源，就能在氧化壓力降低之後，恢復甲狀腺功能的正常性。

鎂和甲狀腺之間有某些重要的相互關係。一項研究顯示，**大量運動**使甲狀腺素的活性降低，但是補充鎂能夠防止這種現象[149]。在細胞和動物研究中，甲狀腺素似乎有助於維持細胞內鎂的平衡。

若對甲狀腺功能低下的患者，或其細胞模型給予甲狀腺素，細胞內的鎂平衡就能恢復到與健康人體相當[150]。**切除甲狀腺**的患者，常有**鎂濃度低落**的問題[151]。在患有糖尿病的動物模型中，施用鎂劑似乎能改善其他方面的甲狀腺功能障礙[152]。鎂濃度過低，不僅會增加甲狀腺功能低下的罹病風險，也與**自體免疫**相關的甲狀腺疾病，如橋本氏症和葛瑞夫氏症的風險增加有關[153]。

甲狀腺素對鈣濃度和鈣質代謝的影響，大致與它對鎂的影響相反。這是可以預料的，因為鈣和鎂在人體內處於某種互補關係。正如給甲狀腺功能低下的動物補充甲狀腺素，可以恢復其心臟細胞內的鎂含量，甲狀腺素也能防止細胞內的鈣質超量，是一種合

理的相互作用 [154]。

若論甲狀腺、鎂與鈣三者之間的關係，有研究發現甲狀腺功能低下的大鼠，有心肌鈣含量升高的現象，但是血清鈣卻減少 [155]。

回顧

甲狀腺抑制細胞內氧化壓力（IOS）過增（或使其減少），有以下表現：

1、甲狀腺素是主要的氧化壓力調節器，無論是細胞內部還是全身。

2、甲狀腺素能使甲狀腺功能低下患者的細胞內鎂含量正常化。反之，此類患者的器官鈣化風險上升（細胞內鈣增加，**血清鈣**降低）。甲狀腺素也迅速防止心臟細胞內的鈣質超量。

3、輕微的甲狀腺功能低下，會促進全身性感染症，也會使口腔的局部感染疑似向外轉移。甲狀腺功能降低，可能也會增加多種癌症的侵略性和轉移。

4、甲狀腺功能**輕度低下**非常普遍，至少 50％的老年人都可能有此情況，尤其是患有嚴重慢性退化性疾病的人。

5、鎂對甲狀腺運作的正常化有很大影響，而甲狀腺狀態也牽動著鎂的平衡性。

6、要達成任何醫療方案的最佳效果，必需先使甲狀腺狀態正常化。

第 *16* 章

維生素 C 臨床補充的
基本指南

《　《　《

　　維生素 C 是人體內最重要的抗氧化劑，也是每個
細胞正常運作所需的燃料。

　　醫學療程的首要方針，應著重於血清中級細胞內的
維生素 C 濃度的常態保持。

任何營養補充的總體目標，應該是力求改善全身的抗氧化能力（抗氧化資源的儲備）。

具體地說，正如本書所論述，降低細胞內的氧化壓力（IOS），或使其恢復正常，就能夠有效治療所有已知的疾病。當細胞內氧化壓力（IOS）得以下降到正常的生理水準時，與疾病有關的症狀也都會減輕或消失；假如人體內的細胞，可以一直保持在這個狀態，那麼我們甚至可以預期，尚未在體內積累太多氧化傷害的輕症，將會自動解除。

維生素 C 是人體內最重要的抗氧化劑，也是每個細胞正常運作所需的燃料（**電子捐贈者**），醫學療程的首要方針，應著重於血清中級細胞內的維生素 C 濃度的常態保持。缺乏這項方針的療程固然仍有其臨床效益，但若不改善**維生素 C 在細胞內外的儲備狀態**，必然事倍功半。

不幸的是，我們能精確找出問題，卻未必能輕易地改正這個問題。包括維生素 C 在內，想要調控這類抗氧化物質的濃度並不如人們所想的那樣簡單。每天吞 1 顆維生素 C，不論劑量大小，幾乎對每個人都有幫助，而實際上卻總是達不到臨床上的理想治療目標。

許多病症──尤其是急性的**感染**和**中毒**，都可以藉由**大劑量維生素 C 靜脈注射**，或**連續密集的口服高劑量的維生素 C** 來解決；注射和口服兩者並用連續多日，甚至可能完全解除症狀[1]。可是，要使人體各種組織與器官中的維生素 C 達到最佳濃度，使它足以抑制臨床症狀、遏止慢性病的惡化，卻是另外一回事。本章將會概述維生素 C 的各種有效運用法，以及如何達成並維持最佳濃度──說來也許令人驚奇，想要把維生素 C 有效地送到它該去的地

方,可能還得借助多種施用方式的交互作用。

有效施用維生素 C 的重要技術及因素

1、劑量（Dose）

2、途徑（Route）

3、施打速度（Rate）

4、使用頻率（Frequency）

5、治療的持續性（Duration of treatment period）

6、維生素 C 的類型（Type of vitamin C）

7、合併療法（Adjunct therapies）

8、安全性（Safety）

9、整體療程品質（Quality of overall protocol）

劑量

施用維生素 C 時的每個技術都很重要，但**劑量不足**，始終是療效不佳的最大關鍵，尤其是針對**急性病毒**和**細菌感染**。針對重大感染、中毒和惡化中的疾症，如果不能有足量的維生素 C 來對抗氧化壓力，臨床治療的成功率永遠不會提升，在急性發作的當下更是如此。

另一個重點是，患者的治療反應或許談不上完美，但只要有施用維生素 C，即使劑量再少都還是能看到一些成果，因為病人體內，永遠都缺少電荷飽滿的還原維生素 C，可說是供不應求，給予多少就會用掉多少，問題只在於臨床辨證是否明顯而已。**別的藥劑或營養素都有過量致毒或其他副作用的隱憂，唯有維生素 C 沒有過量的問題。**

　　過去 60 年以來，其實一直有人在服用超高劑量的維生素 C，但也從未定義過致毒濃度。由於維生素 C 是人體賴以運行的主要營養素，假如我們預期維生素 C 有所謂致毒性的臨界點劑量，那就有點像擔心優質飲食會害我們吸收太多營養而中毒。

　　在治療**感染**和**中毒**的急性發作時，**抗氧化劑**的最佳劑量格外具關鍵性。要是這兩種病症，在療程開始前就已經存在了一段時間，患者體內的組織細胞可能已經死亡，器官可能已經受損，引起繼發性傷害。

　　先要給予足量的維生素 C，以防止新的感染部位引起氧化損傷，其次要解決舊的氧化損傷並修復組織，這個步驟永遠都是首要之務。當然，較低劑量還是有可能治好感染部位，只不過較高劑量可以加速患部痊癒，這就能減緩氧化損傷的進展，在病症完全根除之前控制感染範圍。

　　既然維生素 C 的使用不會引起中毒，救治者只需要具備最基本的臨床評估和專業知識，就可以決定初始劑量了，特別是在處理風險極高的急性症狀，包括**已延誤治療黃金期的高毒性中毒時**。

◎**重點**

　　急診或加護病房的瀕危患者，血壓暴跌時，務必要隨時準備增加維生素 C 劑量，甚或有必要在幾秒鐘至幾分鐘之內做直接注射。

　　凡是中毒或感染症的急性發作，就應該立即給予大量維生素 C，不必苦等任何惡化跡象；等到病患的生命徵象穩定、開始出現改善，救治者就能站在比較從容的立場，來決定後續的用藥頻率和劑量。

　　熟悉如何運用維生素 C 的醫師需懂得監控病況，靈活地調整

劑量，與這樣的醫師合作是最理想的狀態。當然，對大多數的主流醫師而言，維生素 C 的毒性缺乏旁證，倒也不代表每個急重症病患，都非得要大膽冒進地導用它就是了。

靜脈注射維生素 C 的**初始劑量**是 1 至 1.5 公克／**每公斤體重**，但並不是絕對規則。粗略地換算，能接受靜脈注射的嬰幼兒大約是 25 克，體重 100 至 120 磅的人是 50 至 75 克，150 至 250 磅的人是 75 至 150 克；較大的兒童直接從 50 克開始可得最大效益。臨床的劑量增減，是根據患者體型、是否急症，以及病況穩定度來調控。

至於一般保健及慢性病治療的日常施用，要如何選擇其類型與份量，則可從價格實惠性、便利性、有效性，以及實驗室測試結果等因素來取決。

◎**實惠性**

在經濟許可的前提之下，維生素 C 的微脂囊製劑（微脂 C）是最理想的劑型。服用這種形態的製劑時，大多數成年人只需要每天 1 到 5 克即可收到很好的效果。（每包微脂 C 含維生素 C 劑量的 1 公克）

要注意的是，市面上有許多名不符實的微脂囊產品。同時，號稱「自製配方」的「微脂囊封裝維生素 C」，極有可能只是**乳化液狀**（Emulsions）而非以真正的**微脂囊技術**（Liposome-encapsulated）加工；乳狀劑型固然也有利於腸道吸收，但它無法把維生素 C 送進細胞質和胞器（如粒線體等等）內。某些無法靜脈注射的**重症病患**，只能借助這種體積和濃度都適當的分子，來吸收維生素 C，因此在眾多口服劑型之中，只有真正的微脂囊才能滿足這個目的。無論從健康還是經濟性的角度來看，造假的產

品只是自欺欺人，毫無意義。

◎**便利性**

口服維生素 C 以每天**多次**服用為佳，因為它會藉腎臟的功能而迅速被排除。微脂囊劑型的細胞內吸收力特別強，進入人體後會快速離開血液，進入細胞，所以沒有這一層顧慮。

要確定人體每日所需的適當劑量，最佳辦法就是定期服用抗壞血酸鈉或抗壞血酸粉末，而且持續增加劑量直到發生**腹瀉**為止（腸道耐受性）。大多數健康體的腸道耐受劑量落在 5 至 15 克之間，比較敏感的腸道則不可超過 1 或 2 克，這種人應該多選擇微脂囊劑型來服用，可以避開腸道不耐受的問題。少數人的腸道耐受性非常高，20 克甚至 40 克以上都不會造成腹瀉，但這種**人體內的毒素濃度多半也很高**，而且通常由於齒科感染或毒素，例如曾接受**根管治療、牙周病、汞牙**和其他齒科感染症。

◎**症狀是否解除**

由於所有症狀都是因身體某些部位的**氧化壓力增加**而引起，想當然爾，適量的維生素 C 必然能減輕這些「未症」。絕大多數的人都處在「亞健康狀態」，很少人過著完全沒有症狀的生活，這樣的人若是開始補充維生素 C，很快就會感覺出多少份量可使自己最舒適，這也是確定平日補充劑量的一個好方法。

至於其他沒有明顯自覺症狀，但已然開始補充維生素 C 的人，大概只會在健康受到輕微損害時才會開始萌生保健意識——能夠分辨出自己正在經歷某種具有毒性或傳染性的挑戰。到了這個階段，這些人可以把劑量增加到原本的日常服用量以上，而且持續幾天，作為預防。

◎血液檢查

也就是疾病篩檢或健康檢查。時至今日，只有極少數人，才能在多項基礎血液檢查之中取得正常的結果；也因為如此，當受測者服用維生素 C 的時日一多，原本測得的**不正常指數會明顯改善**，甚至恢復正常。

老練的健檢醫師可在定期的例行檢查中，觀察出驗血者的抗氧化能力，是否與維生素 C 的服用量成正相關，進而判斷補充劑的有效性是否足夠。利用實驗室測試，來微調維生素 C 劑量，是一種特別優雅的方式，因為驗血者也許還不必受到病痛的折磨——縱使檢測結果有不良的傾向，也未必造成症狀。這種完整的基礎血液檢測令預防醫學有了新的意義，使醫療人員不再只根據症狀來治療病人。

同樣地，我們也必需認知，許多檢驗數值的「參考區間」，並不代表真正的「正常區間」。這種區間的設計，只是為了便於將受測者分類，也就是「統計學」上的方便；假如是所謂的「**輕微異常**」，其實最好就**別當成「正常」**。有一些常見的驗血項目，其「正常範圍」甚至不包括真正的正常值，因為某些疾病和毒性的症狀太過普遍，使得按照人口統計出來的數字被拉偏了（例如**鐵蛋白濃度 (Fe)** 和鐵中毒）。（編審附圖 19）

途徑

維生素 C 可以透過多種方式給藥，包括：

✓ 靜脈注射（點滴）

✓ 肌肉注射（皮下）

✓ 口服

✓ 直腸灌注（灌腸）（編審附圖 20）

✓ 用吸入器從鼻腔吸入（霧化）

✓ 局部施用於眼睛、耳朵，以及皮膚（經皮吸收）

　　口服和靜脈注射是最常見的方式。要牢記：無論是哪一種治療，重點都在於要讓維生素 C 分子直接接觸患部的氧化促進物質；當我們使用維生素 C 治療敏感部位如眼睛或呼吸道時，務必使用 pH 值為中性的溶液（抗壞血酸鈉或適度加小蘇打緩衝過的抗壞血酸）。**肌肉注射**最適合用在**嬰幼兒**身上，下一段會詳細討論。如果口服或靜脈注射不可行，或者病患可以接受維生素 C 灌腸，例如**慢性潰瘍性結腸炎**，那麼**直腸給予維生素 C** 也是一種選擇。話說回來，把耐受劑量的抗壞血酸鈉粉末，混入飲水或果汁後讓患者飲用，可使成分有效到達患部，也能用來治療各種腸道發炎。

施打速度

　　速度是靜脈注射維生素 C 的一大關鍵因素，控制得當就能使**維生素 C 治療的施打效益最大化**。如用針筒做靜脈推針注射，可以在幾秒鐘之內完成，也可以用點滴做長時間，甚至超過 24 小時的連續輸液，滴速同樣可以調控，端看要治療的疾病和預期效果而定。

　　◎**靜脈推針：**

　　當病人處於**休克**或**猝死**的風險中（好比接觸了大量毒物，不只出現急性中毒症狀，還有致命的毒素在血液中循環），即可用多量抗壞血酸鈉或緩衝溶液做靜脈推注，目的是盡可能讓足量的維生素 C，直接接觸到血液循環中的毒素。這樣的注射成效可能非常驚人。克倫納博士（Frederick Klenner, M.D.）在著作中描述

自己如何治療發紺的患者，該患者被一隻俗稱「貓毛蟲」的蟲子叮咬，短短十分鐘之內就出現嚴重胸痛、呼吸困難等過敏性休克症狀，而且覺得自己快死掉：「**12 克維生素 C 注入 50c.c. 的針筒中，配 20 號針頭，盡可能用最快速打入靜脈。這一針都還沒打完，他就感嘆：『感謝老天。』毒素已經被迅速中和了。**」[2]

克倫納博士所使用的手法可以變通，除了維生素 C 增減量之外，還有並用鎂、氫化可體松和胰島素。這些添加物都能強化維生素 C 進入人體細胞的能力，迅速降低任何升高的細胞內氧化壓力（IOS）。（編審附圖 21）虎頭蜂叮咬之過敏性休克。

◎**快速滴注：**

快速點滴多半使用大口徑點滴管，在 40 至 60 分鐘之內，點滴注射 500 至 700 毫升的維生素 C 溶液，溶液中通常含有 50 至 100 克的維生素 C。

由於**葡萄糖**和維生素 C 的分子結構很像，當有如此大量的維生素 C 急速進入人體時，胰腺會誤以為是葡萄糖來了，於是把大量**胰島素**釋放到血液裡代謝它。對於大部分人而言，這時的胰島素劇烈增加，會使血糖明顯降低，甚至可能只剩 20 至 25mg/dL，而且還會持續到靜脈注射結束為止，甚至患者不得不口服或接受葡萄糖輸液來提高血糖值。因此，這種類型的維生素 C 點滴注射，也可以被看作是一種內源誘導式的**胰島素增效療法（IPT）**。

IPT（Insulin potentiation therapy）藉由注射胰島素，使血液中的葡萄糖進入細胞，來造成低血糖狀態，IPT 在促進營養素和藥物細胞吸收的效果卓著，已獲證實[3,4]。內源誘導式的 IPT 具有相同效果，如果搭配慢速點滴注射，以避免刺激胰島素劇增，則會比其他方式更能**確保維生素 C 被細胞吸收**。細胞研究證實，

胰島素能刺激維生素 C 的積存 [5-7]，連同已知的 IPT 效益，無不顯示**胰島素是正常細胞吸收維生素 C 的一大助力。**

◎慢速滴注：

如前所述，加速點滴輸液能利用胰腺的反射性機制，刺激胰島素的分泌，將更多的維生素 C 快速推入細胞內部，在這樣的過程中，**隨尿液排出的維生素 C 也會更多。**針對罹患心臟病、癌症等慢性退化性疾病的患者，**2 小時以上的慢速輸液，可以達到最佳效益。**無論快速或慢速，用「點滴」來給予維生素 C，都特別能使患者受益，因為點滴的「速效劑量」濃度高、效果快，我們可以用抗生素治療來體會這個作用原理；所以，要是能延長時間，用慢速度來進行多次輸液，就能為患者帶來更多好處。慢速滴注能夠讓潛在病灶接觸到較多的維生素 C，故而有機會使症狀更為減輕，甚至可逆轉疾病。

◎連續點滴注射：

這種給藥方式極具價值，而且目前（直至 2019 年），尚有多項實驗正在進行。克倫納博士率先針對**癌症治療**提出建議：

「因此我們認為，用每天 100 克到 300 克的維生素 C 劑量做馬拉松式的靜脈點滴注射，持續數月，也許會發現驚人成效。」[8]

要說克倫納博士的論述瑕疵，或許僅在於其施行期間，因為大多數癌症似乎不太可能花上幾個月的時間來這麼做。截至 2018 年，靜脈注射維生素 C 總算有所進展，在美國的醫療院所中較常被採用，但都還不到克倫納博士的建議方式。瑞爾丹診所（Riordan Clinic）以其靜脈注射維生素 C（簡稱為 IVC），以及細胞分子矯正醫學相關臨床和基礎科學研究而舉世聞名，目前正在運用一種含有維生素 C 和其他營養素（如鎂）的**彈性膀胱給藥**

形式（Elastic bladder form），讓病患只需要門診就醫，即可接受 24 小時以上的慢速靜脈注射膀胱內容；門診也可以直接給患者額外的維生素 C 靜脈注射，加強維持血液中的維生素 C，使它的存在「全年無休」。

使用頻率

無論使用任何形態，維生素 C 的給予頻率，必需視患者先前的施用情形而定。在救治感染症或中毒的急性發作時，用患者的生命徵象與症狀緩解程度，來判斷下一次施用維生素 C 的時間和劑量大小；要是沒發現明顯的改善，則應**立即給予更多劑量**的維生素 C，而且注射速率通常也得快一些。一般而言，直接靜脈推針注射應該用在有猝死和昏迷風險的情況下。

用適當折衷的劑量來作為初次維生素 C 給予的劑量，幾乎都能得到正面的功效，之後的下一次給予時間和劑量，則有賴臨床醫護的專業知識來判定。假如病患是居家療養，沒有專業的醫護人員在旁，那麼由照護者協助**口服**也是可行的。在治療的早期階段，最必需遵循的原則包括：

- ✓ 退燒
- ✓ 使過快的心跳和呼吸減緩
- ✓ 使血壓趨近正常
- ✓ 全面提高病人的舒適程度

同時，無論病人是否正在接受靜脈注射，都應該額外口服大劑量的維生素 C 和微脂 C。這一點也很重要。

定時給予維生素 C 的好處在 2017 年揭曉，當時用的是較小劑量（每次 1.5 克）且於每 6 小時給藥一次（與類固醇和**維生素**

B₁ 一起），此舉使得加護病房中的**敗血性休克**病患保住一命（死亡率 8.5%——未接受此療法的死亡率是 40%）[9]。另一項類似的研究顯示，每 6 小時單獨使用同劑量的維生素 C，在搶救晚期敗血症患者方面，也有令人印象深刻的成果[10]。（編審附圖 22）

因應毒素或感染所引起的氧化壓力劇增，所需施用的抗氧化劑也越多，這一點仍然不變，但從上述的敗血症（這是人體系統感染惡化的最嚴重等級，僅次於死亡）治療研究看來，維生素 C 的施打頻率，恐怕絕對和劑量一樣重要。我們都知道血液中的維生素 C 能快速經尿液排出體外，所以如果一個人每天要服用 50 至 100 克的維生素 C，那麼讓他以間隔 6 至 8 小時的頻率分次服用，效果可能會更大；這樣一來，被排掉的份量少，用來中和氧化壓力的有效量就多了。當然，假如病患並非住院而只是門診就醫，那麼每天做一次靜脈注射，或許是唯一可行的方法。

治療的持續性

無論採取哪一種途徑，維生素 C 療程持續治療的天數長短很重要，重大急性感染症尤其如此。即使患者的臨床徵象復原，或甚至「**看似完全痊癒**」，後續的至少 **48 小時**內，仍然有必要施以相當劑量的維生素 C。急性感染症，特別是**病毒性**的感染，如果不**延長**維生素 C 的治療持續天數，其病況往往會**出現反彈**。所以按照同樣的思路，讓急性感染的患者，持續每隔 4 至 6 小時口服、靜脈注射、單獨或並用肌肉注射定量維生素 C，會比間隔 24 至 48 小時，才給予更大劑量要來得更快解除感染症候群。

維生素 C 的類型

維生素 C 的本質是抗壞血酸陰離子。相關的陽離子包括：

✓ 氫（抗壞血酸）

✓ 鈉（抗壞血酸鈉）

✓ 鈣（抗壞血酸鈣）

✓ 鎂（抗壞血酸鎂）

✓ 過渡金屬（錳、鋅、鉬、鉻）

✓ 抗壞血酸棕櫚酸酯

✓ 「維生素 C 複合物」

◎抗壞血酸（Ascorbic Acid）

此為維生素 C 的原型。撇開酸的作用造成**胃部不適**，或緩衝不足而致使點滴輸液造成**血管疼痛**等因素，它可說是最適宜、最通用的形態。

在微脂囊技術問世以前，抗壞血酸鈉大概是維生素 C 的最佳形態，這是因為胃對於抗壞血酸鈉的耐受度非常大，而且它在達到腸道耐受度時，會誘發類似腹瀉的效果，如此即可被輕易地排出體外。

縱使超過腸道耐受濃度（也是臨床救治所樂見），它仍能趕在腸道毒素被其他細胞吸收之前，予以中和並排除，同時也能使腸道內的細菌病原體濃度降低，這些劑量還能用來粗估病患的感染和毒性程度。一般而言，**感染程度越嚴重，毒性越重大，就會有越多的維生素 C 在腸道內提前被吸收**，剩餘能到達結腸而超過腸道耐受點的量，自然也就越少[11、12]。

◎抗壞血酸鈣（Calcium Ascorbate）

它的商品常被包裝為酯化 C 或緩衝維生素 C，其實只是給

服用者增加一個不必要的鈣源。由於它和抗壞血酸鈉一樣對胃友善，加上大眾對於「鈉」的排斥，使它成為熟齡人口的熱門保健食品之一，卻忽略了其中有造成鈣超標的隱憂。

說到抗壞血酸鈉，有一點值得我們注意，那就是包括多數的高血壓和心臟病患者，都可以服用大量抗壞血酸鈉，因為**抗壞血酸鈉並不會引發水腫或血壓升高**，真正會造成血壓上升的是「氯化鈉」，而不是抗壞血酸鈉、檸檬酸鈉或碳酸氫鈉之類的陰離子鈉。「鈉依賴性高血壓」一詞實在應該改為「氯化鈉依賴性」或「食鹽依賴性」才對 [13、14]。總而言之，我們都無需為了血壓問題，而避諱大劑量的抗壞血酸鈉。

◎抗壞血酸鎂（**Magnesium Ascorbate**）

它是**極佳的維生素 C 形態**，因為它同時把鎂和抗壞血酸帶入體內。此劑處方的唯一用量的上限制，就是腸道耐受性不足，而且只是接近耐受值就會導致**腹瀉**。抗壞血酸鎂是個不受青睞的日常保健品，主要可能是因為它的兩個主成分實在太便宜，分開來個別攝取反倒划算得多。

此外，與抗壞血酸鈉相比，這種鎂製劑在胃部的耐受性稍微差一些，但因人而異。

◎抗壞血酸鉀（**Potassium Ascorbate**）

這也是補充抗壞血酸的一種好形態。唯一的問題就在於，人體內的鉀離子過量會引發致命的心律不整，尤其是大眾總是胡亂服用這種營養補充品，不愛遵照正規的指示。除非是醫師建議，並且事前做過血液檢測，否則鉀不應定期服用。對於需要補充鉀的人而言，這種製劑就有好處，只需要定期監測血液中的鉀濃度即可。

◎**過渡金屬形態的抗壞血酸鹽**（**Transitional Metal Forms**）

它並不那麼適合做為日常服用，也不太適合大量攝取。儘管抗壞血酸鹽沒有致毒的疑慮，但是大多數的過渡金屬容易在人體內過量，特別是錳、鉬、鋅和鉻。同樣地，這些製劑價格不菲，終究不能為大多數人提供大劑量的維生素 C 的日常補充。若想要補充多種元素，最好選擇服用高劑量**抗壞血酸鈉**（維生素汽水即維生素加小蘇打 $C_6H_8O_6+Na_2CO_3$，待二氧化碳 CO_2 氣泡揮發後，就是抗壞血酸鈉 $C_6H_7NaO_6$），搭配各種離子化的礦物質。

◎**抗壞血酸棕櫚酸酯**（**Ascorbyl Palmitate**）

以上形態的維生素 C 都屬於水溶性，而抗壞血酸棕櫚酸酯就是脂溶性。只要在日常補充的配方中，加入 1 至 2 克的抗壞血酸棕櫚酸酯，就能為富含脂肪的身體組織——包括其他形態製劑無法發揮作用的部位——提供額外的抗氧化物質[15-17]。抗壞血酸棕櫚酸酯，具有保護紅血球細胞膜的功效[18]，也能保護身體各處的抗動脈粥樣硬化脂蛋白[19]；它也被應用在美容保養方面，可防止皮膚老化[20]。小鼠的體外實驗發現，以微脂囊包覆的抗壞血酸棕櫚酸酯製劑，不只能殺死癌細胞，還能減緩腫瘤生長，其效果優於游離的抗壞血酸[21]。所有的這些研究揭示，壞血酸棕櫚酸酯的重要性，值得被列入理想而有效的維生素 C 療程。

◎**「維生素 C 複合物」**（**Vitamin C Complex**）

某些維生素 C 補充劑，是以「維生素 C 複合物」的名目在市面上銷售，其基本主張是「維生素 C 必需以『食物的形態』，搭配多樣物質（如芸香苷 Rutin、槲皮素 Quercetin 等抗氧化生物類黃酮 Bioflavonoids）才會產生益處」。

此類商品的賣家常常為了推銷而做出驚人之語，像是聲稱抗壞血酸和抗壞血酸鈉等單方維生素 C，對健康幾無好處、無法逆轉壞血病，少數極端支持者甚至斷言抗壞血酸對人體有害且能致癌。

總而言之，這都是部分業者誇大不實的行銷術語（也等同於詐欺和騙術）。就目前看來，有些「專家」也以此譁眾取寵，佯裝正義而提出謬論，再以偽科學的手法「佐證」論述，好讓大眾認為他們「有所作為」。欺瞞或謊言是不能用來證明真理的，就算重申再多次都是如此。不知這些「專家」是忘了還是根本不知道：自然界中的許多動物，能夠**自行合成維生素 C** 並釋放到血液中，而這些「成品」都是抗壞血酸，可不是所謂的「維生素 C 複合物」。（編審附圖 23）

人體內的抗氧化物質種類越多、濃度越高，越能彼此增益，維生素 C 在其中當然也就越能發揮功效；蓄意誤導人們單方維生素 C 無法逆轉壞血病，或是它本身的效用有限，完全是錯誤又可笑的說法——早在克倫納博士的所有研究和紀錄已清楚說明，大量維生素 C 在治療壞血病及小兒麻痺症等疾病，皆具有奇效[22]。

無獨有偶，坊間還有另一種瘋狂的論調，竟稱抗壞血酸不是維生素 C，此舉或許是為了讓消費者相信，世上只有他們的產品能提供維生素 C 應有的效果。想當然爾，這種補充品會比普通的維生素 C 補充劑要貴很多倍。雖然此類商品有其益處，但是既然不必花那麼多錢，就能從抗壞血酸或抗壞血酸鈉獲得更大劑量所帶來的好處，我們何不當個精明的買家呢？

維生素 C 加強療法

當維生素 C 跟別的療程並用時,它只會增強療效,除非該療程本身具有促氧化性或毒性。例如一個正在接受癌症**化療**的患者,血液中有化療藥物在循環,同時間存在於血液裡的維生素 C,可能會中和化療藥物的毒性。

化療的藥劑具有毒性,永遠在環境中尋求電子,而維生素 C 是一種抗氧化劑,能把自身的電子捐出去;得到電子的化療藥物不再具有毒性,於是無法殺死或協助殺死癌細胞。幸好,只要讓這兩種藥劑的投予**時間錯開個幾小時**,就能輕易地避免這種情形。

事實上,近代的文獻已經明確證實,維生素 C 對於化療的抗癌效果是有幫助的,而且能**大幅減少化療的副作用** [23、24];只要間隔適當,那麼無論把維生素 C 放在化療藥物之前或之後做**靜脈注射**,殺死癌細胞的效果都會更好,同時還能**修復**化療對正常細胞造成的傷害,尚未受破壞的細胞也能得到保護。

另一項值得注意的重點是,**維生素 C 不會干擾抗生素的作用**;相反地,有多款抗生素反而會因為維生素 C 而增強功效,所以當病患可同時服用維生素 C 時,醫師就不用那麼避諱抗生素療法了。

維生素 C 對免疫系統有許多種不同的輔助作用 [25],包括加速抗體的行成。儘管維生素 C 自己也能單獨應付細菌性的感染,但針對性的特效抗生素可用時,也沒必要刻意規避此兩者的協同作用。

安全性

施用任何療程,首重便是**安全性**。許多傳統療法能獲得理想的臨床效果,卻常令病患承受不良副作用或毒性的極高風險。無

論效果多麼卓著，「第一原則：不致傷害」始終是衡量一切醫療手段的標準。

撇開重度的慢性腎功能不全，或腎衰竭患者不論，任何劑量的維生素 C 都是無毒性的；當然，腎衰竭病患，是無論用什麼藥物都必需謹慎，維生素 C 也不例外。值得注意的是，精準監控的維生素 C 療法，可以使腎功能衰退的病患獲益良多，因為發炎（氧化壓力過增的另一種形容）正是腎臟疾病惡化至衰竭的根源。

除了**腎功能不良**以外，其他的病症都可以安全服用維生素 C，就連病得最重的患者，也可以拿最高劑量來長期服用 [26]。同時，維生素 C 與腎結石也沒有一致的關係，而且維生素 C 並不是腎結石惡化的風險因素 [27]。（編審附圖 24）

事實上，維生素 C 反而能減少**腎結石**的機會，而且血液中維生素 C 含量最高的人，其腎結石病的發病率最低，即血液中的維生素 C 濃度越高，罹患腎結石的機會就越少 [28]。

造成腎結石的真正元凶是骨質疏鬆游離至血液的鋅或過量攝取鈣質。草酸鈣結石的病例如此常見，為何卻沒促使人們去調查患者的鈣質攝入量，反而老是把焦點擺在「使排尿增加草酸鹽」的食物和營養補充品上，這一點至今仍是個謎。基本上，**要是把鈣片從日常補充品裡頭拿掉，害草酸成為結石風險因子的可能性，也就被消除了**；膳食中的過量鈣，雖然也是結石成因之一，但它的風險性大概低於合成的鈣質補充劑 [29]。

服用維生素 C 有個罕見的副作用，僅發生在 G6PD 缺乏症（俗稱蠶豆症）的患者身上。這是一種 X 染色體隱性遺傳疾病，患者因先天缺乏 G6PD（葡萄糖六磷酸去氫酶）而使紅血球細胞的代謝異常；發作時，體內的大量紅血球出現溶血現象（破裂），故

而引發急性貧血。

由於多種藥物的成分都可能誘發**溶血**，甚至只需要少許劑量就有危險，所以最好能在處方維生素 C 療程之前先做血液檢測。不過，即使被驗出血液中缺乏 G6PD 酵素，維生素 C 本身倒不至於誘發太嚴重的溶血現象，若是患者處在亟需維生素 C 的情況，仍然應該繼續治療，但要輔以更嚴密的臨床監測，並且放慢輸液速度、調低維生素 C 的劑量，視情況緩慢且漸進地調增。（編審附圖 25）

不能不提的是，由於維生素 C 有助於**提高**人體內的**穀胱甘肽**濃度，後者可強化細胞膜，為細胞提供強而有力的保護，因此維生素 C 的初始劑量，也應能降低紅血球細胞對溶血的敏感性。除了維生素 C 以外，NAC（N-acetyl cysteine）、乳清蛋白（Whey protein）、微脂穀胱甘肽、微脂鎂等藥劑，也能增加細胞內的穀胱甘肽濃度，且降低紅血球的細胞內氧化壓力（IOS），倘若時間允許，不妨在實施維生素 C 治療之前，讓患者攝取這些成分，以便穩定紅血球，增強它對於溶血的抵抗力。

整體療程品質

這一點在治療慢性退化性疾病時尤其重要。如前述，毒素和感染症對於維生素 C 的反應特別快也特別良好，但是維生素 C 用於慢性病的效益，取決是否有其他因素耗損了身體的抗氧化能力，而這些因素包括以下幾種：

◎體內的毒素（牙毒）

這類毒素主要來自局部感染和病原體移生區，包含內毒素、外毒素、需氧和厭氧的代謝副產品。人體各處都有可能發生局部

感染，但是**95%以上的重大感染起源於口腔**，像是做過根管治療的死牙、其他無症狀的感染齒、受感染／發炎的牙齦、大面積的骨壞死部位、受感染的**扁桃腺**和**鼻竇**、受感染的**淋巴結**也會導致口腔感染。（編審附圖26）

◎外來的毒素接觸

這是由於暴露在空氣、食物、水和生活環境中的毒素所致。

◎消化道毒素（腸毒）

技術上而言，是接觸到額外附加的內源性毒素。在消化不良和排便遲緩、有**便秘**現象的腸道中，食物會更加腐敗，但在功能順暢的腸道中就不會如此。困難梭狀桿菌（Clostridium difficile）等具有高毒性的菌種會在腸道內增殖，所產生的毒性與口腔感染不相上下。慢性消化不良的毒性，多半比吃壞肚子或胡亂進補還要來得大——延伸來說，如果硬要比較「吃得不好，但消化極佳」，以及「吃得好，但是消化很差」，後者的毒性還是會稍微大一些。（編審附圖27）

◎食用過量金屬

絕大多數都是因為人們不明就裡地選擇添加鐵質的「營養強化」食物，才導致這種情況。許多以此為標榜的食物，其添加的鐵質形態都是金屬屑（磁鐵可吸附）。（編審附圖28）

◎食用過量鈣質

通常是由於額外攝取鈣質造成，這也包括多種**制酸劑**（胃藥）。從統計資料來看，過量攝食乳製品，並不是最重要的因素，但在許多人的體內，它仍然是鈣儲量超標的幫凶之一。維生素D和鎂的濃度不足，則使過量鈣的毒性更為加劇。

◎遺傳性疾病

遺傳性疾病會放大氧化壓力。

一般來說，任何已知的遺傳疾病、缺陷，都有其阻礙人體正常功能的生化機制，而這些機制，最終都會使氧化壓力所促成的症狀更加惡化。這些情況會以異常 DNA 序列（基因缺陷）或基因表現（轉錄）缺乏，以及表現錯誤（表觀遺傳學）等形式呈現。

◎激素不足

睪固酮、雌激素、甲狀腺素和**皮質醇**這 4 種荷爾蒙，任一種的濃度不足，都會個別增加全身的氧化壓力。但凡有這種情況發生，再妥適的療程，都無法發揮最理想的效果。

◎營養補充

現今的環境充滿毒素，縱使人們能同時做到完美的膳食攝取和完美的消化，也必需要額外補充適量的優質營養素（維生素、礦物質、其他營養成分），才能為自己的體內提供充分而完善的抗氧化物質。在這之中，**維生素 C** 尤為重要，因為人類的基因有所缺陷，導致我們無法在體內自行合成維生素 C。完美的代謝和健康狀態所需的維生素 C 量，單靠飲食的供給絕對不夠。

多元 C 療程

盡量讓最多的器官、組織和其他身體部位的細胞，獲得最高濃度的活性（還原）維生素 C，可說是維生素 C 療法的終極目標，因此，一套有效的療程，需要借助多樣劑型及施用方式的搭配。基本類別如下：

1、微脂 C 口服劑

這種劑型最有利於維生素 C，在細胞內以及胞器（粒線體等）內的輸送。服用量並無絕對上限，通常定為每日 1 至 5 克（通常每包維生素 C 的含量為 1 公克），可滿足日常保健和病後調養之所需。

◎背景解說與考量

微脂囊的結構原理非常獨特，能運用絕佳的生物遞送性，來達成物質在細胞內的直接傳遞，使精準度和有效性都更高 [30、31]，且在**通過細胞膜的過程中不消耗能量（ATP）**，即使是口服劑型，其有效成分也能自行進入細胞內空間。所以，當它裝載的物質是維生素 C 時，細胞不僅吸收到更多維生素 C，也能更穩定紮實地降低細胞內氧化壓力（IOS）。

相較之下，其他形態的維生素 C 進入人體後，會在不同階段消耗能量，來使自己還原並增加活性，無論是口服或注射，隨血液循環的氧化維生素 C，因葡萄糖轉運體（GLUT）的存在而被動地進入細胞，運輸過程本身並不立即消耗能量，而是之後動用細胞內的能量，方可恢復成活性抗氧化狀態 [32、33]。還原（未氧化）的維生素 C，須仰賴主動運輸（active transport）以進入細胞內部，此一運輸機制本身，就意味著能量消耗 [34]【編審註】，縱使靠靜脈點滴注射，把未氧化的維生素 C 直接送進血液，仍然得耗用許多能量，提高它在細胞內的活性與濃度。

—— 編審註
「主動運輸」進入細胞的方式，等於開啟葡萄糖的蛋白質通道，故需求「過路費」即 2 個細胞內 ATP 的耗損。（編審附圖 29）

　　除了有一套省能量的運輸系統，微脂囊劑型的維生素 C，在胃腸道中的吸收速度特別快，吸收率也特別高，幾乎沒有剩餘，這一點和尋常形態的維生素 C 不同 [35]。這種劑型還能防範可能的**胃部不適**，因為微脂囊不會過分提前被酵素和胃酸給分解或降解，內容物就不會驟然大量釋出，免去了腸道耐受性和造成**腹瀉**的疑慮，只是有些人可能會在服用極大劑量之後，排出油膩的大便。

　　綜合上述，微脂囊與維生素 C 的結合有其無可取代的獨特優點，使它成為多元療程的重要組成，也因此使這種藥劑的高濃度和體積更具有關鍵性。許多市售的「微脂囊」配方產品根本不含微脂囊，又或是不完全品，由不合乎規格的技術所製成，甚至以乳劑混充。

　　乳狀液能夠同時承載兩種互不相溶的物質，例如脂肪和水，常被形容是含有小脂球的光滑水樣懸浮液，然而這些小球體可比微脂囊大得多，兩者的差距就像 1 棟房子比 1 粒沙子。乳劑的小脂肪球，並不具備微脂囊那獨特的生物遞送特性。不過，利用超音波震動「自製」的製劑並非一無是處，它還是能改善維生素 C 在腸道內的吸收，未被包覆的維生素 C，也仍能發揮其正規作用。

　　說到乳狀液這種劑型，含有維生素 C 和卵磷脂的乳劑，想必也能提供實質的效用，因為這兩種物質都是人體所需的好成分。卵磷脂已被證明具有多種益處 [36-39]，只是乳劑不能像微脂囊那樣在不消耗細胞內能量 ATP 的情況下，直接將物質傳遞到細胞內。

　　我要重申：如今有不少廠商搶占微脂囊的商機，卻未必會投入高額成本和心血，去生產合格而穩定的優質產品，消費者應當注意。假設是相同劑量的維生素 C，相比於添加磷脂醯膽鹼的乳

劑，合格的微脂囊劑型的好處則倍增。

2、抗壞血酸鈉粉末

對大多數人來說，這種形態的維生素 C 可以清腸：搭配大量的開水（或果汁），分多次服用高單位，使劑量達到或超過腸道耐受力（參考維生素 C 清腸法 C–flush）（編審附圖 30），幫助排出腸道內的腐爛食物和宿便，同時也中和區域毒素。用這種方式補充維生素 C，亦有助於改善局部組織的細胞外抗壞血酸濃度，尤其是腸道周圍的許多免疫細胞。用這種方式清腸應該要在餐前，最好是早起空腹時。此外，只要不引起胃部不適，用抗壞血酸粉末代替抗壞血酸鈉也是可以的。

◎**背景解說與考量**

定期（最好是每天）服用粉末劑型的維生素 C，可以直接中和腸道內因消化不良而產生的毒素。當維生素 C 劑量累積得足以達到腸道耐受度時，再多攝取就會發生軟便甚至水樣腹瀉——這就是所謂的 C–flush。這個過程能**直接排出大量腸道毒素**，一是省去了中和的步驟，二是未排出的毒素也能被中和。

站在一般保健的立場，每週至少誘發一次 C–flush 是個好的日常腸道排毒法，如果有需要，多幾次也沒有關係；即使不想拉肚子而服用得少一點，仍然有助於保持腸道正常，減少毒素和發炎物質的累積，由於人體的淋巴球免疫細胞有 70% 分布在骨骼黏膜間，口服一定劑量的維生素 C，對於免疫細統的提升有莫大的助益。（編審附圖 31）

無論是飲食或體操，能幫助腸道蠕動的事物都對健康有益，而且每天至少 1 次，最好是 2 次。任何食物都不該在腸道內停留

太久，超過 24 小時就必然腐敗，孳生厭氧細菌、分泌毒素，接著耗損維生素 C 和其他抗氧化物質，因此再輕微的便秘，都是對健康的額外挑戰。怠工的腸道可能形成多種毒素，其毒性與口腔的慢性感染症不相上下。

定期攝取抗壞血酸鈉有個好處，就是確保細胞間質環境，也能有維生素 C 存在。一如微脂囊扮演著胞內空間的專屬快遞，粉末製劑負責的範圍就是胞外區域，而維生素 C 該有的「服務」樣樣不缺。當然，存在於細胞外的維生素 C，最終也會進入細胞內，只是它的效率不如口服微脂囊劑型罷了。

最後，如前所述，C–flush 的最佳時機，是起床後尚未進食的空腹期間。在其他時段進行也可以，只是腸道中段可能積存大量**未消化的食物**，阻擋抗壞血酸鈉的排出，那麼服用者可能會因**脹氣**而感到不適。

3、抗壞血酸棕櫚酸酯

普通維生素 C 是水溶性的，可是人體內有某些區域（例如：血液中或發炎組織）需要維持脂溶性維生素 C 的濃度。對多數人來說，正常人每天 1 到 3 克是個應有的劑量。

◎背景解說與考量

如上所述，抗壞血酸棕櫚酸酯是維生素 C 的一種獨特形態，能夠到達水溶性成分所無法接觸到的區域。細胞膜是氧化壓力的重要發生處，它的修復正需要脂溶性的電子供應源。除了維生素 C 以外，**維生素 E** 也是有名的抗氧化物質，尤其在**脂肪含量高**的區域（如大腦與神經系統），扮演重要的修復角色。

4、維生素 C 靜脈點滴注射（IVC）

靜脈點滴注射的製劑，使維生素 C 在血液中的濃度遠遠高於任何其他給予形式，改善全身細胞外的維生素 C 濃度。大多數的靜脈的維生素 C 點滴注射劑量，每次 25 至 150 克之間，依照患者的病症和體重調整。

在細胞外的高濃度維生素 C 有助於細胞內濃度的維持，連帶使細胞內的**穀胱甘肽**濃度也受益。靜脈點滴注射維生素 C 的主要方式，有低劑量輸液、連續輸液，以及間歇性靜脈推針注射（脈衝治療）。

◎背景解說與考量

IVC 容許的維生素 C 量，遠比其他途徑都高得多，能讓血液和細胞外液達到極高的濃度，最後也能增加細胞內的維生素 C 濃度。每種形態的維生素 C，都擁有極強的**解毒**和**抗菌**特性，但自 1940 年代以來，諸多科學證據都顯示 IVC 有其無可匹敵的特長，即中和毒素（毒物）與解除感染症[40]。

還有一點值得強調，那就是抗毒和感染症的傳統藥劑，都能和維生素 C 並用，而且效果非常好，所以我們不必用後者取代前者。當然，的確有證據顯示，以單方藥劑而論，維生素 C 的療效，比近代醫學所能提供的其他任何單一藥劑都更好。

5、肌肉注射劑（IMC）

此一形態的用量比靜脈點滴注射低得多，但其給藥方式，能使血中 C 濃度維持得更久。假使 2 種方式同時施打，靜脈點滴注射的維生素 C 隨尿液排出時，**肌肉注射**劑還停留在體內作用。

◎背景解說與考量

肌肉注射是維生素C的另一種腸道外（非口服或灌腸）應用，如今很少使用，但在某些情況下可能非常有效。在克倫納博士的年代，當有年輕病患因故不適合做靜脈注射，或是口服攝取量不足時，他就改採肌肉注射的方式來給藥。關於維生素C的肌肉注射，克倫納博士的說法如下：

「針對少數血管太細的患者，用肌肉注射法施打抗壞血酸，一個部位最高可以打到2克，每一次給C可以打好幾個部位。在臀部肌肉**冰敷直到發紅**，幾乎就能消除疼痛。我們總是在注射後繼續冰敷個幾分鐘，再給予口服抗壞血酸，當作追加治療。每間急診室都應該儲備強度足夠的維生素C安瓿，這樣才不會耽誤時間，那可是救命藥。4克的20c.c.安瓿和10克的50c.c.安瓿，務必放在救治者隨手可及的地方。」[41-42]

同時值得注意的是，克倫納博士常用的注射劑，並不是**抗壞血酸原液**，而是**抗壞血酸鈉**或用**碳酸氫鈉**（小蘇打）酸鹼中和緩衝的抗壞血酸；施打時也需要非常小心，確保藥劑是完整進入肌肉內，**不可溢流到皮下組織**。

無論如何注射，任何一丁點維生素C的皮下浸潤，都會造成強烈疼痛，而且往往持續1個小時左右才能緩解。這樣的皮下浸潤並不會造成傷害，只是疼痛太過劇烈，病人可能心生恐懼而抗拒治療，對病人當然沒有好處。

6、自體合成

近年研究發現一種多酚（Polyphenol）似乎能「解封」人類的基因缺陷，使我們可以自行從肝臟產生維生素C[42]。如此一來，維生素C帶給我們的益處會更多，我們也能把它利用得更完善。

這種多酚的作用,遠比維生素本身還廣泛,可望成為人體最重要的營養素。

◎背景解說與考量

幾乎所有的哺乳類、爬蟲類和兩棲類,都有酶促合成維生素 C 的能力,有些小型動物的合成能力還特別高。這種合成作用或在肝臟進行,或在腎臟進行 [43、44]。

長期以來,我們都認為包括**人類**在內的靈長類動物、**天竺鼠**和**果蝠**,都無法利用肝臟中的葡萄糖合成維生素 C,理由是此種合成作用所需的**古洛糖酸內酯氧化酶**(L–gulonolactone oxidase, GLO),在這些動物的基因序列上有所缺陷,而變得沒有功能,原因不詳,可是實際上,它在過去的某個時期是健全的。

另一個重點是,當血液中出現過增的氧化壓力(感染、毒素)時,其他動物的這種合成機制,會自動擴大產能來因應,缺乏這項功能的動物就只能生病,直到身體的免疫系統逐漸調整出正確的反應,才有辦法排除感染和毒素。

此外,糖尿病是人類的常見疾病之一,可自體生產維生素 C 的動物,卻不會有這種病,或許就是因為動物們,持續把多餘的葡萄糖轉化為維生素 C,而人類體內用不完的葡萄糖就只能累積,有些儲存起來,有些跑去結合體內的各種蛋白質,而喪失了原本的功能,而成為糖化終產物(Advanced Glycation End Products, AGEs),最後造成傷害。

事實上,並非所有的人類都無法自行製造維生素 C,只是這項證據長期被「視而不見」。有些人的 DNA 編碼中,確實存在著真正的 GLO 基因體,只是一直被認為是演化後的「殘餘物」[45]。我們都知道幾百年前,有很多水手死於壞血病,但很少有人想到

同船的水手並沒有死光，而這些存活者的飲食和其他船員一樣缺少維生素 C。

如今也有研究發現，在子宮內發育的**胎兒**，不僅能製造維生素 C，而且製造得相當多，其**大腦**中的維生素 C 濃度甚至比成年人高出 400 ～ 1,100%；另有觀察到臍帶血中的維生素 C 濃度，比母體血漿高出 400%[46]，喝母乳的嬰兒血液中的維生素 C 濃度，大約是母親體內維生素 C 濃度的 2 倍，顯見嬰兒體內的維生素 C 濃度，與母親的營養狀況或奶水中的維生素 C 含量是「相對獨立」[47]。

這些發現揭示一個可能性，那就是我們又找到一個可用來鼓勵哺餵母乳的理由——關乎 GLO 基因轉錄，和嬰兒自體製造維生素 C 的神祕機制。當然，且不追究原理，單就上述的結果來看，母乳對於嬰兒感染症的預防與解除，也是大有好處，遠勝過奶粉。

有些兒童疑似保留了這種功能。班圖族（Bantu）的兒童，因日常飲食中的維生素 C 僅有 3 到 8mg 而被定義為「嚴重營養不良」，可是他們卻沒有發生明顯的壞血病[48]。

有幾項小型研究，針對致使維生素 C 嚴重消耗的各種條件進行調查和實驗，觀察受測者尿液中的維生素 C 含量，結果發現少數人（已成年）排出大量維生素 C（飽和濃度）的期間，比其他受測者更長。有一位年輕女性在未攝取任何抗壞血酸的情況下，持續受測 149 天，卻「從未出現任何症狀」，後來研究人員只好把她從那項維生素 C 的消耗研究中剔除。

類似的觀察，在天竺鼠身上也得到相同結果，最明顯的結論，就是這兩種公認受限於「基因缺陷」而無法製造任何維生素 C 的物種中，仍然有某些個體能夠進行這種合成機制[49-54]。

在一項小型卻非常有說服力的實驗中，曾經有 3 隻天竺鼠餵

養的都是不含維生素 C 的食物，竟然在 **4 到 8 個月後**，都沒有出現壞血病的症狀，要注意的是，在禁食維生素 C 之後，其他天竺鼠的體重都迅速集體下降，並在禁食的第 30 天左右，開始死於壞血病 [55]，然而這 3 隻動物的體重，卻是正常增長，隨尿排出的維生素 C 量，遠遠超過其他病鼠體內的維生素 C 總儲量，對於創傷的復原反應也完全正常。

甚至到最後，經過 8 個月的維生素 C 戒斷，這 3 隻天竺鼠肝臟中的維生素 C 濃度，還能比每天攝取 10mg 維生素 C 的天竺鼠多出 1 倍以上；只不過，該研究也註明，尋獲這種特異天竺鼠的機率是「小之又小」[56]。

在上述研究中，最合邏輯的共通點是在遺傳學上的發現：大多數人類（和天竺鼠）的基因缺陷，不是遺傳編碼的單純錯誤或瑕疵，即 GLO 本身的 DNA 編碼發生核苷酸序列失誤，反而更像是核糖體的轉錄過程出了問題，造成核苷酸在 GLO 蛋白中無法正常「表現」。

這種不正常的基因轉錄，屬於**超遺傳學**（Epigenetics）的範疇，基本上是指環境或其他可調整的因素，造就各種隱藏性遺傳基因的表現，於是干擾或中斷了 DNA 序列的轉錄。也就是說，DNA 核苷酸序列本身是正常的，或者說是足夠正常，它有能力在蛋白質上進行編碼，可是製造這種蛋白質的「機器」卻有缺陷。

每條 RNA 鏈中有 1 組由 3 個連續核苷酸組成的序列，這個序列來自於 DNA 鏈的訊息，同時又提供訊息，讓胺基酸被轉錄為蛋白質（由核糖體合成），這個序列就被稱為密碼子（codon）。讓體內自行將葡萄糖轉化成維生素 C 的 4 種核苷酸鹼基，有 64 種可能的組合，其中 61 種編碼為胺基酸，剩下 3 種不是，而這 3

種則被稱為終止密碼子；在正常形成的蛋白質上，它們通常無法執行維生素 C 轉化的任務。

科學證據顯示，許多遺傳「缺陷」涉及 RNA 的轉錄缺漏，也就是轉錄的過程太早遭遇終止密碼子，致使蛋白質產物未能完整形成，或者說是無法正常表現。我們至今不知道終止密碼子為何會提前出現在 RNA 序列，也不明白這種現象是如何形成，只知道有幾種物質能夠促使「**早發終止密碼子通讀**」（Premature termination codon readthrough）[57]，而此舉代表終止密碼子被繞過或忽略（未被讀取），於是蛋白質的形成作業，可以繼續進行，其產物也會具有正常而完整的功能。

根據估計，在已知的遺傳疾病中，有將近 1/3 因為蛋白質的編碼基因突變，在序列插入了這種早發終止密碼子才造成的[58-61]。打比方說，這些插隊的終止密碼子，就像黏在拉鍊上的一坨口香糖，但「有些物質」可以讓拉鍊頭跳過口香糖，使我們能順暢地拉動拉鍊（蛋白質合成）。

如今，醫學上已經能運用此類物質，來改善或甚至解決不同的遺傳病症，也已確證有幾種胺基糖苷類抗生素可促成這種通讀[62、63]。在研究**肌肉萎縮症**的小鼠模型中，研究人員誘導核糖體，繞過一個早發終止密碼子，就此復原了蛋白質的轉譯程序[64]。

白藜蘆醇是一種多酚營養素，存在於葡萄、紅酒、某些漿果和植物萃取物中，在幾項針對 β 型地中海貧血症的細胞研究發現，這種物質可誘導胎兒血紅素產生。

β 型**地中海貧血**是一種遺傳疾病，患者體內的血紅素合成機制無法正常運作，如果不加以治療，則終身都得接受輸血才能存活。在一項人體研究中，接受治療的患者，有半數因**白藜蘆醇**而

不需輸血[66]。除了白藜蘆醇之外,別的植物萃取物如雷帕黴素(一種抗生素),也是胎兒血紅素的誘導劑[67]。

以上這些資訊,應該已清楚說明遺傳「疾病」並非不治之症。無論是處方藥物、植物和食物來源的營養素,許多物質都有能力,讓原本被封鎖的基因蛋白質正常表現。

那麼,針對 GLO 在肝臟的表現,我們也找到另一種可能的營養物質,來破解類似的基因缺陷,而且這種物質就存在於**橄欖油和榨油渣**中,有朝一日,當大眾明白自己就能在血液中「全年無休」地利用葡萄糖製造維生素 C,是多麼具有價值的功能時,這種製劑將會是臨床醫學史上最不可思議的進步之一。有一項**尚未發表**的初步研究顯示,施用此物質之後,有 5 名受試者血液中的維生素 C 濃度,增加了 50% 至 200%。

除了使血中濃度增加,這項合成機制,在面對大量氧化壓力時的反應,也同樣令人振奮。

本來,在無法自體合成維生素 C 的個體內,新增的氧化壓力,會迅速把血液中的維生素 C 耗損殆盡,使尿液中的維生素 C 排泄量,即刻下降到無法測得的範圍,然而有另一項**尚未發表**的個體觀察發現,這種特殊物質能在上述情況中,依舊維持血中維生素 C 濃度正常,無需額外補充維生素 C,尿液中的維生素 C 溢出量,也保持在偏低的正常值;可是,當此個體在短時間內攝入大量毒素(蘇格蘭威士忌)時,尿中維生素 C 的溢出量,卻在迅速上升到試紙最大值,整整 24 小時都沒有下降,之後才返回到先前測得的偏低正常值。

在這項觀察中,威士忌就是誘發大量氧化壓力的毒素,它似乎刺激肝臟反射性地合成更多的維生素 C,來中和其毒性,並且

繼續合成（24 小時），直到氧化壓力被完全抵銷。要記得，無法合成維生素 C 的「正常人」，只會耗盡血液中所有的維生素 C，耗光就沒有了，也就不會有任何剩餘隨尿液排出。

靜脈點滴注射的實務考量

除了點滴注射速率和劑量，患者在點滴注射過程中的感受，也值得重視。無論注射的藥劑是不是維生素 C，疼痛感永遠都是點滴注射耐受性的指標之一。

當患者在接受非維生素 C 的藥物點滴注射時，如果感覺到明顯疼痛而未獲及時處置，十之八九會演變成**靜脈炎**或其他在靜脈內的炎症；靜脈炎又會導致靜脈**血栓**的形成，有時甚至會造成該血管的功能永久喪失，**雖然維生素 C 靜脈注射也導致某些人偶爾的血管疼痛，但沒有上述這些問題。**

以維生素 C 為主軸的療程再好，也需要病患的持續配合才有作用，所以醫療單位應該要顧慮病患的意願，提防病患對 IVC 治療產生抗拒。

當然，IVC 的安全性高，大多數人都能承受些微的疼痛感。但若點滴注射過程中出現明顯不適，則醫護人員需要考慮以下因素：

◎**靜脈針管或輸液導管的尺寸**

大口徑的套管，配上**較細的靜脈**會引起不適。

◎**針管的安置**

也許套管已完全置放在靜脈內，血流測試也正常，但當針管的角度是直接抵在靜脈壁上，或是剛好有一塊**靜脈瓣膜**被套管頂

住時，病患就會感覺疼痛，在一般情況下，除了拔出針管另找一個部位重新插入外，沒別的辦法能消除疼痛。重新插管時要更加小心，盡量對正針管，與血管**同軸**。

◎**注射靜脈的粗細**

有的人能忍受在最細的靜脈中進行靜脈點滴注射，可大多數人不能。除非是只剩下較細、較遠的靜脈可選，否則都應該先挑**最粗**的靜脈來進行輸液。以成年男性為例，由於體格相對比較高大，選在手背上的靜脈就沒有問題。如果病人是體型嬌小的女性或是兒童，就有必要把中心靜脈導管列入考慮，或者乾脆選擇IVC 以外的給藥方式。

◎**滴速**

大部分的人比較能接受慢速，越快則越感到不舒服。要是發現患者對此特別敏感，就應該考慮重打的必要性。有些病人在改為慢速之後就感覺舒服多了，但稍後調快滴速卻不再感到不適，當有這種情形時，無論其生理原因為何，大概都是血管本身的適應問題，因靜脈暴露在維生素 C 輸液中的時間越長，它的耐受性似乎會越強。在點滴注射部位稍加冷敷（或是熱敷）通常有助於減緩不適。

◎**濃度**

萬一沒有夠粗的靜脈可用，維生素 C 輸液就要調稀一點，才能避免不適。

◎**輸液的溫度**

在點滴注射期間，讓輸液的溫度**保持與體溫相當**，可以從一開始就防止患者不適。診間多半開著空調，點滴液往往低於體溫，

甚至低於室溫，因為維生素 C 原劑必需在較低溫度存放。為了減少維生素 C 在調和輸液後的降解（氧化），可將點滴袋泡熱水10 至 15 分鐘後，再加入維生素 C；同樣地，也可以先對維生素 C 原劑加熱，然後立刻加入點滴袋。

◎輸液中有其他溶質

一般來說，IVC 除了其他維生素、礦物質以外，最好不要摻雜其他藥物。並不是說不能添加別的藥劑，而是那會讓我們無法判斷患者的不適從何而來。由於鎂的耐受性也很好，故可作為共同添加的優先選擇，除非患者需要極快速的點滴注射速度。

◎輸液的 pH 值

輸液的酸性越強，越有可能使接觸處的組織受傷。pH 值在 7.0 到 7.4 之間是最理想的——抗壞血酸鈉粉末投入無菌水時，就是這個酸鹼值。若使用抗壞血酸，則必需用碳酸氫鈉（小蘇打）來緩衝。市面上已有緩衝的抗壞血酸小瓶，但是其 pH 值多半只有 5.5 到 7.0 之間。對於特別敏感的病人，應先用試紙檢測，以確保 pH 值在最佳範圍內，必要時則在輸液中，添加更多的碳酸氫鈉（小蘇打）來調整。

◎載體溶液的性質

調製點滴輸液時，將維生素 C 混合在已滅菌的點滴注射液中。雖然也可以使用普通的生理食鹽水、乳酸林格氏液或 D5W（5 % 葡萄糖水），但都比不上無菌水來得理想。一般來說，D5W 的順位要放在最後，因為糖（葡萄糖）會直接與維生素 C 搶占細胞膜的通道，干擾了 IVC 的目的了。

◎發生持續或嚴重的疼痛

維生素 C 在靜脈外和皮下組織的任何滲漏（跑針）都必然引發疼痛，而且往往持續 1 小時或更久才會消散。針管的插拔有時就會造成少量滲漏。萬一針管完全脫離靜脈，有經驗的醫護人員應該要能夠立刻辨別。不論是什麼原因，只要引發劇痛，點滴注射就應及時停止。

◎維生素 C 引起的低血糖症

有少數人對於點滴注射大劑量維生素 C 非常敏感，以致於他們耐受的點滴速度遠低於常人，而且會因為**胰島素大量分泌**而出現**低血糖症狀**。當發現患者有莫名其妙的躁動、盜汗、些微的方向感障礙，或是不明原因的血壓升高時，現場要準備一點果汁讓患者飲用，或者靜脈注射葡萄糖。曾有一罕見案例，因過度減重而導致營養不良，在 IVC 給藥數小時之後，回到家裡才出現延遲性的低血糖反應。應鼓勵所有患者在點滴注射中或結束後及時進食。

◎類過敏反應

從技術上來說，抗壞血酸陰離子對任何人都不該引發任何過敏反應，因為它是人體必需的營養素，關乎健康的天然抗氧化劑，而且本來就是可以用來治療過敏反應的物質，但是仍有極少數人，可能會**起疹子**或感覺不適。假如類過敏反應發生在 IVC 開始之初，則應停止點滴注射，並且考慮從其他來源獲取維生素 C，比如食用玉米、甜菜根和甜香瓜；假如是發生在 IVC 過程的後段或結束後不久，那麼比較可能是細胞因解毒而釋放了毒素至血液中的排毒現象。

後者的表現症以及處置方式，將在下一段「維生素 C 排毒反

應」討論。另外，萬一換用不同種類的維生素 C 和載體溶液，都無法免除這種類過敏反應，則可事先為患者注射 100 至 250mg 的氫化可體松，如此多半能減弱或預防不良反應，這是單劑使用量，且在點滴注射後不需要再注射類固醇。

◎不要使用局部麻醉劑

有些醫師會用局部麻醉劑，來防止 IVC 過程中的疼痛感，但我自己並不贊成這種做法。麻醉藥可能令我們忽略疼痛發生的真正原因。萬一患者的疼痛起因於靜脈中的發炎，後果很可能是血栓、後發性硬化，或甚而導致靜脈內產生疤痕。為了靜脈的長期健康，用麻醉來緩解此類疼痛，並不是個好主意。話說回來，要是患者實在不能忍受，放置靜脈針管時的針刺之痛，在插管時以皮下注射少量利多卡因（Lidocaine，一種局部麻醉劑）就不在此限。

維生素 C 靜脈注射排毒反應

在 IVC 過程的後段或點滴注射結束後，會感覺不適的人不在少數，尤其是**急性**和**慢性感染症患者**，以及**體內有大量毒素積聚**的人。

此類症狀的爆發被稱為**赫氏反應**（Herxheimer Reaction），或是**類赫氏反應**（Herxheimer like reaction）。有關赫氏反應的第一份描述，來自於梅毒患者初次接受青黴素注射的臨床紀錄：由於患者體內的病原數量多，藥物在**短時間內殺死太多病原體**，造成血液中突然出現大量氧化促進物質和凋亡的病原殘骸。在身體處理並清除這些有毒殘骸的期間，臨床上至少在幾個小時甚至 24 小時內，會發現患者會比未注射前先前更虛弱無力，或出現嚴重

頭痛或噁心嘔吐的情形。

下列原因,可能使患者在點滴注射維生素 C 後出現類赫氏反應:

✓ 當維生素 C 的抗菌作用,致使炎症產生劇烈反應時

與上述梅毒的例子相似,因為病毒、細菌和其他病原體被分解和代謝,使得有毒的病原體殘骸(肉毒素)被釋放到血液和淋巴管內。

✓ 有效排毒

當**細胞內長期有大量毒素累積**的患者,在短時間內接受大量維生素 C,那些毒素會被「直接搬移」出細胞,充斥在**血液**和**淋巴管**中。細胞內氧化壓力(IOS)濃度過高,必然導致人體內的酵素螯合劑和毒素解毒元素本身也遭受氧化,無法正常運作,這種患者在快速攝入大量維生素 C 之後,就會出現前述的情況,細胞內的維生素 C 急遽增加,酵素率先藉由維生素 C 的還原作用(電子捐贈)而被修復,恢復正常的功能,該細胞隨即**排出毒素**。

但有一點必需認知:**解毒的過程也是一種再中毒**(Retoxitication is also retoxification),未中和的毒素,被重新搬動而成游離狀態,它既然能隨著尿液或糞便排出,當然也能在身體其他部位再次沉積。要是我們無法把這些脫離細胞的毒素,予以中和並及時排出體外,倒不如別刻意去做激烈的解毒,而是循序漸進、少量多次的執行 IVC。【編審註】

—— 編審註

如果患者有意願,在 IVC 後執行咖啡灌腸,會更有效率地將游離在血液和淋巴系統中的毒素排出體外。

✓TLS（Tumor Lysis Syndrome，腫瘤溶解症候群）

恶性腫瘤可以藉由正確的大劑量 IBC 治療，但在化療病患體內的腫瘤體積相對較大時，化療藥物就有可能引發 TLS，其過程正好類似於維生素 C 的抗菌與解毒機制；相對地，腫瘤體積較小的患者，就不那麼容易產生這類反應。

某些化療患者的此類反應可能**非常劇烈**，需要好幾天才能把那些氧化促進物質的殘骸妥善中和、處理和排出體外。同樣值得注意的是，癌細胞和大多數感染性物質，都含有大量未結合的活性鐵（Reactive Iron），當維生素 C 的「大劑量注射」，迫使癌細胞和病原體破裂時，也會有大量的**活性鐵**，突然被釋放到血液和淋巴管中，而這種活性鐵具有很強的毒性（氧化促進物質）。癌細胞和病原體之所以會在人體內增殖，正是由大量的鐵所促成。

乍看之下，利用 IVC 排毒針似乎是矛盾之舉。氧化促進物質的殘骸，是因為維生素 C 才大舉湧入血液和淋巴管，現在又要注射同一種藥劑去解決這個狀況？其實，關鍵在於點滴注射的**劑量**和**滴速**。

上面提到的 3 種類型的氧化促進反應，都有一個共同點，就是「短時間內的大量注入」，但如果我們在 IVC 完畢時，接續「低量慢速」的追加點滴注射，將維生素 C 改為初始劑量的 25％ 或更少，點滴 2 小時或更久，反而能輕鬆地把那些殘骸給「掃除乾淨」。

這樣的靜脈點滴注射，不會讓細胞急速吸收維生素 C，也就不至於引發氧化促進物質的釋放，卻能紮實有效地中和細胞外的毒素，包括在血液和淋巴管中循環的病原體殘骸。且容我粗略的打個比方：假設有一個人接受 50 克 IVC 且感覺良好，但在點滴注射完畢後 1 小時左右開始感到不適，這時候的他應該要追加 2

小時的 12.5 克（25％）IVC。

請注意，這些劑量和滴速的調整，務必依照病患的個人需求來精密計算。瑞爾丹診所（Riordan Clinic）開發的改良式「排毒 IVC 針療程」，讓病人先快速的接受前半量點滴注射，但把後半量的滴速調得非常低，如此似乎也能防範解毒初期的嚴重不良反應。

氧化促進物質的殘骸釋放，大多是出於急性的刺激，但是長期而慢性的解毒過程，也可能潛藏著耐人尋味的變數。比如某個老年患者的體內累積特別多的毒素，只要環境因子稍稍改變，可能就會使那些潛藏毒素開始緩慢釋出，包括突然改吃高品質營養補充品、移除了**齒科毒素**（根管治療**死牙**或**汞牙**）、慣常接觸的毒素來源被移除等等，諸如此類的變因向細胞內的天然解毒酵素給予足夠刺激，增加它的活性，就此展開了慢性解毒及排毒的過程。

在這種情況下，倘若體內的**抗氧化能力**後繼無力，病人也同樣會逐漸感到身體不適。

前述的「低量慢速」的 IVC 原則，可以用來處理這種慢性症狀，而且臨床效果通常非常好，只是需時頗久，從數月到數年都有可能。這個過程的起始皆以患者是否感覺康復為指標，在這段期間，施治者須進行實驗，找出最適宜的維生素 C 劑型與劑量，不使毒素中和的反應過於劇烈，也不會刺激細胞過度釋放氧化促進物質。

IVC 排毒針另一個顧慮，那就是它容許醫師大幅提高維生素 C 的劑量。**只要病人在離開診間時感覺良好，他們通常會回來繼續接受治療。**這便使 IVC 排毒針成了一種「馴服病患」的工具，讓大批原本只能耐受較低劑量的患者，樂於推高劑量，以便得到在

別處無法獲得的正面療效,病患對於療程的配合度也就隨之提升。

回顧

　　無論是治療哪一種感染、毒性接觸和慢性退化性疾病,只要劑量和施用方式恰當,維生素 C 都能提供莫大好處。不同的劑型及給藥方式使療程有更廣泛的可能性,能針對病患個體的條件靈活調整,增進臨床反應。

　　維生素 C 排毒針的新觀念,擴大了施用濃度的上限,若是運用得當,以維生素 C 為治療主軸的新範例診所,必能超越現代醫療的限制,開拓出我們無法想像的療癒新境界。

第 *17* 章
配套補充品的
重要性和考量

《　《　《

　　每個人適合的營養補充方案都不同，個案之間少有相似性。

　　經濟條件、消化道的耐受性、特殊疾症，以及服用後的特定反應（正面或負面）都是規劃方案時的重要參考因素。

補充品的攝取，其實是一個極為個人化的過程，而且「絕對不是」全體適用。

各種維生素、礦物質、草藥、植物及其萃取物，加上其他營養素或調合配方，可以組合出無數種營養補充方案。

上一章探討維生素 C 的重要性，能夠與之配套的其他營養成分，也應該受到重視，因為維持最佳健康狀態所需的維生素 C 量，遠比我們能從日常飲食所能攝取到的量多得多，此類營養素的共伴，能幫助其吸收並發揮最佳功能。

有些補充品是全民必需，但如果你正在接受醫師醫療，那麼你吃的任何補充品，都應該聽從主治醫師的建議，或者至少調整劑量。但是同樣地，無論是誰建議你服用任何補充品，都應該要考慮尋求第二意見。要知道，現今的膳食補充品，凡是合格製造，幾乎都能為健康帶來或多或少的益處。

如果以下的清單中，沒有你喜愛的產品，但你自己覺得吃了有好處，也不必因為它沒被推薦就不再食用。另外，**要避免**定期服用**鈣、鐵、銅**等補充品。

重要註記

以下提到的劑量都只是通則，不應視為對個人的直接建議。我們不妨用看待處方藥的態度來看待營養補充品，若要規劃最佳的營養補充方案，應該找專業醫師或合格的保健顧問共同討論。

重要且必需的營養補充品

1、維生素 C

2、鎂

3、維生素 D

4、維生素 K

醫學上早有記載，這 4 種營養成分可以減少總死亡率。針對鈣質的正常代謝，他們都扮演著不可或缺的角色，同時對鈣在胞內空間的氧化促進作用予以拮抗。細胞內鈣增加而致使氧化壓力遽增，是所有疾病的直接成因。任何營養補充方案都不應該除外這「四大天王」。

維生素 C

如前章詳述。維生素 C 已被證明能降低總死亡率；其血中濃度越高，死亡率就越低[1-5]。

鎂

較高的鎂攝取量及血漿濃度，與總死亡率的降低有關[6]。

一般情況下，服用正規的口服鎂劑不至於過量，過量則會引發腹瀉。較為人知的例外是，長期便祕的老年人因服用軟便劑，而使鎂在腸道內的停留時間延長，這時攝取的含鎂補充品才有可能造成過量，所以如果患者在服藥後，沒有及時排空腸道，額外吸收的鎂可能會導致嚴重的中毒。

市售的含鎂補充品有多種形式，價格、劑型都可隨喜好選擇，近年還增加了一種經皮應用的新選項。微脂囊鎂劑，是另一種可能導致過量的口服形式，憑藉高生體可用率（Bioavailability）而使成分完整進入細胞，服用過多的特徵是，血壓降低導致感到疲倦和嗜睡。

維生素 D

居住於**非赤道**地理位置的人群，如果維生素 D 不足，也會提

高總死亡率,而維生素 D 濃度較高的人,顯然比濃度極低的人更長壽 [7-15]。

倘若從骨折的風險性來評估,維生素 D 在人體中的最佳濃度,則血中濃度應高於 50 ng/cc 才是理想 [16]。

雖說**維生素 D 過量必然導致中毒**,目前卻也沒有明確界定最高濃度為何,所以粗略來說,維持在 50 至 80 mg/dL 之間大概最為妥當,而一般民眾每日服用約 5,000 單位的維生素 D_3 即可達成。若要長期如此補充,則應該**定期驗血**以確保濃度穩定。(編審附圖 32)

維生素 K

攝取維生素 K 似乎也能降低總死亡率,尤其是維生素 K_2(甲萘醌,存在於日本人常吃的納豆中)[17、18]。市售產品的常見劑量都低於 1 mg,已足夠對人體有益,但若能高於這個量也許會更好。

非常重要的補充品

以下 4 種額外的營養成分(與前 4 種一起)價格相對低廉,也值得被列為必需營養素。

5、Omega–3 脂肪酸(亞麻仁油或魚油)

6、維生素 E

7、維生素 B 群

8、碘

Omega–3 脂肪酸

Omega–3 類的必需脂肪酸,同樣具有**鈣離子通道阻斷特性**,

如此更增添它的重要性。Omega–3 脂肪酸的補充，也被證明與總死亡率的降低有關，很可能就是由它的鈣拮抗作用而來。

另有研究顯示，若拿此類脂肪酸，在血中濃度的最高值與最低值來相比，則前者的總死亡率比後者更低 [19-21]。魚油是這些脂肪酸的常見來源之一，舉凡含有 EPA（Eicosapentaenoic acid，二十碳五烯酸）和 DHA（Docosahenxaenoic acid，二十二碳六烯酸）的補充品也可以。優質的魚油同時含有最高濃度 EPA 和 DHA，成本也最低廉。

維生素 E

有 8 種天然物質被認為具有「維生素 E」活性，即 α-、β-、γ- 和 δ-生育醇以及 α-、β-、γ- 和 δ-生育三烯酚 [22]。維生素 E 都是脂溶性，其抗氧化功能，對於**保護脂肪建構的人體細胞膜**免受氧化，尤為重要 [23]。

維生素 E 的補充品種類繁多，上述的 8 種成分是越多種越好。另外，脂溶性營養素的代謝速率，往往比水溶性要來得慢，服用時要避免過量，所以務必遵循產品包裝上的說明。

維生素 B 群

維生素 B 群是水溶性營養素，每一種都在細胞代謝過程中，發揮重要作用。B 群是一個統稱，其實在化學上各有不同。

大多數情況下，維生素 B 群產品是複方製劑，其中結合 8 種不同的已知維生素 B：

✓B₁——硫胺素：有助於製造細胞能量，促進脂肪酸合成，輔助膜類和神經的傳導。

✓B₂──核黃素：對細胞內的能量轉移反應很重要。

✓B₃──菸鹼酸：對多種酵素功能、激素合成，以及大腦和神經系統運作都很重要。

✓B₅──泛酸：是輔酶 A 合成時的前驅物，對能量生成非常重要。

✓B₆──吡哆醇：又稱吡哆醛或吡哆胺，對胺基酸代謝很重要。

✓B₇──生物素：能量代謝過程中的重要元素。

✓B₉──葉酸：DNA 合成時的重要因子。

✓B₁₂──鈷胺素（有羥基、甲基、氰基不同形式）：對血液合成和維持正常神經功能很重要。

以往曾有不少化合物被標記為維生素 B 群，後來又被取消，因為有研究發現那些都不是人體必需。那些成分仍然有益於健康，只是不再是維生素 B 群家族的成員。

碘

碘對甲狀腺的正常運作是不可或缺，而甲狀腺功能不僅是整體健康的重要關鍵，更是抑制全身各部位氧化壓力的一大功臣，在預防局部感染、防堵癌細胞擴散等方面，也發揮重要作用。或許大部分不補充碘的成年人都缺碘，但補充碘，最好還是在醫師或合格保健顧問的幫助下進行。據統計，加碘鹽有助於減少碘缺乏症的出現，但以這種方式提供的碘量，無法滿足多數人的需求。

重要補充品

9、離胺酸（Lysine）

10、維生素 A（Vitamin A）

11、α 硫辛酸（Alpha lipoic acid）

12、乙醯左旋肉鹼（Acetyl L-carnitine）

13、鋅（Zinc）

14、肌肽（Carnosine）

15、輔酶 Q_{10}（Coenzyme Q_{10}）

16、甲基硫醯基甲烷（Methylsulfonylmethane, MSM）

17、泛雙硫醇（Pantethine，來自維生素 B_5）

18、乙醯半胱氨酸（N-acetylcysteine, NAC，**穀胱甘肽前驅物**）和**穀胱甘肽（注射）**

19、軟骨素和葡萄糖胺

20、胺基酸，尤其是必需胺基酸

21、白藜蘆醇

22、橄欖葉萃取物

23、薑黃素

24、多種維生素、多種礦物質配方，**不含**銅、鐵和鈣，或是含有微量鈣

25、葉黃素、玉米黃素和蝦紅素（眼部抗氧化）

離胺酸

　　離胺酸是一種胺基酸，已被證明能有效防止動脈粥狀硬化，甚至可能使其逆轉。這項功能在與維生素 C 等其他營養素結合時特別有效 [24-26]。

維生素 A

維生素 A 是脂溶性維生素，是**視力保健**和強化**免疫系統**的重要助力，同時也是一種抗氧化劑。**β- 胡蘿蔔素**可能是最理想的補充形式，它可轉化為維生素 A，能避免直接攝取維生素 A 時造成過量。脂溶性維生素，都會有在體內積存的疑慮，服用時要多加留意，因為它不像水溶性營養素那樣快速排出。

α 硫辛酸（ALA）

ALA 是一種有機硫化物，同時具有水溶性和脂溶性的特點。它是有氧代謝之必需，也是至少 5 種酵素系統的輔助因子，其中的兩種是可產生 ATP 的克氏循環（Krebs cycle，又稱檸檬酸循環）。ALA 的抗氧化能力強大，所以非常有益於調理生理機能；它也能捐獻自己的電子，讓被氧化而處於**還原狀態的維生素 C**、維生素 E 和**穀胱甘肽**重新恢復活性，ALA 還可以增加**胰島素敏感性**，對某些人可能有降血糖的作用。

乙醯左旋肉鹼

這是另一種能幫助身體產生能量的營養成分，有助於改善記憶力，減少疲勞。阿茲海默症等失智症狀，也可以服用。

鋅

鋅是一種重要的礦物質，可以**強化人體的免疫功能**，加速從感染中復癒，以及一般**外傷的癒合**等等。長期服用可能因積存而導致不同程度的中毒，但只要控制在每日 40mg 以下即可避免。話說回來，需要克服感染、增進**傷口癒合**度時，把鋅加進營養補充方案中準沒錯。

肉鹼

肉鹼由 2 個胺基酸分子連接而成，在**大腦**和**肌肉**組織中的濃度特別高。它已經是一種廣為人知的強力抗氧化物質，而且已被證明能減緩阿茲海默症的惡化，緩和血糖失控造成的全身性影響。

輔酶 Q10（CoQ10）

輔酶 Q10 在身體的每個細胞中都有，是粒線體合成 **ATP** 過程中的重要因子；相應於這個作用，輔酶 Q10 的濃度在**心臟**、**腎臟**、**肺**和**肝臟**中最高，因為這些器官消耗的能量最多。

證據顯示，補充輔酶 Q10，對於**心臟衰竭**、**生育力**、**皮膚健康**、**頭痛**、**運動耐力**、**糖尿病**和**大腦功能**有改善作用。

甲基硫醯基甲烷（MSM）

這是一種含硫化合物，具有抗炎特性，而且有助於提高**穀胱甘肽**的濃度。它可以減少關節疼痛，使運動後受損的**肌肉**（痠痛）更快恢復，也為免疫系統提供強有力的支持。

泛雙硫醇（來自維生素 B5）

單獨點出泛雙硫醇，因為泛酸在營養補充品中最常見的形式是泛酸鈣，而我們應該盡量規避鈣質補充源。泛雙硫醇其實是泛酸的 2 個衍生分子，藉著硫鍵連接在一起，沒有鈣的涉入。

同時，在泛酸之中，泛雙硫醇的生物利用率較佳。泛雙硫醇是合成輔酶 A 所需的反應物，輔酶 A 又是啟動克氏循環生成 ATP 的所需物質。在人體至少 70 種代謝途徑中，泛雙硫醇都扮演著舉足輕重的角色。這種營養素在日常飲食即可獲得，但若是

主動補充，可使大多數人更容易產生能量。若缺少它，影響層面
甚廣。

乙醯半胱氨酸和穀胱甘肽

穀胱甘肽是人體內**最重要**也最濃縮的胞內抗氧化物質，維持
它的濃度永遠都是一個值得努力的目標。

食用未調製的穀胱甘肽雖有好處，對三肽類的抗氧化物質而
言，卻是非常低效率的攝取方式。即使採用靜脈注射來給予，穀
胱甘肽也會在血液中先被分解成 3 個胺基酸，之後再各自消耗能
量才得以進入細胞，進入後又需要 2 個步驟消耗能量，才能在細
胞內重新組成活性、還原的穀胱甘肽。提高細胞內穀胱甘肽濃度
的最佳方法，是食用**微脂囊**口服劑，它能夠長驅直入細胞內部，
全程都不需要消耗能量，非常神奇。

乙醯半胱氨酸（穀胱甘肽前驅物）的作用，在於輔助細胞維
持其穀胱甘肽濃度。由於它的價格非常平實，因此相比於靜脈注
射穀胱甘肽或食用微脂囊口服劑，這項補充品更經濟。

軟骨素和葡萄糖胺

退化性關節疾症和長期的關節疼痛，是許多人的大困擾，使
得這兩種營養素頗受重視。軟骨素和葡萄糖胺是一對好搭檔，並
用的效果比個別服用要來得好，既能緩解骨關節疼痛，又可為關
節潤滑液提供元素，對於關節的修復也有些許助益。

胺基酸，尤其是必需胺基酸

胺基酸之於蛋白質，如同磚塊之於一面牆。無論是在細胞的
內部或外部，無論人體內的任何部位，蛋白質和胜肽都發揮著無

數的重要功能。在經濟許可的前提下,服用多種胺基酸補充品是個好主意;要是預算有限,只吃人體無法合成的胺基酸(必需胺基酸)也不錯。

白藜蘆醇

　　白藜蘆醇是一種多酚營養素,存在於各種植物、水果和蔬菜中。自然界有許多種多酚物質,共同幫助生物抵禦病原體、寄生蟲和掠食者的侵害。白藜蘆醇在紅酒、紅葡萄、藍莓、山桑子、蔓越莓和花生中的含量特別豐富。它對健康的益處很廣泛,可在人體內發揮抗糖尿病、抗發炎和抗氧化作用[27]。

橄欖葉萃取物

　　許多研究發現,橄欖葉萃取物的保健效益極大。它能夠改善血壓,增進心血管健康,妥善調節血糖,促進大腦功能,強化免疫力,甚至對癌症有些許抵禦作用。

　　橄欖葉萃取物中的某種多酚,似乎能幫助肝臟合成維生素C[28],這一點大概就能解釋它為何對人體有那麼廣泛的正面功效了。這種成分被添加在許多複方產品中,每一種都有助於保健。

薑黃素

　　薑黃素是薑黃中最重要的活性成分。薑黃是一種根莖類植物,在印度用作香料和藥草已有數千年歷史,**咖哩**的黃色就是由它而來。薑黃素是脂溶性,它在血液中的吸收率並不高,和飲食中的油脂一起食用就能促進吸收。

　　它的抗氧化性很高,有強大的抗發炎作用,因此也被宣稱能抗衰老、減輕疼痛和解毒。

多種維生素、多種礦物質配方——不含銅、鐵和鈣，或是含有微量鈣

推薦這個只是因為它比較經濟，花少錢就能攝取到多種有益健康的營養素。這類產品很少有所謂的最佳配方，因為它的原料成分和劑型，往往取向較低成本（也比較不合宜）的形態。

儘管如此，只要成分中不含鐵或銅，也幾乎不含鈣，那麼複方攝取總是比不補充要好些，但要是其中添加了鐵、銅和鈣，該產品的功效恐怕就要大打折扣了。

葉黃素、玉米黃素和蝦紅素（眼部的抗氧化）

這 3 種物質被歸類為類胡蘿蔔素，可說是 β－胡蘿蔔素的近親，能夠轉化為維生素 A。玉米黃素集中在視網膜的中央（黃斑部），與葉黃素一起提供保護，防止特定波長的光線造成該部位的氧化傷害。一項研究顯示，含有大量玉米黃素和葉黃素的膳食，可明顯降低罹患白內障的風險[29]，另一項研究則發現此兩者與維生素 E 並用，也能產生同樣的功效[30]。蝦紅素（又稱蝦青素）也是一種強大的抗氧化物質，或許能增強對眼睛的保護，抵禦氧化傷害。

總結

每個人適合的營養補充方案都不同，個案之間少有相似性。經濟條件、消化道的耐受性、特殊疾症，以及服用後的特定反應（正面或負面）都是規劃方案時的重要參考因素。

永遠要記得：任何營養補充品和完整療程的「底線」，都在力求減輕細胞內的氧化壓力，規避新出現的氧化刺激。攝取營養補充品，其實只做到了這個境界的一半，因為在日常中辨識、消

除、弱化毒素接觸源也同樣重要，甚至是更重要的事。面對氧化
造成的傷害，防範生成和修復舊傷應該得到同等的重視，否則任
何療程都談不上完整。

第 *18* 章

鎂補給的
基本指南

《　《　《

　　基本上，若是想瞭解自己是否缺鎂，最好也最經濟
的方法是先測量血中鎂，如果數值太低，那就表示身體
的其他部位也不合格了。

形式與應用

補給鎂有許多不同的形式和途徑，處方者可以依據病患的需要，就費用、方便性來設計。鎂有多種化學形式，可藉由**靜脈注射、肌肉注射、口服、泡澡、塗抹經皮吸收、灌腸**，以及**霧化鼻吸入**等方式來施用。

儘管鎂劑的所有形態和應用手段，尚未充分普及，進展也談不上快速，但已經比往年要常見些，應用面也更廣了。

研究觀察某一間加拿大的三級照護中心，在 2003 年至 2013 年間的住院醫療，統計並分析鎂輸液的使用情況，發現接受此治療的住院個案足足增加了 2.86 倍，而該研究的作者群特別註記「此一增長不可解釋為適應症所需」，而且此數值在院內的某些區域（病房）甚至有 10 倍的成長 [1]。這麼看來，臨床實務對於在多種適應症施用鎂的認知正在提升。

口服型

◎傳統口服劑

鎂的口服劑型種類繁多，劑量、吸收效率、離子作用性，以及副作用等特性，會大幅影響其主要成分的功效。

因為如此，此類產品的成本往往有極大落差，而且也像別的營養補充品一樣，平價商品總是比較普遍。常見的主成分有以下幾種：

1、檸檬酸鎂（Magnesium Citrate）

這是一種特別常見也極為廉價的鎂，常作大劑量施用，以便引發**清腸式的水樣腹瀉**，為大型手術或大腸鏡檢查做準備 [2,3]。

2、硫酸鎂（Magnesium Sulfate）

這種形式的鎂劑也被稱為**瀉鹽**、鎂鹽或 Epsom 浴鹽，可以口服，但很容易導致腹瀉或軟便，有著和檸檬酸鎂相同的副作用。硫酸鎂雖不是口服補充品的最佳形式，卻是最常見的形式，能用來調成**靜脈輸液**施用於多種疾症的治療上 [4-6]。用它當作浴鹽似乎好處多多，因為大量的鎂可以在泡澡時經皮膚吸收。

3、牛磺酸鎂（Magnesium Taurate）

這是鎂與牛磺酸的結合，是一種生體可用率頗高的形式。牛磺酸是重要的含硫胺基酸 [7]，具有抗氧化和抗發炎的特性，是人體中儲備量最豐富的胺基酸，生理機能的正常運作少不了它，尤其是維持心臟、大腦和眼睛的健康和良好功能。相比起來，這個形式的鎂，在較低劑量時不容易導致腹瀉。

4、葡萄糖酸鎂（Magnesium Gluconate）

這是一種有機鹽，其吸收性之高值得注意。曾有一項研究以缺鎂的大鼠為實驗對象，發現葡萄糖酸鎂的吸收率和保留性，比另外 9 種形式（氧化鎂、氯化鎂、硫酸鎂、碳酸鎂、醋酸鎂、吡酮酸鎂、檸檬酸鎂、乳酸鎂和天門冬胺酸鎂）更好 [8]。葡萄糖酸鈉也因其螯合重金屬的能力而聞名，包括鈣、鐵、銅和鋁，可說是服用這種鎂劑的額外好處。

5、氯化鎂（Magnesium Chloride）

這種鎂劑的**抗病毒特性**令人印象深刻 [9,10]，且特別好用，無論是病毒或其他原因造成的急性感染症，都可以先拿它來治療（見第 11 章）。氯化鎂應該也是優秀的輔助藥物，至少它已被證明能與其他抗病原藥劑產生協同作用，包括維生素 C、臭氧，

甚至是抗生素，這項特質似乎與氯化物的陰離子效益也有關聯。這種形式的鎂價格合理且偏低，吸收率也夠高，足夠資格被列入所有感染症或傳染病的療程用藥。【總編註】

6、甘胺酸鎂（Magnesium Glycinate）

這是鎂和另一種胺基酸——甘胺酸的結合。這種形式的生體可用率與吸收率比其他的口服補充品更高，而且不太會引發腹瀉。甘胺酸並不是必需胺基酸，卻是人體合成穀胱甘肽所需的 3 種胺基酸之一，而穀胱甘肽的好處已是眾所皆知。甘胺酸也是肌酸和膠原蛋白合成的必要元件之一。我們要多多用補充品和飲食來增加甘胺酸的攝取。

7、氧化鎂（Magnesium Oxide）

這種形式的鎂劑特別便宜，說不定是藥房和商店貨架上最常見的補充品成分。儘管它的吸收率最差，卻有文獻記載它的多種功效。正常劑量是每天 500mg。

8、天門冬胺酸鎂和麩胺酸鎂（Magnesium Aspartate and Magnesium Glutamate）

這兩種形式的鎂本身並不具毒性，只是在定期服食時最好別用高劑量，特別是看在其他形式的鎂劑還能帶來陰離子的好處上。

9、碳酸鎂（Magnesium Carbonate）

與胃酸混和後能轉化成氯化鎂（同時也形成二氧化碳和水）。此外，它還具有顯著的抗酸特性。

—— 編審註
天然微礦鎂的主成分即是氯化鎂。

10、蘇糖酸鎂（**Magnesium Threonate**）

此一形式原是為了使有效成分能夠穿透血腦障壁而開發。這種成分有益於大腦功能和神經系統的病症治療[12]。

◎微脂囊口服劑

有越來越多的營養補充品，被做成口服微脂囊劑型。真正優質的微脂囊形態，會比靜脈注射更能讓有效成分進到細胞內部，而且多半不需要額外消耗細胞能量，非常神奇。而這一點可以在微脂囊維生素 C 製劑得到證實。

然而我們不得不承認，市面上標榜為「微脂囊封裝」的保健食品未必如實。本書在「網路資源」中列舉了微脂囊產品和其他精選補充品的推薦來源，亦可在其他地方找到此類劑型的詳細資訊[13]。

微脂囊鎂劑（蘇糖酸）是 2019 年初才上市的新產品，據傳在銷售表現和使用者反應都非常良好，可想而知必將有許多冒名不實的「山寨版」跟著出現在市場上，目前僅有 LivOn Laboratories 這家公司生產這種劑型。

非微脂囊技術加工的製劑，若以靜脈注射給藥，需要消耗能量才得以藉由主動運輸而進入細胞內部。鎂的細胞吸收機制尚未完全闡明，但相對於細胞外濃度而言，若要使細胞內鎂濃度升到極高，勢必要借助主動運輸的過程，來迫使細胞內鎂進一步濃縮[14-17]。

由於此類口服製劑的成分輸送力太好，服用者若不遵守劑量指示，便有可能發生鎂過量的早期症狀。鎂過量的副作用將在後文敘述。同時，這種劑型進入血液的初始吸收率幾乎是 100％，

也不會造成軟便和腹瀉，而別的口服鎂劑若是吸收不完全，就會引發軟便或腹瀉。

臨床上，追蹤鎂濃度的最佳辦法之一就是監測**血壓**。無論是哪一種形式的製劑，當受測者在服用後，出現了血壓持續降低、且降低的程度明顯，其施用劑量和補充頻率就需要重新調整。當然，血壓降低也意味著全身的鎂儲量正在趨於正常，而這正是我們補充鎂劑的終極目標。

靜脈點滴注射和肌肉注射

◎靜脈點滴注射

靜脈點滴注射是醫院和診所中最常用的鎂製劑形態。

值得強調的是，撇開後文所述的鎂中毒情境不提，用點滴注射鎂是一種**極為安全**且靈活度很高的補給方式，甚至長期被施用於各類療程和諸多疾病的極重症患者身上，包括下列場合：

1、各種藥物中毒和藥物過量（見第 10 章）

2、胸心外科手術後 [18]

3、一般剖腹產後的疼痛管理 [19、20]

4、治療偏頭痛 [21]

5、在急診室治療患有急性哮喘的兒童 [22]

6、子宮切除術後的疼痛減輕 [23]

7、治療可逆性腦血管收縮症候群：病例系列 [24]

8、治療兒童的鐮狀貧血危機 [25]

9、預防造影劑引起的腎臟病 [26]

10、對孕婦進行胎兒／新生兒神經保護的治療 [27]

11、治療慢性阻塞性肺病（COPD）的重症 [28、29]

12、小兒病患頭痛的緊急治療 [30]

13、治療腺樣體切除術後的小兒喉痙攣 [31]

14、為嗎啡的佐劑，用於術後鎮痛 [32、33]

15、治療動脈瘤性蜘蛛膜下腔出血 [34]

16、治療子癇 [35、36]

17、治療中風 [37]

18、治療嚴重破傷風 [38]

19、治療胎兒心律不整 [39]

20、治療神經性疼痛 [40]

21、治療嚴重的躁狂症 [41]

22、對新生兒施治 [42、43]

23、對愛滋病患者施治 [44]

24、婦女胎兒在孕期長期服用硫酸鎂安胎 [45]

25、治療劇烈性頭痛（cluster of headache） [46]

26、治療氫氟酸灼傷 [47]

27、施用於麻醉前，加強穩定血流動力 [48]

28、治療疑似急性心肌梗塞 [49]

29、治療室上性心律不整 [50]

30、治療舒張性心臟衰竭 [51]

31、治療急性呼吸衰竭（由哮喘而起） [52]

32、治療子癇前症 [53]

33、治療急性毛地黃中毒 [54]

除此之外，經由點滴而進入體內的鎂，停留在細胞內的量似乎不小。

某項研究以急性心肌梗塞或疑似急性心肌梗塞患者為對象，追蹤觀察高劑量硫酸鎂輸液的施用成效，發現他們在接受單次點滴注射後都變得**相對長壽**；另一項研究的觀察對象都在 48 小時內接受 22 克的鎂，在此次點滴注射後長達 5 年的時間裡，患者們的**總死亡率都明顯下降** [55–57]。

採用靜脈點滴注射來補充鎂，與長壽的正相關性已獲證實，加上提升細胞內濃度確有好處，所以凡是需要打點滴的人——無論出於任何原因——**都不該放過在點滴裡添加鎂的機會**。

若是想要避免添加鎂的情形，只有以下兩種：1、已知患者有鎂中毒或晚期腎臟疾病，2、點滴的滴速不能太慢（比方 15 至 30 分鐘以內）時。

◎肌肉注射

肌肉注射是另一種供給鎂的有效方式。有一項研究證明，針對**子癲症**的控制和預防，肌肉注射硫酸鎂和靜脈注射方案同樣有效 [58]；另一項研究以子癲前症的患者為對象，也得出了類似的結論 [59]。

肌肉注射似乎同樣能讓鎂散布到全身，因為在接受肌肉注射的子癲症患者大腦中，鎂的吸收表現都非常良好 [60]。

其他給鎂的途徑

◎經皮膚吸收（Transdermal）

經皮給藥的意思是，讓藥物成分穿經皮膚進到體內。這種給

藥方式所使用的介質不只一種，擦劑、貼片泡澡等都屬於此類，像貼片這樣的材質也能讓足夠的成分進到體循環中，如此得以治療遠端病灶 [61、62]，用在治療皮膚病、外傷格外有效 [63、64]。

經皮給藥能讓鎂確實地進入人體，只是這種方式的遞送過程和兩劑之間的接續性，仍令人持疑 [65]。有研究顯示，塗抹鎂霜可使血清和尿液中的鎂指標上升 [66]，另一項研究也發現，在**四肢擦抹氯化鎂溶液**有助於**緩解纖維肌痛** [67]。

塗抹製劑可避免平常口服鎂所帶來的胃腸道腹瀉副作用，以這種方式補充鎂，是值得推薦的輔助做法，可支撐主流給藥所補給的鎂濃度。

定期使用的話，也有助於維護皮膚健康。經皮製劑的典型介質有油、凝膠、乳狀劑和浴鹽，其中鎂油是氯化鎂和水的濃縮溶液；凝膠或乳狀劑的鎂含量略低，且常與其他護膚成分混合；浴鹽多半是氯化鎂片或顆粒狀的硫酸鎂（Epsom 鹽）。

◎灌腸

另一種經皮給藥的「劑型」，是以含鎂**灌腸**的方法來運用，可讓整個腸道黏膜接觸成分，而且時間夠長，所以**吸收效果非常好**。當使用者不便吞嚥，或是因其他理由而無法接受靜脈注射時，灌腸給鎂就派上用場了。

這種方式的缺點是吸收量不易預測，腎功能正常的人，也要留意不慎超量的問題。

◎霧化吸入

霧化是將液狀製劑轉化為細粒的水霧，讓使用者直接吸進上呼吸道和肺部 [68]。

這種方式的歷史極為久遠，實際上可追溯到 3,500 多年前的古埃及 [69]。儘管用起來十分便捷，費用也低廉，可是應用面還不夠廣，目前只用於直接治療肺部和上呼吸道疾病。平心而論，許多臨床醫師忽略了它的好處。

霧化劑的運送效果好，用於給藥或補充營養都適合，而且作為佐劑的價值更高。霧化有多種好處，諸如：

✔ 使吸入的空氣濕潤，有助於稀釋患部的分泌物和黏液，以利排出。

✔ 由於前項效果而得以**減少咳嗽**。

✔ 可直接添加支氣管擴張劑。

✔ 可直接添加抗病原藥物，以治療上呼吸道和肺部的嚴重感染症。

✔ 可添加較低劑量的毒性治療藥物，避免口服或靜脈點滴注射等高劑量全身性治療時，可能存在的毒性風險。

✔ 可使某些藥劑在全身都得到均勻的吸收。

霧態的鎂吸入劑，可用於治療感染和部分肺部疾病，亦是舒緩支氣管痙攣的佐劑 [70-72]。有一項研究顯示，在手術前施用霧化硫酸鎂，可大幅減少受術者大多因氣管插管和全身麻醉，而造成的**咽喉痛**發生率 [73]。

鎂吸入劑之於成人哮喘的功效尚未釐清，但用於緩解**小兒哮喘**患者的支氣管痙攣似乎特別有效，縱使相比於靜脈點滴注射也毫不遜色 [74-77]。

另外，關於霧化藥物的研究尚不多見，霧化鎂劑的研究更少，市場上卻已出現大量定義模糊的應用，包括抗生素、抗真菌藥和

麻醉劑如鴉片類藥物 [78]。霧化鎂劑可作為**肺炎、肺癌**、肺部和全身中毒的主治藥物或佐劑，也能在一定程度上取代口服或靜脈注射等途徑。

搭配別的營養素或抗病原製劑，霧態鎂也能用於急性上呼吸道感染、肺部感染和鼻竇炎的給藥。許多人並未罹患急性流感、感冒或其他呼吸道感染症，體內卻有慢性病原體定殖，而這類病原體雖然不會造成即刻的負面影響，卻是整體健康的長期負擔，而且會干擾日後可能接受的治療，嚴重限制其療效。

病原體永遠都會製造氧化代謝副產品（毒素），而定居在上呼吸道的病原體，是「全年無休」地被吞進肚子，這可能就是大部分慢性腸胃病的成因之一，比如**胃腸潰瘍、腸漏症**，甚至是**惡性腫瘤**。

慢性病原體的定居狀態，往往帶有生物膜（Biofilms，蛋白質、脂質和多醣構成的細胞外包膜），這種膜會對藥物產生抗藥性 [79]，可霧化的藥物似乎能夠突破這種生物膜（如過氧化氫或 DMSO）[80、81]。

目前還沒有研究可證實，霧化鎂劑對於慢性病原體定居繁殖的影響，不過搭配了其他抗病原成分的霧態氯化鎂（或許是抗病原霧化劑之中效果最好的鎂形式，見第 11 章）很適合用來處置各種急性呼吸道症狀。

凡是在感染後有任何持續性的症狀（久咳、黃色或黃綠色痰，無論多少），都能從此類劑型得到幫助。

定期的使用霧化鎂製劑（單方或複方），有助於重建並維持更健全的咽喉及呼吸道**菌相**。除了鎂以外，其他可被霧化的抗病原成分包括過氧化氫、乙醯半胱氨酸、碳酸氫鈉、DMSO、新生

碘、膠體銀和維生素 C（抗壞血酸鈉），其劑量和施用方案，應與醫師或其他合格的醫藥顧問共同商定。

一般來說，使用任何霧化劑都應該要感到舒適，不應有刺鼻或使人反感的氣味；倘若引發任何咳嗽或甚至輕微的呼吸障礙，就應該要停止使用。在通常情況下，如有耐受性不良的現象，可以把藥劑再加以稀釋後繼續使用。上述的藥劑大多可以一起進行霧化，但過氧化氫最好單獨霧化。

鎂的毒性

傳統上，只有鎂劑單獨靜脈點滴注射和腎功能減退的人，才需要顧慮鎂的毒性。

口服鎂通常被認為是一種「受保護」的攝取方式，因為過量攝取而導致全身性中毒之前，服用者會先出現腹部絞痛或腹瀉反應，就一個腎臟功能正常的人來說，這是很好的判斷準則。

老年的便秘患者是另一個鎂中毒風險偏高的族群，因為他們可能長期服用相當劑量的含鎂瀉藥（如檸檬酸鎂）來軟便或通腸。即使只是口服劑，吸收率相對較差，但只要攝取量夠多且成分在腸道中停留得夠久，總吸收量還是會超標，萬一個體的腎功能不健全，這一點就更可能成立。

然而，誠如前述，假使患者的腸道沒能在服藥後迅速產生反應，那麼這種巨量服用鎂所產生的毒性，甚至可能會致命[82-84]。

曾有報導指稱，病患因重複服用檸檬酸鎂通便，出現嚴重的高鎂血症和鎂中毒[85、86]。有一個 14 歲的女孩因便秘而連續 7 天服用氫氧化鎂，結果發生**低血壓**和**昏睡**症狀，所幸保住一命[87]，而另一位患有巨結腸症的病人在接受硫酸鎂灌腸後死於鎂中毒[88]。

　　靜脈注射鎂是非常安全的方式，但必需注意劑量、點滴速度和病患的狀況。當治療對象是重症、急性藥物過量和腎功能受損等病患時，單單滴速過快就會誘發致命的中毒反應。

　　過去，鎂過量經常是由於**給藥失誤**所造成[89]。臨床上因靜脈點滴注射而引發的鎂中毒症狀包括噁心和嘔吐，感覺溫暖、臉紅、心搏減慢、心律不整、嗜睡、複視（重影）、說話時口齒不清，以及虛弱。值得注意的是，在靜脈注射過程中，視力模糊、複視等的視覺障礙是常見的，點滴注射結束後很快地就會消失，未必是鎂中毒造成的[90]。

　　大致上來說，在鎂過量的初期症狀之中，**血壓下降**通常會最先發生。

　　所謂的下降，可能指的是降到個體病歷的新低，也可能是降到醫學標準的低血壓範圍。這是由於鈣離子通道遭受過度阻斷，影響了動脈且造成血管擴張。鈣離子通道阻斷劑的處方藥過量時，也會造成類似的症狀。當血漿鎂濃度飆升到最高值時，患者會發生肌肉癱瘓、呼吸或心跳停止的情形。【編審註】

　　由於鈣和鎂之間有**相互拮抗**的作用，**鈣**可以作為**鎂中毒**時的速效解毒劑[91]。

　　然而，我們也應該同樣認知，在特定醫療場合中，降血壓是靜脈給鎂的預期效果，好比某些外科手術的術中失血量總是很大，受術者多半需要輸血，這時就勢必得借助含鎂輸液來維持較低的血壓，也就是「人為的」血壓抑制。

—— 編審註
先行留意並處理低血鉀的狀況，則可有效避免鎂中毒的產生。

當然，這個過程同樣需要謹慎而持續監控，因為患者此時的血壓值已經非常接近於鎂中毒狀態，可能會引發臨床上不樂見的副作用。依照醫師及手術團隊的習慣，受術者的動脈血壓均值多半會被保持在 50 到 65 mmHg 之間，而正常範圍應該是 70 到 110 mmHg 之間 [92-97]。

如何適量的補充鎂

俗話說「是藥三分毒」，所謂的用藥指南其實並非單一準則，某人的完美劑量很可能是另一人的致毒量。

鎂固然是一種安全性極高的成分，無論是作為用藥或是單純的營養品，然而這種安全緩衝也可能因草率或冒進的行為而失效，尤其是在腎功能不良和靜脈點滴注射之類的特殊情況中 [98]。

此外，猶如本書再三重中，現代人缺鎂的程度，可能比我們所想的還要普遍，甚至已經到了**影響全民健康的地步**，所以適度的補充鎂，對每個人來說都是必要的，特別是人口老齡化的今日社會。

無論是日常膳食中鎂來源不足者，或是正在默默大量消耗鎂儲量的病患，以及因服用藥物而致使鎂濃度驟降的人，其體內的鎂值更需要注意。

據估計，在「典型的生理條件下」，成年人每公斤體重應該每天攝取 3.6mg 的元素鎂，由此計算出 320 至 420mg 的 ADI 值（Average Daily Intake，每人每日容許攝取量或安全攝取量），約當每日 13 至 17 mmol[99]。

要評估體內鎂濃度，最常見的指標是血清總鎂指數，然而如同前述，當人體組織中的鎂幾近耗盡時，血中鎂仍然可能測出既

定的參考範圍值（0.75 至 0.95 mmol/L，或 1.82 mg/dL）[100]。

當然，合乎參考範圍總比完全測不出要來得好一點，但這樣的測定結果意義不大，除非是長期而連續的測到低標，那才可以明確代表有全身性的嚴重消耗，這個參考範圍或所謂「正常值」，絕不等同於細胞和組織中的鎂濃度正常，因為存在於血液中的鎂不到 1%，其餘的 99% 以上都在血液之外，而且主要在骨骼和肌肉的細胞內部 [101]。從臨床上來說，也就是：

血中鎂濃度偏低，即表示有必要補充鎂，但是血中鎂濃度正常，不可作為反對補充鎂的理由。

已知有全身性的**缺鎂**，卻仍然測出**偏高的血中鎂指數**，這是有可能的事。

這種情況的確表示不應該再進一步的補充鎂，而是要先找出指數升高的原因並且排除，然後才能重新檢視補充方案。這個過程需要做其他的醫學檢查，下面會有進一步說明。

測定鎂的關鍵指標，包括血中鎂濃度、尿鎂排泄量和飲食暨補充品的攝取。這些資訊必需與受測者的臨床病歷併同參考，尤其是心血管（血脂檢查）、腎臟和糖代謝（糖尿病）狀態的測量值 [102]。

其他有助於定義體內鎂濃度的醫學檢查，包括：

1、紅血球（RBC）鎂濃度

比起血中鎂，紅血球鎂濃度更具有指標意義，但仍有可能造成誤導。紅血球有細胞質而沒有細胞核，當然也就沒有粒線體，可是人體內絕大部分的鎂都儲存在**粒線體**裡。當 RBC 鎂濃度和血中鎂濃度都落在參考（正常）範圍內，未必保證總鎂儲量正常

或受測者不需要補充鎂,只能說起碼比低於參考範圍要好些。一般來說,血中鎂若是長期處於低濃度,那麼 RBC 鎂濃度也絕不會達標。不幸的是,許多研究人員和臨床醫師,未能認清鎂在紅血球的儲納量有限,仍然以為 RBC 鎂濃度能用來準確衡量全身的細胞內鎂含量[103]。

2、血小板鎂濃度

這個指標主要用於研究,而不是像 RBC 鎂濃度那樣用於一般醫學檢驗,但兩者都有相同的基本缺點——血小板同樣沒有粒線體和細胞核,也沒有大多數已知的胞器。血小板是由巨核細胞(大型骨髓細胞)分離出來的細胞質碎片。與紅血球相比,血小板或許能更準確地反映鎂供給的近期變化,因為這種細胞的壽命只有 8 至 9 天,而紅血球的壽命是 100 至 120 天。

3、單核球鎂濃度

單核球鎂濃度也是主要用於研究,但卻比前兩項更能反映全身的鎂濃度[104-106]。單核球是完整的細胞,有細胞核、亞細胞器和細胞質,從中測得的數值,可直接代表粒線體內的鎂儲量。不過,單核細胞屬於循環細胞,比起骨骼肌之類不移動的組織細胞來說,它對於新生鎂的吸收力更好,因此這個指標可能會高於實際的全身鎂濃度。

打個比方:鎂濃度的測量部位就像洋蔥的層次,血清在最外層,細胞碎片是第二層,完整但可移動的細胞是再下一層,而組織和器官中的「固定」細胞是最裡層。正常的組織細胞鎂濃度才具有全身代表性,但是正常的「外層」鎂含量,並不能保證最內層的鎂濃度理想。

4、IV 鎂容載檢查

藉由靜脈注射來測驗鎂容載量,可以直接判斷受測者體內的鎂是否被耗盡,是非常實用的檢查工具。先以靜脈點滴注射給予相當劑量的鎂,再檢驗尿鎂排泄量。當尿液中出現的鎂越少,代表被吸收的鎂越多,顯見體內正在嚴重缺鎂[107]。

5、肌肉組織切片中的鎂含量

這項指標相當準確,而且很可能是用來評估體內鎂含量是否正常的最佳方式[108、109]。只不過這是侵入性的,費用昂貴,而且幾乎只限於研究用途。

6、舌下上皮細胞鎂測定法

舌下上皮細胞鎂測定法在文獻中已經出現了很久,只是在近年才被用來評估體內鎂含量。要強調的是,此試驗測量的是細胞總鎂含量(不僅僅是細胞質),而細胞中95%的鎂都在粒線體中,故測定結果足以完整反映體內鎂的儲存情況。

論述此檢測法的文獻雖然有限,但都顯示它的可靠性,因為它可以同時測量細胞(口腔的舌下上皮細胞)內已結合和未結合的鎂,且此類細胞的鎂含量與遠距組織(心房組織和肌肉切片)中的鎂含量十分相關。這種細胞獲取便利,採樣容易。目前可在www.exatest.com 申請這項測定[110–112]。

基本上,民眾若想瞭解自己是否缺鎂,最好也最經濟的方法是先測量血中鎂,如果數值太低,那就表示身體的其他部位也不合格了。

如果數值正常,甚至是正常範圍的高標,那就接著測定舌下上皮細胞,比對血中鎂指數是否與之相符。當然,如果只是想知

道自己該如何補充鎂，倒也不需要做到這般精密的檢驗，只需驗個血，追蹤**血糖**和**血脂**的變化，就能用來判斷身體是否正在缺鎂，以及是否已經因為補充品而正在改善。

鎂的補給需要適時調整，減量或停止都有賴使用者和醫師一同判斷；當然，基於各種因素（日常的排泄、各種藥物的代謝副作用、食物中的營養含量減少、慢性疾病的過度耗用），就算是一個腎臟功能健全的人，也不能完全停止補充鎂。

附錄 1

編審附圖 1 ～ 32

《　《　《

編審附圖

附錄 2

網路資源

《　《　《

生物牙醫學（Biological Dentistry）

http://www.hugginsappliedhealing.com

http://www.iaomt.org

http://www.iabdm.org

http://www.biologicaldent.com

http://www.biodentist.com

整合醫學／替代醫學
（Integrative/Complementary Medicine）

http://www.riordanclinic.org/

http://www.acam.org

http://acam.site–ym.com/search/custom.asp?id=1758

http://orthomolecular.org/

http://www.a4m.com/directory.html

http://www.icimed.com/

http://www.acimconnect.com/

http://www.grossmanwellness.com

有關營養補充品（Supplement Sources）

http://www.livonlabs.com

http://www.altrient–europe.com

http://www.lef.org

http://www.mcguff.com

http://www.meritpharm.com

更多資訊（For further information）

http://www.peakenergy.com

http://www.medfoxpub.com

http://www.doctoryourself.com

http://www.riordanclinic.org

http://www.vitamincfoundation.org

http://www.naturalhealth365.com

　　以上網站僅供一般參考，不保證該網站衍生之任何資訊、療法或產品都有助益，也不保證與本書所述內容一致。

附錄 3
本書中英文名詞對照表

《　《　《

abnormal clinical and laboratory findings　臨床和實驗室的異常發現

agent(s)　藥劑、成分、製劑

all-cause mortality　總死亡率

animal mode　動物模型

anion(s) 、cation(s)　陰離子、陽離子

antagonist　拮抗

bioavailability　生體可用率

biodelivery system　生物遞送系統、遞送性

blocker　阻斷劑

bolus dose　單次劑量；自控單劑

bone-forming（formation）marker　造骨標記

calcium channel　鈣離子通道

cardiac electrical　心電（訊號）傳導的

central line（- catheter）　中心導管

chemical form/- species　化學形態／化學物種

（blood, systemic）circulation concentration
體循環濃度（通常指血液）

cisplatin　順鉑

cohort study　世代研究

continuous infusion　連續點滴注射

cortisol, cortisone　皮質醇（天然），皮質素（化合）

double-blind　雙盲

form(s)　劑型、（成分的）形態、（給藥的）形式

free；ionized　游離

glucose transporter　葡萄糖轉運體

hearing threshold/ threshold of hearing　聽閾

hydrocortisone　氫化可體松＝人工合成的皮質素

increased IOS

細胞內氧化壓力（IOS）過增、（細胞內）氧化壓力增加

inflammatory marker　炎症標記

infusion　輸液的注射＝點滴注射、點滴（口）

initial dose　初始劑量

intermittent IV push　（pulsing protocols）

間歇性靜脈推注（脈衝治療）

IV push　靜脈推注

level　在本書中或譯為「濃度」

liposome　微脂囊

liposome-encapsulated　微脂囊、微脂囊封裝／包覆技術

loading dose　速效劑量；初始劑量

M.D.　醫學士

magnesium glutamate　「麩胺酸」鎂

magnesium retention/loading test　鎂容載檢查

maintenace dose　維持劑量

meta-analysis　統合分析

molecules/biomolecules　分子／生化分子

musculoskeletal　骨關節肌肉

nebulization, nebulized　霧化、霧態

oxaliplatin　奧沙利鉑

oxidation-inducing toxins　氧化誘導毒素

parameter　在本書多指稱「症狀」

phosphorus MR spectroscopy　磷譜核磁共振

placebo-controlled　安慰劑對照

plasma　血漿

preeclampsia　子癲前症，舊稱妊娠毒血症

premature　早發的

progressive（-disease）　進行性、漸進性

prolonged infusion　延長點滴注射

pro-oxidant(s)　氧化促進物質

QTc、QT interval　QTc、QT 間期

randomized trial　隨機試驗

rapid infusion　快速滴注

rats/mouse　實驗鼠、大鼠／小鼠

resist-　阻抗

Riordan Clinic　瑞爾丹診所

routes of administration　給藥途徑

A、腸道給藥（enteral administration），或稱口服給藥（per os）：
　　藥物經由胃腸道吸收。

B、舌下給藥（sublingual administration）

C、直腸（肛門）給藥（rectal administration）

D、腸道外給藥或稱非口服給藥（parenteral administration；injection）

　　a. 皮下注射（subcutaneous, SC）

　　b. 肌肉注射（intramuscular, IM）

　　c. 靜脈注射（intravenous, IV）：

　　　I. IV infusion：俗稱點滴。

　　　II. IV bolus：定時少劑量注射於靜脈，或是在點滴管的注射
　　　　孔定時添加。

d. 腹部注射（intraperitoneal, IP）

e. 動脈注射（intraarterial, IA）

f. 蜘蛛膜下腔（intrathecal）

serum　血清

short-term infusion　短時點滴注射；平推

sign　癥候、醫學特徵

skeletal muscles　骨骼肌

slow infusion　慢速滴注

symptom　症狀、主訴症狀

systematic review　系統綜述

systemic　全身性的

附錄 4

參考文獻

《　《　《

第 1 章

1. de Baaji J, Hoenderop J, Bindels R (2015) Magnesium in man: implications for health and disease. *Physiological Reviews* 95:1-46. PMID: 25540137

2. Workinger J, Doyle R, Bortz J (2018) Challenges in the diagnosis of magnesium status. *Nutrients* 10:1202. PMID: 30200431

3. Grober U, Schmidt J, Kisters K (2015) Magnesium in prevention and therapy. *Nutrients* 7:8199-8226. PMID: 26404370

4. Hsu J, Rubenstein B, Paleker A (1982) Role of magnesium in glutathione metabolism of rat erythrocytes. *The Journal of Nutrition* 112:488-496. PMID: 7062145

5. Mills B, Lindeman R, Lang C (1986) Magnesium deficiency inhibits biosynthesis of blood glutathione and tumor growth in the rat. *Proceedings of the Society for Experimental Biology and Medicine* 181:326-332. PMID: 3945642

6. Barbagallo M, Dominguez L, Tagliamonte M et al. (1999) Effects of glutathione on red blood cell intracellular magnesium: relation to glucose metabolism. *Hypertension* 34:76-82. PMID: 10406827

7. Regan R, Guo Y (2001) Magnesium deprivation decreases cellular reduced glutathione and causes oxidative neuronal death in murine cortical cultures. *Brain Research* 890:177-183. PMID: 11164781

8. DiNicolantonio J, O'Keefe J, Wilson W (2018) Subclinical magnesium deficiency: a principal driver of cardiovascular disease and a public health crisis. *Open Heart* 5:e000668. PMID: 29387426

9. Ahmed F, Mohammed A (2019) Magnesium: the forgotten electrolyte–a review on hypomagnesemia. *Medical Sciences* 7:56. PMID: 30987399

10. Eftekhari M, Rostami Z, Emami M, Tabatabaee H (2014) Effects of "vitex agnus castus" extract and magnesium supplementation, along and in combination, on osteogenic and angiogenic factors and fracture healing in women with long bone fracture. *Journal of Research in Medical Sciences* 19:1-7. PMID: 24672557

11. Zhang Y, Xu J, Ruan Y et al. (2016) Implant-derived magnesium induces local neuronal production of CGRP to improve bone-fracture healing in rats. *Nature Medicine* 22:1160-1169. PMID: 27571347

12. Galli S, Stocchero M, Andersson M et al. (2017) The effect of magnesium on early osseointegration in osteoporotic bone: a histological and gene expression investigation. *Osteoporosis International* 28:2195-2205. PMID: 28349251

13 Schaller B, Saulacic N, Beck S et al. (2017) Osteosynthesis of partial rib osteotomy in a miniature pig model using human standard- sized magnesium plate/screw systems: effect of cyclic deformation on implant integrity and bone healing. *Journal of Cranio-Maxillo-Facial Surgery* 45:862-871. PMID: 28457825

14. Akhtar M, Ullah H, Hamid M (2011) Magnesium, a drug of diverse use. *The Journal of the Pakistan Medical Association* 61:1220-1225. PMID: 22355971

15. Altura BM, Altura BT (1984) Microcirculatory actions and uses of naturally-occurring (magnesium) and novel synthetic calcium channel blockers. *Microcirculation, Endothelium, and Lymphatics* 1:185-220. PMID: 6400430

16. Iseri L, French J (1984) Magnesium: nature's physiologic calcium blocker. *American Heart Journal* 108:188-193. PMID: 6375330

17. Yago M, Manas M, Singh J (2000) Intracellular magnesium: transport and regulation in epithelial secretary cells. *Frontiers in Bioscience* 5:D602-D618. PMID: 10877998

18. Lin C, Tsai P, Hung Y, Huang C (2010) L-type calcium channels are involved in mediating the anti-inflammatory effects of magnesium sulphate. *British Journal of Anaesthesia* 104:44-51. PMID: 19933511

19. Libako P, Nowacki W, Castiglioni S et al. (2016) Extracellular magnesium and calcium blockers modulate macrophage activity. *Magnesium Research* 29:11-21. PMID: 27160489

20 Razzaghi R, Pidar F, Momen-Heravi M et al. (2018) Magnesium supplementation and the effects on wound healing and metabolic status in patients with diabetic foot ulcer: a randomized, doubleblind, placebo-controlled trial. *Biological Trace Element Research* 181:207-215. PMID: 28540570

21. Afzali H, Jafari Kashi A, Momen-Heravi M et al. (2019) The effects of magnesium and vitamin E co-supplementation on wound healing and metabolic status in patients with diabetic foot ulcer: a randomized, double-blind, placebo-controlled trial. *Wound Repair and Regeneration* Jan 28 [Epub ahead of print]. PMID: 30693609

22. De Oliveira G, Bialek J, Fitzgerald P et al. (2013) Systemic magnesium to improve quality of post-surgical recovery in outpatient segmental mastectomy: a randomized, double-blind, placebo-controlled trial. *Magnesium Research* 26:156-164. PMID: 24491463

23. Afshari D, Moradian N, Rezaei M (2013) Evaluation of the intravenous magnesium sulfate effect in clinical improvement of patients with acute ischemic stroke. *Clinical Neurology and Neurosurgery* 115:400-404. PMID: 22749947

24. Cox R, Osgood K (1994) Evaluation of intravenous magnesium sulfate for the treatment of hydrofluoric acid burns. *Journal of Toxicology. Clinical Toxicology* 32:123-136. PMID: 8145352

25. Lin D, Hung F, Yeh M, Lui T (2015) Microstructure-modified biodegradable magnesium alloy for promoting cytocompatibility and wound healing in vitro. *Journal of Materials Science. Materials in Medicine* 26:248. PMID: 26411444

26. Sasaki Y, Sathi G, Yamamoto O (2017) Wound healing effect of bioactive ion released from Mg-smectite. *Materials Science & Engineering. C, Materials for Biological Applications* 77:52-57. PMID: 28532061

27. Grzesiak J, Pierschbacher M (1995) Shifts in the concentrations of magnesium and calcium in early porcine and rat wound fluids activate the cell migratory response. *The Journal of Clinical Investigation* 95:227-233. PMID: 7814620

28. Bravi M, Armiento A, Laurenti O et al. (2006) Insulin decreases intracellular oxidative stress in patients with type 2 diabetes mellitus. *Metabolism* 55:691-695. PMID: 16631447

29. Barbagallo M, Dominguez L, Tagliamonte M et al. (1999) Effects of glutathione on red blood cell intracellular magnesium: relation to glucose metabolism. *Hypertension* 34:76-82. PMID: 10406827

30. Barbagallo M, Dominguez L, Tagliamonte M et al. (1999a) Effects of vitamin E and glutathione on glucose metabolism: role of magnesium. *Hypertension* 34:1002-1006. PMID: 10523398

31. De Mattia G, Bravi M, Laurenti O et al., (1998) Influence of reduced glutathione infusion on glucose metabolism in patients with non-insulin-dependent diabetes mellitus. *Metabolism* 47:993-997. PMID: 9711998 glucose metabolism: role of magnesium. *Hypertension* 34:1002-1006. PMID: 10523398

32. Cheung B, Li C (2012) Diabetes and hypertension: is there a common metabolic pathway? *Current Atherosclerosis Reports* 14:160-166. PMID: 22281657

33. Resnick L, Gupta R, Gruenspan H, Laragh J (1988) Intracellular free magnesium in hypertension: relation to peripheral insulin resistance. *Journal of Hypertension. Supplement* 6:S199-S201. PMID: 3241201

34. Resnick L, Gupta R, Laragh J (1984) Intracellular free magnesium in erythrocytes of essential hypertension: relation to blood pressure and serum divalent cations. *Proceedings of the National Academy of Sciences of the United States of America* 81:6511- 6515. PMID: 6593713

35. Barbagallo M, Dominguez L, Bardicef O, Resnick L (2001) Altered cellular magnesium responsiveness to hyperglycemia in hypertensive subjects. *Hypertension* 38:612-615. PMID: 11566941

36. Altura B (1994) Introduction: importance of Mg in physiology and medicine and the need for ion selective electrodes. *Scandinavian Journal of Clinical and Laboratory Investigation. Supplementum* 217:5-9. PMID: 7939385

37. Worthington V (2001) Nutritional quality of organic versus conventional fruits, vegetables, and grains. *Journal of Alternative and Complementary Medicine* 7:161-173. PMID: 11327522

38. Davies B (2015) The UK geochemical environment and cardiovascular diseases: magnesium in food and water. *Environmental Geochemistry and Health* 37:411-427. PMID:25528218

39. Maraver F, Vitoria I, Ferreira-Pego C et al. (2015) Magnesium in tap and bottled mineral water in Spain and its contribution to nutritional recommendations. *Nutricion Hospitalaria* 31:2297-2312. PMID: 25929407

40. Jiang L, He P, Chen J et al. (2016) Magnesium levels in drinking water and coronary heart disease mortality risk: a meta-analysis. *Nutrients* 8:5. PMID: 26729158

41. Yang C, Chiu H (1999) Calcium and magnesium in drinking water and the risk of death from hypertension. *American Journal of Hypertension* 12:894-899. PMID: 10509547

42. Chiu H, Chang C, Yang C (2004) Magnesium and calcium in drinking water and risk of death from ovarian cancer. *Magnesium Research* 17:28-34. PMID: 15083566

第 2 章

1. Bolland M, Avenell A, Baron J et al. (2010) Effect of calcium supplements on risk of myocardial infarction and cardiovascular events: meta-analysis. *BMJ* 341:c3691. PMID: 20671013

2. Bolland M, Grey A, Avenell A et al. (2011) Calcium supplements with or without vitamin D and risk of cardiovascular events: reanalysis of the Women's Health Initiative limited access dataset and meta-analysis. *BMJ* 342:d2040. PMID:21505219

3. Reid I, Bolland M, Avenell A, Grey A (2011) Cardiovascular effects of calcium supplementation. *Osteoporosis International* 22:1649-1658. PMID: 21409434

4. Michaelsson K, Melhus H, Warensjo Lemming E et al. (2013) Long term calcium intake and rates of all cause and cardiovascular mortality: commonly based prospective longitudinal cohort study. *BMJ* 346:f228. PMID: 23403980

5. Rodriguez A, Scott D, Khan B et al. (2018) High calcium intake in men not women is associated with all-cause mortality risk: Melbourne Collaborative Cohort Study. *Archives of Osteoporosis* 13:101. PMID:30242518

6. Graham G, Blaha M, Budoff M et al. (2012) Impact of coronary artery calcification on all-cause mortality in individuals with and without hypertension. *Atherosclerosis* 225:432-437. PMID:23078882

7. Jacobs P, Gondrie M, van der Graaf Y et al. (2012) Coronary artery calcium can predict all-cause mortality and cardiovascular events on low-dose CT screening for lung cancer. *American Journal of Roentgenology* 198:505-511. PMID: 22357989

8. Kiramijyan S, Ahmadi N, Isma'eel H et al. (2013) Impact of coronary artery calcium progression and statin therapy on clinical outcome in subjects with and without diabetes mellitus. *The American Journal of Cardiology* 111:356-361. PMID: 23206921

9. Nakanishi R, Li D, Blaha M et al. (2016) All-cause mortality by age and gender based on coronary artery calcium scores. *European Heart Journal Cardiovascular Imaging* 17:1305-1314. PMID: 26705490

10. Budoff M, Lutz S, Kinney G et al. (2018) Coronary artery calcium on noncontrast thoracic computerized tomography scans and all-cause mortality. *Circulation* 138:2437-2438. PMID: 30571584

11. Orimoloye O, Budoff M, Dardari Z et al. (2018) Race/ethnicity and the prognostic implications of coronary artery calcium for all-cause and cardiovascular disease mortality: The Coronary Artery Calcium Consortium. *Journal of the American Heart Association* 7:e010471

12. Iseri L, French J (1984) Magnesium: nature's physiologic calcium blocker. *American Heart Journal* 108:188-193. PMID: 6375330

13. Anghileri L (1999) Magnesium, calcium and cancer. *Magnesium Research* 22:247-255. PMID: 20228002

14. Sasaki Y, Sathi G, Yamamoto O (2017) Wound healing effect of bioactive ion released from Mg-smectite. *Materials Science & Engineering. C, Materials for Biological Applications* 77:52-57. MID: 28532061

15. De Oliveira G, Bialek J, Fitzgerald P et al. (2013) Systemic magnesium to improve quality of post-surgical recovery in outpatient segmental mastectomy: a randomized, double-blind, placebo-controlled trial. *Magnesium Research* 26:156-164. PMID: 24491463

16. Afzali H, Jafari Kashi A, Momen-Heravi M et al. (2019) The effects of magnesium and vitamin E co-supplementation on wound healing and metabolic status in patients with diabetic foot ulcer: a randomized, double-blind, placebo-controlled trial. *Wound Repair and Regeneration* 27:277-284. PMID: 30693609

17. Razzaghi R, Pidar F, Momen-Heravi M et al. (2018) Magnesium supplementation and the effects on wound healing and metabolic status in patients with diabetic foot ulcer: a randomized, doubleblind, placebo-controlled trial. *Biological Trace Element Research* 181:207-215. PMID: 28540570

18. Zhang Z, Zhou Y, Li W et al. (2019) Local administration of magnesium promotes meniscal healing through homing of endogenous stem cells: a proof-of-concept study. *The American Journal of Sports Medicine* 47:954-967. PMID: 30786213

19. Gillman M, Ross-Degnan D, McLaughlin T et al. (1999) Effects of long-acting versus short-acting calcium channel blockers among older survivors of acute myocardial infarction. *Journal of The American Geriatrics Society* 47:512-517. PMID: 10323641

20. Gibson R, Hansen J, Messerli F et al. (2000) Long-term effects of diltiazem and verapamil on mortality and cardiac events in non-Q-wave acute myocardial infarction without pulmonary congestion: post hoc subset analysis of the multicenter diltiazem postinfarction trial and the second Danish verapamil infarction trial studies. *The American Journal of Cardiology* 86:275-279. PMID: 10922432

21. Lubsen J, Wagener G, Kirwan B et al. (2005) Effect of long-acting nifedipine on mortality and cardiovascular morbidity in patients with symptomatic stable angina and hypertension: the ACTION trial. *Journal of Hypertension* 23:641-648. PMID: 15716708

22. Constanzo P, Perrone-Filardi P, Petretta M et al. (2009) Calcium channel blockers and cardiovascular outcomes: a meta-analysis of 175,634 patients. *Journal of Hypertension* 27:1136-1151. PMID: 19451836

23. Deshmukh H, Barker E, Anbarasan T et al. (2018) Calcium channel blockers are associated with improved survival and lower cardiovascular mortality in patients with renovascular disease. *Cardiovascular Therapeutics* 36:e12474. PMID: 30372589

24. Mittal S, Mathur A, Prasad N (1993) Effect of calcium channel blockers on serum levels of thyroid hormones. *International Journal of Cardiology* 38:131-132. PMID: 8454374

25. Morad F, Elsayed E, Mahmoud S (1997) Inhibition of steroid sex hormones release in rats by two Ca2+ channel blockers. *Pharmacological Research* 35:177-180. PMID: 9229405

26. Verhoeven F, Moerings E, Lamers J et al. (2001) Inhibitory effects of calcium channel blockers on thyroid hormone uptake in neonatal rat cardiomyocytes. *American Journal of Physiology. Heart and Circulatory Physiology* 281:H1985-H1991. PMID: 11668059

27. Reffelmann T, Ittermann T, Dorr M et al. (2011) Low serum magnesium concentrations predict cardiovascular and all-cause mortality. *Atherosclerosis* 219:280-284. PMID: 21703623

28. Ferre S, Li X, Adams-Huet B et al. (2018) Association of serum magnesium with all-cause mortality in patients with and without chronic kidney disease in the Dallas Heart Study. *Nephrology, Dialysis, Transplantation* 33:1389-1396. PMID: 29077944

29. Zhang X, Xia J, Del Gobbo L et al. (2018) Serum magnesium concentrations and all-cause, cardiovascular, and cancer mortality among U.S. adults: results from the NHANES I epidemiologic follow-up study. *Clinical Nutrition* 37:1541-1549. PMID: 28890274

30. Weisinger J, Bellorin-Font E (1998) Magnesium and phosphorus. *Lancet* 352:391-396. PMID: 9717944

31. Elin R (2010) Assessment of magnesium status for diagnosis and therapy. *Magnesium Research* 23:S194-S198. PMID: 20736141

32. Munoz-Castaneda J, Pendon-Ruiz de Mier M, Rodriguez M, Rodriguez-Ortiz M (2018) Magnesium replacement to protect cardiovascular and kidney damage? Lack of prospective clinical trials. *International Journal of Molecular Sciences* Feb 27; 19(3). PMID: 29495444

33 Woods K, Fletcher S (1994) Long-term outcome after intravenous magnesium sulphate in suspected acute myocardial infarction: the second Leicester Intravenous Magnesium Intervention Trial (LIMIT-2). *Lancet* 343:816-819. PMID: 7908076

34. Shechter M, Hod H, Rabinowitz B et al. (2003) Long-term outcome of intravenous magnesium therapy in thrombolysis-ineligible acute myocardial infarction patients. *Cardiology* 99:205-210. PMID: 12845247

35. Steidl L, Ditmar R (1990) Soft tissue calcification treated with local and oral magnesium therapy. *Magnesium Research* 3:113-119. PMID: 2133625

36. Ter Braake A, Shanahan C, de Baaij J (2017) Magnesium counteracts vascular calcification: passive interference or active modulation? *Arteriosclerosis, Thrombosis, and Vascular Biology* 37:1431-1445. PMID: 28663256

37. Ter Braake A, Tinnemans P, Shanahan C et al. (2018) Magnesium prevents vascular calcification *in vitro* by inhibition of hydroxyapatite crystal formation. *Scientific Reports* 8:2069. PMID: 29391410

38. Hisamatsu T, Miura K, Fujiyoshi A et al. (2018) Serum magnesium, phosphorus, and calcium levels and subclinical calcific aortic valve disease: a population-based study. *Atherosclerosis* 273:145- 152. PMID: 29655832

39. Ishimura E, Okuno S, Kitatani K et al. (2007) Significant association between the presence of peripheral vascular calcification and lower serum magnesium in hemodialysis patients. *Clinical Nephrology* 68:222-227. PMID: 17969489

40. Sato H, Takeuchi Y, Matsuda K et al. (2018) Evaluation of the predictive value of the serum calcium-magnesium ratio for all-cause and cardiovascular mortality in incident dialysis patients. *CardioRenal Medicine* 8:50-60. PMID: 29344026

41. Razzaque M (2018) Magnesium: are we consuming enough? *Nutrients* 10:1863. PMID: 30513803

42. Kass G, Orrenius S (1999) Calcium signaling and cytotoxicity. *Environmental Health Perspectives* 107 (Suppl 1):25-35. PMID: 10229704

43. Vormann J (2016) Magnesium: nutrition and homoeostasis. *AIMS Public Health* 3:329-340. PMID: 29546166

44. D'Agostino A (1963) An electron microscopic study of skeletal and cardiac muscle of the rat poisoned by plasmocid. *Laboratory Investigations* 12:1060-1071. PMID: 14083316

45. Caulfield J, Schrag P (1964) Electron microscopic study of renal calcification. *The American Journal of Pathology* 44:365-381. PMID: 14126660

46. D'Agostino A (1964) An electron microscopic study of cardiac necrosis produced by 9 alpha-fluorocortisol and sodium phosphate. *The American Journal of Pathology* 45:633-644. PMID: 14217676

47. Giacomelli F, Spiro D, Wiener J (1964) A study of metastatic renal calcification at the cellular level. *The Journal of Cell Biology* 22:189-206. PMID: 14195609

48. Montes de Oca A, Guerrero F, Martinez-Moreno J et al. (2014) Magnesium inhibits Wnt/β-catenin activity and reverses the osteogenic transformation of vascular smooth muscle cells. *PLoS One* 9:e89525. PMID: 24586847

49. Bressendorff I, Hansen D, Schou M et al. (2016) Oral magnesium supplementation in chronic kidney disease stages 3 and 4: efficacy, safety, and effect on serum calcification propensity— a prospective randomized double-blinded placebo-controlled clinical trial. *Kidney International Reports* 2:380-389. PMID:29142966

50. Yue J, Jin S, Li Y et al. (2016) Magnesium inhibits the calcification of the extracellular matrix in tendon-derived stem cells via the ATP-P2R and mitochondrial pathways. *Biochemical and Biophysical Research Communications* 478:314-322. PMID: 27402270

51. Bressendorff I, Hansen D, Shou M et al. (2018) The effect of increasing dialysate magnesium on serum calcification propensity in subjects with end stage kidney disease: a randomized, controlled clinical trial. *Clinical Journal of the American Society of Nephrology* 13:1373-1380. PMID: 30131425

52. Henaut L, Massy Z (2018) Magnesium as a calcification inhibitor. *Advances in Chronic Kidney Disease* 25:281-290. PMID: 29793668

53. Kaesler N, Goettsch C, Weis D et al. (2019) Magnesium but not nicotinamide prevents vascular calcification in experimental uraemia. *Nephrology, Dialysis, Transplantation* [Epub ahead of print]. PMID: 30715488

54. Roos D, Seeger R, Puntel R, Vargas Barbosa N (2012) Role of calcium and mitochondria in MeHg-mediated cytotoxicity. *Journal of Biomedicine & Biotechnology* 2012:248764. PMID: 22927718

55. Chi Y, Zhang X, Cai J et al. (2012) Formaldehyde increases intracellular calcium concentration in primary cultured hippocampal neurons partly through NMDA receptors and T-type calcium channels. *Neuroscience Bulletin* 28:715-722. PMID: 23160928

56. Gao F, Ding B, Zhou L et al. (2013) Magnesium sulfate provides neuroprotection in lipopolysaccharide-activated primary microglia by inhibiting NF-κB pathway. *The Journal of Surgical Research* 184:944-950. PMID: 23628437

57. Li J, Wang P, Yu S et al. (2012) Calcium entry mediates hyperglycemia-induced apoptosis through Ca(2+)/calmodulin-dependent kinase II in retinal capillary endothelial cells. *Molecular Vision* 18:2371-2379. PMID: 23049237

58. Kawamata H, Manfredi G (2010) Mitochondrial dysfunction and intracellular calcium dysregulation in ALS. *Mechanisms of Ageing and Development* 131:517-526. PMID: 20493207

59. Corona C, Pensalfini A, Frazzini V, Sensi S (2011) New therapeutic targets in Alzheimer's disease: brain deregulation of calcium and zinc. *Cell Death & Disease* 2:e176. PMID: 21697951

60. Surmeier D, Guzman J, Sanchez-Padilla J, Schumacker P (2011) The role of calcium and mitochondrial oxidant stress in the loss of substantia nigra pars compacta dopaminergic neurons in Parkinson's disease. *Neuroscience* 198:221-231. PMID: 21884755

61. Surmeier D, Halliday G, Simuni T (2017) Calcium, mitochondrial dysfunction and slowing the progression of Parkinson's disease. *Experimental Neurology* 298:202-209. PMID: 28780195

62. Levy T (2011) *Curing the Incurable: Vitamin C, Infectious Diseases, and Toxins.* Henderson, NV: MedFox Publishing

63. Chang Y, Kao M, Lin J et al. (2018) Effects of $MgSO_4$ on inhibiting Nod-like receptor protein 3 inflammasome involve decreasing intracellular calcium. *The Journal of Surgical Research* 221:257-265. PMID: 29229137

64. Brvar M, Chan M, Dawson A et al. (2018) Magnesium sulfate and calcium channel blocking drugs as antidotes for acute organophosphorus insecticide poisoning—a systematic review and meta-analysis. *Clinical Toxicology* 56:725-736. PMID: 29557685

65. Guzel A, Dogan E, Turkcu G et al. (2018) Dexmedetomidine and magnesium sulfate: a good combination treatment for acute lung injury? *Journal of Investigative Surgery* Jan 23:1-12 [Epub ahead of print]. PMID: 29359990

66. Chen N, Xu R, Wang L et al. (2018) Protective effects of magnesium sulfate on radiation induced brain injury in rats. *Current Drug Delivery* 15:1159-1166. PMID: 29366417

67. Khalilzadeh M, Abdollahi A, Abdolahi F et al. (2018) Protective effects of magnesium sulfate against doxorubicin induced cardiotoxicity in rats. *Life Sciences* 207:436-441. PMID: 29940240

68. Altura BM, Zhang A, Cheng T, Altura BT (1995) Alcohols induce rapid depletion of intracellular free Mg2+ in cerebral vascular muscle cells: relation to chain length and partition coefficient. *Alcohol* 12:247-250. PMID: 7639959

69. Zhang A, Cheng T, Altura BT, Altura BM (1997) Chronic treatment of cultured cerebral vascular smooth cells with low concentration of ethanol elevates intracellular calcium and potentiates prostanoid- induced rises in [Ca2+]i: relation to etiology of alcohol-induced stroke. *Alcohol* 14:367-371. PMID: 9209552

70. Zhang A, Cheng T, Altura BT, Altura BM (1996) Acute cocaine results in rapid rises in intracellular free calcium concentration in canine cerebral vascular smooth muscle cells: possible relation to etiology of stroke. *Neuroscience Letters* 215:57-59. PMID: 8880753

71. Zhang A, Altura BT, Altura BM (1997) Elevation of extracellular magnesium rapidly raises intracellular free Mg2+ in human aortic endothelial cells: is extracellular Mg2+ a regulatory cation? *Frontiers in Bioscience* 2:a13-a17. PMID: 9206991

72. Altura BM, Zhang A, Cheng T, Altura BT (2001) Extracellular magnesium regulates nuclear and perinuclear free ionized calcium in cerebral vascular smooth muscle cells: possible relation to alcohol and central nervous system injury. *Alcohol* 23:83-90. PMID: 11331105

73. Saito Y, Okamoto K, Kobayashi M et al. (2017) Magnesium co-administration decreases cisplatin-induced nephrotoxicity in the multiple cisplatin administration. *Life Sciences* 189:18-22. PMID: 28864226

74. Simental-Mendia L, Sahebkar A, Rodriguez-Moran M et al. (2017) Effect of magnesium supplementation on plasma C-reactive protein concentrations: a systematic review and meta-analysis of randomized controlled trials. *Current Pharmaceutical Design* 23:4678-4686. PMID: 28545353

75. Afshar Ebrahimi F, Foroozanfard F, Aghadavod E et al. (2018) The effects of magnesium and zinc co-supplementation on biomarkers of inflammation and oxidative stress, and gene expression related to inflammation in polycystic ovary syndrome: a randomized controlled clinical trial. *Biological Trace Element Research* 184:300-307. PMID: 29127547

76. Mazidi M, Rezaie P, Banach M (2018) Effect of magnesium supplements on serum C-reactive protein: a systematic review and meta-analysis. *Archives of Medical Science* 14:707-716. PMID: 30002686

77. Mojtahedzadeh M, Chelkeba L, Ranjvar-Shahrivar M et al. (2016) Randomized trial of the effect of magnesium sulfate continuous infusion on IL-6 and CRP serum levels following abdominal aortic aneurysm surgery. *Iranian Journal of Pharmaceutical Research* 15:951-956. PMID: 28243294

78. Nielsen F (2018) Magnesium deficiency and increased inflammation: current perspectives. *Journal of Inflammation Research* 11:25-34. PMID: 29403302

79. Touyz R, Milne F (1995) Alterations in intracellular cations and cell membrane ATPase activity in patients with malignant hypertension. *Journal of Hypertension* 13:867-874. PMID: 8557964

80. Touyz R, Schif frin E (1997) Role of calcium influx and intracellular calcium stores in angiotensin II-mediated calcium hyper-responsiveness in smooth muscle from spontaneously hypertensive rats. *Journal of Hypertension* 15:1431-1439. PMID: 9431849

81. Touyz R, Mercure C, Reudelhuber T (2001) Angiotensin II type I receptor modulates intracellular free Mg2+ in renally derived cells via Na+-dependent Ca2+-independent mechanisms. *The Journal of Biological Chemistry* 276:13657-13663. PMID: 11278387

82. Touyz R, Schiffrin E (2001) Measurement of intracellular free calcium ion concentration in vascular smooth muscle cells: fluorescence imaging of cytosolic calcium. *Methods in Molecular Medicine* 51:341-354. PMID: 21331728

83. Touyz R, Schiffrin E (1993) The effect of angiotensin II on platelet intracellular free magnesium and calcium ionic concentrations in essential hypertension. *Journal of Hypertension* 11:551-558. PMID: 8390527

84. Touyz R, Milne F, Reinach S (1992) Intracellular Mg2+, Ca2+, Na2+ and K+ in platelets and erythrocytes of essential hypertension patients: relation to blood pressure. *Clinical and Experimental Hypertension. Part A, Theory and Practice* 14:1189-1209. PMID: 1424233

附錄

85. Adachi M, Nara Y, Mano M et al. (1993) Intralymphocytic free calcium and magnesium in stroke-prone spontaneously hypertensive rats and effects of blood pressure and various antihypertensive agents. *Clinical and Experimental Pharmacology & Physiology* 20:587-593. PMID: 8222339

86. Adachi M, Nara Y, Mano M, Yamori Y (1994) Effect of dietary magnesium supplementation on intralymphocytic free calcium and magnesium in stroke-prone spontaneously hypertensive rats. *Clinical and Experimental Hypertension* 16:317-326. PMID: 8038757

第 3 章

1 Kolte D, Vijayaraghavan K, Khera S et al. (2014) Role of magnesium in cardiovascular diseases. *Cardiology in Review* 22:182-192. PMID: 24896250

2. DiNicolantonio J, O'Keefe J, Wilson W (2018) Subclinical magnesium deficiency: a principal driver of cardiovascular disease and a public health crisis. *Open Heart* 5:e000668. PMID: 29387426

3. Mottillo S, Filion K, Genest J et al. (2010) The metabolic syndrome and cardiovascular risk: a systematic review and meta-analysis. *Journal of the American College of Cardiology* 56:1113-1132. PMID: 20863953

4. Dibaba D, Xun P, Fly A et al. (2014) Dietary magnesium intake and risk of metabolic syndrome: a meta-analysis. *Diabetic Medicine* 31:1301-1309. PMID: 24975384

5. Guerrero-Romero F, Jaquez-Chairez F, Rodriguez-Moran (2016) Magnesium in metabolic syndrome: a review based on randomized, double-blind clinical trials. *Magnesium Research* 29:146-153. PMID: 27834189

6. Liao F, Folsom A, Brancati F (1998) Is low magnesium concentration a risk factor for coronary heart disease? The Atherosclerosis Risk in Communities (ARIC) Study. *American Heart Journal* 136:480-490. PMID: 9736141

7. Kieboom B, Niemeijer M, Leening M et al. (2016) Serum magnesium and the risk of death from coronary heart disease and sudden cardiac death. *Journal of the American Heart Association* 5. PMID: 26802105

8. Zhang W, Iso H, Ohira T et al. (2012) Associations of dietary magnesium intake with mortality from cardiovascular disease: the JACC study. *Atherosclerosis* 221:587-595. PMID: 22341866

265

9. Abbott R, Ando F, Masaki K et al. (2003) Dietary magnesium intake and the future risk of coronary heart disease (the Honolulu Heart Program). *The American Journal of Cardiology* 92:665-669. PMID: 12972103

10. Park B, Kim M, Cha C et al. (2017) High calcium-magnesium ratio in hair is associated with coronary artery calcification in middleaged and elderly individuals. *Biological Trace Element Research* 179:52-58. PMID: 28168532

11. Chakraborty P, Hoque M, Paul U, Husain F (2014) Serum magnesium status among acute myocardial infarction patients in Bangladesh. *Mymensingh Medical Journal* 23:41-45. PMID:24584371

12. Woods K, Fletcher S (1994) Long-term outcome after intravenous magnesium sulphate in suspected acute myocardial infarction: the second Leicester Intravenous Magnesium Intervention Trial (LIMIT-2). *Lancet* 343:816-819. PMID: 7908076

13. Shechter M, Hod H, Rabinowitz B et al. (2003) Long-term outcome of intravenous magnesium therapy in thrombolysis-ineligible acute myocardial infarction patients. *Cardiology* 99:205-210. PMID: 12845247

14. ISIS-4: a randomized factorial trial assessing early oral captopril, oral mononitrate, and intravenous magnesium sulphate in 58,050 patients with suspected acute myocardial infarction. ISIS-4 (Fourth International Study of Infarct Survival) Collaborative Group. *Lancet* 345:669-685. PMID: 7661937

15. Seelig M, Elin R, Antman E (1998) Magnesium in acute myocardial infarction: still an open question. *The Canadian Journal of Cardiology* 14:745-749. PMID: 9627532

16. MAGIC trial (2002) Early administration of intravenous magnesium to high-risk patients with acute myocardial infarction in the Magnesium in Coronaries (MAGIC) Trial: a randomized controlled trial. *Lancet* 360:1189-1196. PMID: 12401244

17. Ganga H, Noyes A, White C, Kluger J (2013) Magnesium adjunctive therapy in atrial arrhythmias. *Pacing and Clinical Electrophysiology* 36:1308-1318. PMID: 23731344

18. Baker W (2017) Treating arrhythmias with adjunctive magnesium: identifying future research directions. *European Heart Journal. Cardiovascular Pharmacotherapy* 3:108-117. PMID: 27634841

19. Falco C, Grupi C, Sosa E et al. (2012) Successful improvement of frequency and symptoms of premature complexes after oral magnesium administration. *Arquivos Brasileiros de Cardiologia* 98:480-487. PMID: 22584491

20. Shiga T, Wajima Z, Inoue T, Ogawa R (2004) Magnesium prophylaxis for arrhythmias after cardiac surgery: a meta-analysis of randomized controlled trials. *The American Journal of Medicine* 117:325-333. PMID: 15336582

21. Lee H, Ghimire S, Kim E (2013) Magnesium supplementation reduces postoperative arrhythmias after cardiopulmonary bypass in pediatrics: a meta-analysis of randomized controlled trials. *Pediatric Cardiology* 34:1396-1403. PMID: 23443885

22. Salaminia S, Sayemiri F, Angha P et al. (2018) Evaluating the effect of magnesium supplementation and cardiac arrhythmias after acute coronary syndrome: a systematic review and meta-analysis. *BMC Cardiovascular Disorders* 18:129. PMID: 29954320

23. Fairley J, Zhang L, Glassford N, Bellomo R (2017) Magnesium status and magnesium therapy in cardiac surgery: a systematic review and meta-analysis focusing on arrhythmia prevention. *Journal of Critical Care* 42:69-77. PMID: 28688240

24. Jannati M, Shahbazi S, Eshaghi L (2018) Comparison of the efficacy of oral versus intravascular magnesium in the prevention of hypomagnesemia and arrhythmia after CABG. *Brazilian Journal of Cardiovascular Surgery* 33:448-453. PMID: 30517252

25. Narang A, Ozcan C (2016) Severe torsades de pointes with acquired QT prolongation. *European Heart Journal. Acute Cardiovascular Care* May 6 [Epub ahead of print]. PMID: 27154527

26. Coppola C, Rienzo A, Piscopo G et al. (2018) Management of QT prolongation induced by anti-cancer drugs: target therapy and old agents. Different algorithms for different drugs. *Cancer Treatment Reviews* 63:135-143. PMID: 29304463

27. Ceremuzynski L, Gebalska J, Wolk R, Makowska E (2000) Hypomagnesemia in heart failure with ventricular arrhythmias. Beneficial effects of magnesium supplementation. *Journal of Internal Medicine* 247:78-86. PMID: 10672134

28. Lutsey P, Alonso A, Michos E et al. (2014) Serum magnesium, phosphorus, and calcium are associated with risk of incident heart failure: the Atherosclerosis Risk in Communities (ARIC) Study. *The American Journal of Clinical Nutrition* 100:756-764. PMID: 25030784

29. Angkananard T, Anothaisintawee T, Eursiriwan S et al. (2016) The association of serum magnesium and mortality outcomes in heart failure patients: a systematic review and meta-analysis. *Medicine* 95:e5406. PMID: 27977579

30. Kunutsor S, Khan H, Laukkanen J (2016) Serum magnesium and risk of new onset heart failure in men: the Kuopio Ischemic Heart Disease Study. *European Journal of Epidemiology* 31:1035- 1043. PMID: 27220323

31. Wannamethee S, Papacosta O, Lennon L, Whincup P (2018) Serum magnesium and risk of incident heart failure in older men: the British Regional Heart Study. *European Journal of Epidemiology* 33:873-882. PMID: 29663176

32. Liu M, Jeong E, Liu H et al. (2019) Magnesium supplementation improves diabetic mitochondrial and cardiac diastolic function. *JCI Insight* Jan 10; 4. [Epub ahead of print]. PMID: 30626750

33. Witte K, Nikitin N, Parker A et al. (2005) The effect of micronutrient supplementation on quality-of-life and left ventricular function in elderly patients with chronic heart failure. *European Heart Journal* 26:2238-2244. PMID: 16081469

34. Alon I, Gorelik O, Berman S et al. (2006) Intracellular magnesium in elderly patients with heart failure: effects of diabetes and renal dysfunction. *Journal of Trace Elements in Medicine and Biology* 20:221-226. PMID: 17098580

35. Almoznino-Sarafian D, Sarafian G, Berman S et al. (2009) Magnesium administration may improve heart rate variability in patients with heart failure. *Nutrition, Metabolism, and Cardiovascular Diseases* 19:641-645. PMID: 19201586

36. Fang X, Wang K, Han D et al. (2016) Dietary magnesium intake and the risk of cardiovascular disease, type 2 diabetes, and all-cause mortality: a dose-response meta-analysis of prospective cohort studies. *BMC Medicine* 14:210. PMID: 27927203

37. Dyckner T, Wester P (1984) Intracellular magnesium loss after diuretic administration. *Drugs* 28 Suppl 1:161-166. PMID: 6499698

38. Dorup I, Skajaa K, Thybo N (1994) [Oral magnesium supplementation to patients receiving diuretics—normalization of magnesium, potassium and sodium, and potassium pumps in the skeletal muscles]. Article in Danish. *Ugeskr Laeger* 156:4007-4010. PMID: 8066894

39. Cohen N, Alon I, Almoznino-Sarafian D et al. (2000) Metabolic and clinical effects of oral magnesium supplementation in furosemide- treated patients with severe congestive heart failure. *Clinical Cardiology* 23:433-436. PMID: 10875034

40. Iezhitsa I (2005) Potassium and magnesium depletions in congestive heart failure—pathophysiology, consequences and replenishment. *Clinical Calcium* 15:123-133. PMID: 16272623

41. Kusama Y, Kodani E, Nakagomi A et al. (2011) Variant angina and coronary artery spasm: the clinical spectrum, pathophysiology, and management. *Journal of the Nippon Medical School* 78:4-12. PMID: 21389642

42. Minato N, Katayama Y, Sakaguchi M, Itoh M (2006) Perioperative coronary artery spasm in off-pump coronary artery bypass grafting and its possible relation with perioperative hypomagnesemia. *Annals of Thoracic and Cardiovascular Surgery* 12:32-36. PMID: 16572072

43. Teragawa H, Kato M, Yamagata T et al. (2000) The preventive effect of magnesium on coronary artery spasm in patients with vasospastic angina. *Chest* 118:1690-1695. PMID: 11115460

44. Cohen L, Kitzes R (1984) Magnesium sulfate in the treatment of variant angina. *Magnesium* 3:46-49. PMID: 6541279

45. Ryzen E, Elkayam U, Rude R (1986) Low blood mononuclear cell magnesium in intensive cardiac care unit patients. *American Heart Journal* 111:475-480. PMID: 3953355

46. Tanabe K, Noda K, Mikawa T et al. (1991) Magnesium content of erythrocytes in patients with vasospastic angina. *Cardiovascular Drugs and Therapy* 5:677-680. PMID: 1888691

47. Tanabe K, Noda K, Kamegai M et al. (1990) Variant angina due to deficiency of intracellular magnesium. *Clinical Cardiology* 13:663- 665. PMID: 2208825

48. Ducros A (2012) Reversible cerebral vasoconstriction syndrome. *The Lancet. Neurology* 11:906-917. PMID: 22995694

49. Hokkoku K, Furukawa Y, Yamamoto J et al. (2018) Reversible cerebral vasoconstriction syndrome accompanied by hypomagnesemia. *Neurological Sciences* 39:1141-1142. PMID: 29455396

50. Mi jalski C, Dakay K, Mi l ler-Pat terson C et al. (2016) Magnesium for treatment of reversible cerebral vasoconstriction syndrome: case series. *The Neurohospitalist* 6:111-113. PMID: 27366294

51. Romani A (2018) Beneficial role of Mg^{2+} in prevention and treatment of hypertension. *International Journal of Hypertension* 2018:9013721. PMID: 29992053

52. Kass L, Weekes J, Carpenter L (2012) Effect of magnesium supplementation on blood pressure: a meta-analysis. *European Journal of Clinical Nutrition* 66:411-418. PMID: 22318649

53. Laragh J, Resnick L (1988) Recognizing and treating two types of long-term vasoconstriction in hypertension. *Kidney International. Supplement* 25:S162-S174. PMID: 3054233

54. Han H, Fang X, Wei X et al. (2017) Dose-response relationship between dietary magnesium intake, serum magnesium concentration and risk of hypertension: a systematic review and meta-analysis of prospective cohort studies. *Nutrition Journal* 16:26. PMID: 28476161

55. Wu L, Zhu X, Fan L et al. (2017) Magnesium intake and mortality due to liver diseases: results from the Third National Health and Nutrition Examination Survey Cohort. *Scientific Reports* 7:17913. PMID: 29263344

56. Kostov K, Halacheva L (2018) Role of magnesium deficiency in promoting atherosclerosis, endothelial dysfunction, and arterial stiffening as risk factors for hypertension. *International Journal of Molecular Sciences* 19(6). PMID: 29891771

57. Durlach J, Lebrun R (1959) [Magnesium and pathogenesis of idiopathic constitutional spasmophilia]. Article in French. *C R Seances Soc Biol Fil* 153:1973-1975. PMID: 13818852

58. Durlach J (1962) [Tetany caused by magnesium deficiency: Constitutional idiopathic spasmophilia]. Article in German. *Munch Med Wochenschr* 104:57-60. PMID: 13888681

59. James M, Wright G (1986) Tetany and myocardial arrhythmia due to hypomagnesaemia. A case report. *South Africa Medical Journal* 69:48-49. PMID: 3941943

60. Koppel H, Gasser R, Spichiger U (2000) [Free intracellular magnesium in myocardium—measurement and physiological role—state of the art]. Article in German. *Wiener Medizinische Wochenschrift* 150:321-324. PMID: 11105326

61. Kisters K, Tokmak F, Kosch M et al. (1999) Lowered total intracellular magnesium status in a subgroup of hypertensives. *The International Journal of Angiology* 8:154-156. PMID: 10387123

62. Huijgen H, Soesan M, Sanders R et al. (2000) Magnesium levels in critically ill patients. What should we measure? *American Journal of Clinical Pathology* 114:688-695. PMID: 11068541

63. Lajer H, Bundgaard H, Secher N et al. (2003) Severe intracellular magnesium and potassium depletion in patients after treatment with cisplatin. *British Journal of Cancer* 89:1633-1637. PMID: 14583761

64. Kubota T, Shindo Y, Tokuno K et al. (2005) Mitochondria are intracellular magnesium stores: investigation by simultaneous fluorescent imagings in PC12 cells. *Biochimica et Biophysica Acta* 1744:19-28. PMID: 15878394

65. Belfort M, Anthony J, Saade G et al. (2003) A comparison of magnesium sulfate and nimodipine for the prevention of eclampsia. *The New England Journal of Medicine* 348:304-311. PMID: 12540643

66. Douglas W, Rubin R (1963) The mechanism of catecholamine release from the adrenal medulla and the role of calcium in stimulus- secretion coupling. *The Journal of Physiology* 167:288-310. PMID: 16992152

67. Seelig M (1994) Consequences of magnesium deficiency on the enhancement of stress reactions: preventive and therapeutic implications (a review). *Journal of the American College of Nutrition* 13:429-446. PMID: 7836621

68. Gromova O, Torshin I, Kobalava Z et al. (2018) Deficit of magnesium and states of hypercoagulation: intellectual analysis of data obtained from a sample of patients aged 18-50 years from medical and preventive facilities in Russia. *Kardiologiia* 58:22-35. PMID: 30704380

69. An G, Du Z, Meng X et al. (2014) Association between low serum magnesium level and major adverse cardiac events in patients treated with drug-eluting stents for acute myocardial infarction. *PLoS One* 9:e98971. PMID: 24901943

70. Cicek G, Acikgoz S, Yayla C et al. (2016) Magnesium as a predictor of acute stent thrombosis in patients with ST-segment elevation myocardial infarction who underwent primary angioplasty. *Coronary Artery Disease* 27:47-51. PMID: 26513291

71. Hansi C, Arab A, Rzany A et al. (2009) Differences of platelet adhesion and thrombus activation on amorphous silicon carbide, magnesium alloy, stainless steel, and cobalt chromium stent surfaces. *Catheterization and Cardiovascular Interventions* 73:488-496. PMID: 19235237

72. Mazur A, Maier J, Rock E et al. (2007) Magnesium and the inflammatory response: potential physiopathological implications. *Archives of Biochemistry and Biophysics* 458:48-56. PMID: 16712775

73. Maier J, Malpuech-Brugere C, Zimowska W et al. (2004) Low magnesium promotes endothelial cell dysfunction: implications for atherosclerosis, inflammation and thrombosis. *Biochimica et Biophysica Acta* 1689:13-21. PMID: 15158909

74. Maier J, Bernardini D, Rayssiguier Y, Mazur A (2004a) High concentrations of magnesium modulate vascular endothelial cell behaviour *in vitro*. *Biochimica et Biophysica Acta* 1689:6-12. PMID: 15158908

75. Emami Z, Mesbah Namin A, Kojuri J et al. (2019) Expression and activity of platelet endothelial nitric oxide synthase are decreased in patients with coronary thrombosis and stenosis. *Avicenna Journal of Medical Biotechnology* 11:88-93. PMID: 30800248

76. Sheu J, Hsiao G, Shen M et al. (2003) Antithrombotic effects of magnesium sulfate in *in vivo* experiments. *International Journal of Hematology* 77:414-419. PMID: 12774935

77. Ravn H, Kristensen S, Hjortdal V et al. (1997) Early administration of intravenous magnesium inhibits arterial thrombus formation. *Arteriosclerosis, Thrombosis, and Vascular Biology* 17:3620-3625. PMID: 9437213

78. Toft G, Ravn H, Hjortdal V (2000) Intravenously and topically applied magnesium in the prevention of arterial thrombosis. *Thrombosis Research* 99:61-69. PMID: 10904104

79. Shechter M (1999) Oral magnesium supplementation inhibits platelet-dependent thrombosis in patients with coronary artery disease. *The American Journal of Cardiology* 84:152-156. PMID:10426331

80. Shechter M (2000) The role of magnesium as antithrombotic therapy. *Wiener Medizinische Wochenschrift* 150:343-347. PMID: 11105330

81. Shechter M, Merz C, Rude R et al. (2000) Low intracellular magnesium levels promote platelet-dependent thrombosis in patients with coronary artery disease. *American Heart Journal* 140:212-218. PMID: 10925332

第 4 章

1. Ferrannini E, Cushman W (2012) Diabetes and hypertension: the bad companions. *Lancet* 380:601-610. PMID: 22883509

2. Tatsumi Y, Ohkubo T (2017) Hypertension with diabetes mellitus: significance from an epidemiological perspective for Japanese. *Hypertension Research* 40:795-806. PMID: 28701739

3. Petrie J, Guzik T, Touyz R (2018) Diabetes, hypertension, and cardiovascular disease: clinical insights and vascular mechanisms. *The Canadian Journal of Cardiology* 34:575-584. PMID: 29459239

4. Lima Mde L, Cruz T, Rodrigues L et al. (2009) Serum and intracellular magnesium deficiency in patients with metabolic syndrome—evidences for its relation to insulin resistance. *Diabetes Research and Clinical Practice* 83:257-262. PMID: 19124169

5. Wang Y, Wei J, Zeng C et al. (2018) Association between serum magnesium concentration and metabolic syndrome, diabetes, hypertension and hyperuricaemia in knee osteoarthritis: a cross-sectional study in Hunan Province, China. *BMJ Open* 8:e019159

6. Rodriguez-Moran M, Simental-Mendia L, Gamboa-Gomez C, Guerrero-Romero F (2018) Oral magnesium supplementation and metabolic syndrome: a randomized double-blind placebo-controlled clinical trial. 25:261-266. PMID: 29793665

7. Schutten J, Gomes-Neto A, Navis G et al. (2019) Lower plasma magnesium, measured by nuclear magnetic resonance spectroscopy, is associated with increased risk of developing type 2 diabetes mellitus in women: results from a Dutch Prospective Cohort Study. *Journal of Clinical Medicine* 8. 30717286

8. Zhang X, Xia J, Del Gobbo L et al. (2018) Serum magnesium concentrations and all-cause, cardiovascular, and cancer mortality among U.S. adults: results from the NHANES I epidemiologic follow-up study. *Clinical Nutrition* 37:1541-1549. PMID: 28890274

9. Paolisso G, Barbagallo M (1997) Hypertension, diabetes mellitus, and insulin resistance: the role of intracellular magnesium. *American Journal of Hypertension* 10:346-355. PMID: 9056694

10. Moctezuma-Velazquez C, Gomez-Samano M, Cajas-Sanchez M et al. (2017) High dietary magnesium intake is significantly and independently associated with higher insulin sensitivity in a Mexican- Mestizo population: a brief cross-sectional report. *Revista de Investigation Clinica* 69:40-46. PMID: 28239181

11. Shahbah D, Hassan T, Morsy S et al. (2017) Oral magnesium supplementation improves glycemic control and lipid profile in children with type 1 diabetes and hypomagnesaemia. *Medicine* 96:e6352. PMID: 28296769

12. Verma H, Garg R (2017) Effect of magnesium supplementation on type 2 diabetes associated cardiovascular risk factors: a systematic review and meta-analysis. *Journal of Human Nutrition and Dietetics* 30:621-633. PMID: 28150351

13. Konishi K, Wada K, Tamura T et al. (2017) Dietary magnesium intake and the risk of diabetes in the Japanese community: results for the Takayama study. *European Journal of Nutrition* 56:767-774. PMID: 26689794

14. Hruby A, Guasch-Ferre M, Bhupathiraju S et al. (2017) Magnesium intake, quality of carbohydrates, and risk of type 2 diabetes: results from three U.S. cohorts. *Diabetes Care* 40:1695-1702. PMID: 28978672

15. Gant C, Soedamah-Muthu S, Binnenmars S et al. (2018) Higher dietary magnesium intake and higher magnesium status are associated with lower prevalence of coronary artery disease in patients with type 2 diabetes. *Nutrients* 10. PMID: 29510564

16. Richter E, Hargreaves M (2013) Exercise, GLUT4, and skeletal muscle glucose uptake. *Physiological Reviews* 93:993-1017. PMID: 23899560

17. ELDerawi W, Naser I, Taleb M, Abutair A (2018) The effects of oral magnesium supplementation on glycemic response among type 2 diabetes patients. *Nutrients* 11. PMID: 30587761

18. Morakinyo A, Samuel T, Adekunbi D (2018) Magnesium upregulates insulin receptor and glucose transporter-4 in streptozotocin-nicotinamide-induced type-2 diabetic rats. *Endocrine Regulators* 52:6-16. PMID: 29453923

19. Takaya J, Higashino H, Kobayashi Y (2004) Intracellular magnesium and insulin resistance. *Magnesium Research* 17:126-136. PMID: 15319146

20. Kostov K (2019) Effects of magnesium deficiency on mechanisms of insulin resistance in type 2 diabetes: focusing on the processes of insulin secretion and signaling. *International Journal of Molecular Sciences* 20. PMID: 30889804

21. Ozcaliskan Ilkay H, Sahin H, Tanriverdi F, Samur G (2019) Association between magnesium status, dietary magnesium intake, and metabolic control in patients with type 2 diabetes mellitus. *Journal of the American College of Nutrition* 38:31-39. PMID: 30160617

22. Takaya J, Higashino, Kotera F, Kobayashi Y (2003) Intracellular magnesium of platelets in children with diabetes and obesity. *Metabolism* 52:468-471. PMID: 12701060

23. Takaya J, Yamato F, Kuroyanagi Y et al. (2010) Intracellular magnesium of obese and type 2 diabetes mellitus children. *Diabetes Therapy* 1:25-31. PMID: 22127671

24. Zghoul N, Alam-Eldin N, Mak I et al. (2018) Hypomagnesemia in diabetes patients: comparison of serum and intracellular measurement of responses to magnesium supplementation and its role in inflammation. *Diabetes, Metabolic Syndrome and Obesity* 11:389-400. PMID: 30122966

25. Delva P, Degan M, Trettene M, Lechi A (2006) Insulin and glucose mediate opposite intracellular ionized magnesium variations in human lymphocytes. *The Journal of Endocrinology* 190:711-718. PMID: 17003272

26. Bardicef M, Bardicef O, Sorokin Y et al. (1995) Extracellular and intracellular magnesium depletion in pregnancy and gestational diabetes. *American Journal of Obstetrics and Gynecology* 172:1009-1013. PMID: 7892840

27. Maktabi M, Jamilian M, Amirani E et al. (2018) The effects of magnesium and vitamin E co-supplementation on parameters of glucose homeostasis and lipid profiles in patients with gestational diabetes. *Lipids in Health and Disease* 17:163. PMID: 30025522

28. de Valk H (1999) Magnesium in diabetes mellitus. *The Netherlands Journal of Medicine* 54:139-146. PMID: 10218382

29. Kostov K (2019) Effects of magnesium deficiency on mechanisms of insulin resistance in type 2 diabetes: focusing on the processes of insulin secretion and signaling. *International Journal of Molecular Sciences* 20. PMID: 30889804

30. Guerrero-Romero F, Rodriguez-Moran M (2011) Magnesium improves the beta-cell function to compensate variation of insulin sensitivity: double-blind, randomized clinical trial. *European Journal of Clinical Investigation* 41:405-410. PMID: 21241290

31. Rodriguez-Moran M, Guerrero-Romero F (2011) Insulin secretion is decreased in non-diabetic individuals with hypomagnesaemia. *Diabetes/ Metabolism Research and Reviews* 27:590-596. PMID: 21488144

32. Gommers L, Hoenderop J, Bindels R, de Baaij J (2016) Hypomagnesemia in type 2 diabetes: a vicious circle? *Diabetes* 65:3-13. PMID: 26696633

第 5 章

1. Kirkland A, Sarlo G, Holton K (2018) The role of magnesium in neurological disorders. *Nutrients* 10. PMID: 29882776

2. Vink R, Nechifor M (2011) *Magnesium in the Central Nervous System.* Adelaide, Australia: University of Adelaide Press

3. Uteva A, Pimenov L (2012) [Magnesium deficiency and anxiety-depressive syndrome in elderly patients with chronic heart failure]. Article in Russian. *Advances in Gerontology* 25:427-432. PMID: 23289218

4. Jacka F, Overland S, Stewart R et al. (2009) Association between magnesium intake and depression and anxiety in community-dwelling adults: the Hordaland Health Study. *The Australian and New Zealand Journal of Psychiatry* 43:45-52. PMID: 19085527

5. Sartori S, Whittle N, Hetzenauer A, Singewald N (2012) Magnesium deficiency induces anxiety and HPA axis dysregulation: modulation by therapeutic drug treatment. *Neuropharmacology* 62:304-312. PMID: 21835188

6. Tarleton E, Littenberg B (2015) Magnesium intake and depression in adults. *Journal of the American Board of Family Medicine* 28:249-256. PMID: 25748766

7. Serefko A, Szopa A, Poleszak E (2016) Magnesium and depression. *Magnesium Research* 29:112-119. PMID: 27910808

8. Li B, Lv J, Wang W, Zhang D (2017) Dietary magnesium and calcium intake and risk of depression in the general population: a meta-analysis. *The Australian and New Zealand Journal of Psychiatry* 51:219-229. PMID: 27807012

9. Anjom-Shoae J, Sadeghi O, Hassanzadeh Keshteli A et al. (2018) The association between dietary intake of magnesium and psychiatric disorders among Iranian adults: a cross-sectional study. *The British Journal of Nutrition* 120:693-702. PMID: 30068404

10. You H, Cho S, Kang S et al. (2018) Decreased serum magnesium levels in depression: a systematic review and meta-analysis. *Nordic Journal of Psychiatry* 72:534-541. PMID: 30444158

11. Sun C, Wang R, Li Z, Zhang D (2019) Dietary magnesium intake and risk of depression. *Journal of Affective Disorders* 246:627- 632. PMID: 30611059

12. Tarleton E, Littenbers B, MacLean C et al. (2017) Role of magnesium supplementation in the treatment of depression: a randomized clinical trial. *PLoS One* 12:e0180067. PMID: 28654669

13. Rajizadeh A, Mozaffari-Khosravi H, Yassini-Ardakani M, Dehghani A (2017) Effect of magnesium supplementation on depression status in depressed patients with magnesium deficiency: a randomized double-blind, placebo-controlled trial. *Nutrition* 35:56-60. PMID: 28241991

14. Mehdi S, Atlas S, Qadir S et al. (2017) Double-blind, randomized crossover study of intravenous infusion of magnesium sulfate versus 5% dextrose on depressive symptoms in adults with treatment-resistant depression. *Psychiatric and Clinical Neurosciences* 71:204-211. PMID: 27862658

15. Petrovic J, Stanic D, Bulat Z et al. (2018) ACTH-induced model of depression resistant to tricyclic antidepressants: neuroendocrine and behavioral changes and influence of long-term magnesium administration. *Hormones and Behavior* 105:1-10. PMID: 30025718

16. Gorska N, Cubala W, Slupski J, Galuszko-Wegielnik M (2018) Ketamine and magnesium common pathology of antidepressant action. *Magnesium Research* 31:33-38. PMID: 30398153

17. Ryszewska-Pokrasniewicz B, Mach A, Skalski M et al. (2018) Effects of magnesium supplementation on unipolar depression: a placebo-controlled study and review of the importance of dosing and magnesium status in the therapeutic response. *Nutrients* 10. PMID: 30081500

18. Pouteau E, Kabir-Ahmadi M, Noah L et al. (2018) Superiority of magnesium and vitamin B6 over magnesium alone on severe stress in healthy adults with low magnesemia: a randomized, single-blind clinical trial. *PLoS One* 13:e0208454. PMID: 30562392

19. Szewczyk B, Szopa A, Serefko A et al. (2018) The role of magnesium and zinc in depression: similarities and differences. *Magnesium Research* 31:78-89. PMID: 30714573

20. Kovacevic G, Stevanovic D, Bogicevic D et al. (2017) A 6-month follow-up of disability, quality of life, and depressive and anxiety symptoms in pediatric migraine with magnesium prophylaxis. *Magnesium Research* 30:133-141. PMID: 29637898

21. Gu Y, Zhao K, Luan X et al. (2016) Association between serum magnesium levels and depression in stroke patients. *Aging and Disease* 7:687-690. PMID: 28053818

22. Strapasson M, Ferreira C, Ramos J (2018) Associations between postpartum depression and hypertensive disorders of pregnancy. *International Journal of Gynaecology and Obstetrics* 143:367-373. PMID: 30194695

23. Nechifor M (2018) Magnesium in addiction—a general view. *Magnesium Research* 31:90-98. PMID: 30714574

24. Li L, Wu C, Gan Y et al. (2016) Insomnia and the risk of depression: a meta-analysis of prospective cohort studies. *BMC Psychiatry* 16:375. PMID: 27816065

25. Manber R, Buysse D, Edinger J et al. (2016) Efficacy of cognitive-behavioral therapy for insomnia combined with antidepressant pharmacotherapy in patients with comorbid depression and insomnia: a randomized controlled trial. *The Journal of Clinical Psychiatry* 77:e1316-e1323. PMID: 27788313

26. Gebara M, Siripong N, DiNapoli E et al. (2018) Effect of insomnia treatments on depression: a systematic review and meta-analysis. *Depression and Anxiety* 35:717-731. PMID: 29782076

27. Mason E, Harvey A (2014) Insomnia before and after treatment for anxiety and depression. *Journal of Affective Disorders* 168:415-421. PMID: 25108278

28. Abbasi B, Kimiagar M, Sadeghniiat K et al. (2012) The effect of magnesium supplementation on primary insomnia in elderly: a double-blind, placebo-controlled clinical trial. *Journal of Research in Medical Sciences* 17:1161-1169. PMID: 23853635

29. Rondanelli M, Opizzi A, Monteferrario F et al. (2011) The effect of melatonin, magnesium, and zinc on primary insomnia in long-term care facility residents in Italy: a double-blind, placebo-controlled clinical trial. *Journal of the American Geriatrics Society* 21226679

30. Hornyak M, Haas P, Veit J et al. (2004) Magnesium treatment of primary alcohol-dependent patients during subacute withdrawal:an open pilot study with polysomnography. *Alcoholism, Clinical and Experimental Research* 28:1702-1709. PMID: 15547457

31. Hornyak M, Voderholzer U, Hohagen F et al., (1998) Magnesium therapy for periodic leg movements-related insomnia and restless legs syndrome: an open pilot study. *Sleep* 21:501-505. PMID:9703590

32. Naziroglu M, Ovey I (2015) Involvement of apoptosis and calcium accumulation through TRPV1 channels in neurobiology of epilepsy. *Neuroscience* 293:55-66. PMID: 25743251

33. Pal S, Sun D, Limbrick D et al. (2001) Epileptogenesis induces long-term alterations in intracellular calcium release and sequestration mechanisms in the hippocampal neuronal culture model of epilepsy. *Cell Calcium* 30:285-296. PMID: 11587552

34. Delorenzo R, Sun D, Deshpande L (2005) Cellular mechanisms underlying acquired epilepsy: the calcium hypothesis of the induction and maintenance of epilepsy. *Pharmacology & Therapeutics* 105:229-266. PMID: 15737406

35. Pisani A, Bonsi P, Martella G et al. (2004) Intracellular calcium increase in epileptiform activity: modulation by levetiracetam and lamotrigine. *Epilepsia* 45:719-728. PMID: 15230693

36. Nagarkatti N, Deshpande L, DeLorenzo R (2009) Development of the calcium plateau following status epilepticus: role of calcium in epileptogenesis. *Expert Review of Neurotherapeutics* 9:813-824. PMID: 19496685

37. Meldrum B (1986) Cell damage in epilepsy and the role of calcium in cytotoxicity. *Advances in Neurology* 44:849-855. PMID:3706026

38. Cain S, Snutch T (2011) Voltage-gated calcium channels and disease. *BioFactors* 37:197-205. PMID: 21698699

39. Walden J, Grunze H, Bingmann D et al. (1992) Calcium antagonistic effects of carbamazepine as a mechanism of action in neuropsychiatric disorders: studies in calcium dependent model epilepsies. *European Neuropsychopharmacology* 1490097

40. Igelstrom K, Shirley C, Heyward P (2011) Low-magnesium medium induces epileptiform activity in mouse olfactory bulb slices. *Journal of Neurophysiology* 106:2593-2605. PMID:21832029

41. Xu J, Tang F (2018) Voltage-dependent calcium channels, calcium binding proteins, and their interaction in the pathological process of epilepsy. *International Journal of Molecular Sciences* 19. PMID:30213136

42. Wiemann M, Jones D, Straub H et al. (1996) Simultaneous blockade of intracellular calcium increases and of neuronal epileptiform depolarizations by verapamil. *Brain Research* 734:49-54. PMID: 8896807

43. Yuen A, Sander J (2012) Can magnesium supplementation reduce seizures in people with epilepsy? A hypothesis. *Epilepsy Research* 100:152-156. PMID: 22406257

44. Osborn K, Shytle R, Frontera A et al. (2018) Addressing potential role of magnesium dyshomeostasis to improve treatment efficacy for epilepsy: a reexamination of the literature. *Journal of Clinical Pharmacology* 56:260-265. PMID: 26313363

45. Dhande P, Ranade R, Ghongane B (2009) Effect of magnesium oxide on the activity of standard anti-epileptic drugs against experimental seizures in rats. *Indian Journal of Pharmacology* 41:268-272. PMID: 20407558

46. Safar M, Abdal lah D, Arafa N, Abdel-Aziz M (2010) Magnesium supplementation enhances the anticonvulsant potential of valproate in pentylenetetrazol-treated rats. *Brain Research* 1334:58-64. PMID: 20353763

47. Abdelmalik P, Politzer N, Carlen P (2012) Magnesium as an effective adjunct therapy for drug resistant seizures. *The Canadian Journal of Neurological Sciences* 39:323-327. PMID: 22547512

48. Visser N, Braun K, Leijten F et al. (2011) Magnesium treatment for patients with refractory status epilepticus due to POLG1-mutations. *Journal of Neurology* 258:218-222. PMID: 20803213

49. Oladipo O, Ajala M, Okubadejo N et al. (2003) Plasma magnesium in adult Nigerian patients with epilepsy. *The Nigerian Postgraduate Medical Journal* 10:234-237. PMID: 15045017

50. Baek S, Byeon J, Eun S et al. (2018) Risk of low serum levels of ionized magnesium in children with febrile seizure. *BMC Pediatrics* 18:297. PMID: 30193581

51. Yary T, Kauhanen J (2019) Dietary intake of magnesium and the risk of epilepsy in middle-aged and older Finnish men: a 22-year follow-up study in a general population. *Nutrition* 58:36-39. PMID:30273823

52. Toffa D, Magnerou M, Kassab A et al. (2019) Can magnesiureduce central neurodegeneration in Alzheimer's disease? Basic evidences and research needs. *Neurochemistry International* Mar 21. [Epub ahead of print]. PMID: 30905744

53. Durlach J (1990) Magnesium depletion and pathogenesis of Alzheimer's disease. *Magnesium Research* 3:217-218. PMID:2132752

54. Glick J (1990) Dementias: the role of magnesium deficiency and an hypothesis concerning the pathogenesis of Alzheimer's disease. *Medical Hypotheses* 31:211-225. PMID: 2092675

55. Perl D, Brody A (1980) Alzheimer's disease: X-ray spectrometric evidence of aluminum accumulation in neurofibrillary tanglebearing neurons. *Science* 208:297-299. PMID: 7367858

56. Perl D (1985) Relationship of aluminum to Alzheimer's disease. *Environmental Health Perspectives* 63:149-153. PMID: 4076080

57. Hashimoto T, Nishi K, Nagasao J et al. (2008) Magnesium exerts both preventive and ameliorating effects in an in vitro rat Parkinson disease model involving 1-methyl-4-phenylpyridinium (MPP+) toxicity in dopaminergic neurons. *Brain Research* 1197:143-151. PMID: 18242592

58. Shindo Y, Yamanaka R, Suzuki K et al. (2015) Intracellular magnesium level determines cell viability in the MPP(+) model of Parkinson's disease. *Biochimica et Biophysica Acta* 1853:3182-3191. PMID: 26319097

59. Li W, Yu J, Liu Y et al. (2014) Elevation of brain magnesium prevents synaptic loss and reverses cognitive deficits in Alzheimer's disease mouse model. *Molecular Brain* 7:65. PMID:25213836

60. Sadir S, Tabassum S, Emad S et al. (2019) Neurobehavioral and biochemical effects of magnesium chloride (MgCl2), magnesium sulphate (MgSO4) and magnesium-L-threonate (MgT) supplementation in rats: a dose dependent comparative study. *Pakistan Journal of Pharmaceutical Sciences* 32:277-283. PMID:30829204

61. Xu Z, Li L, Bao J et al. (2014) Magnesium protects cognitive functions and synaptic plasticity in streptozotocin-induced sporadic Alzheimer's model. *PLoS One* 9:e108645. PMID: 25268773

62. Cilliler A, Ozturk S, Ozbakir S (2007) Serum magnesium level and clinical deterioration in Alzheimer's disease. *Gerontology* 53:419-422. PMID: 17992016

63. Volpe S (2013) Magnesium in disease prevention and overall health. *Advances in Nutrition* 4:378S-383S. PMID: 23674807

64. Kieboom B, Licher S, Wolters F et al. (2017) Serum magnesium is associated with the risk of dementia. *Neurology* 89:1716-1722. PMID: 28931641

65. Jin X, Liu M, Zhang D et al. (2018) Elevated circulating magnesium levels in patients with Parkinson's disease: a meta-analysis. *Neuropsychiatric Disease and Treatment* 14:3159-3168. PMID:30510425

66. Shindo Y, Yamanaka R, Suzuki K et al. (2015) Intracellular magnesium level determines cell viability in the MPP(+) model of Parkinson's disease. *Biochimica et Biophysica Acta* 1853:3182-3191. PMID: 26319097

67. Vink R (2016) Magnesium in the CNS: recent advances and developments. *Magnesium Research* 29:95-101. PMID: 27829572

68. Iotti S, Malucelli E (2008) *In vivo* assessment of Mg2+ in human brain and skeletal muscle by 31P-MRS. *Magnesium Research* 21:157-162. PMID: 19009818

69. Veronese N, Zurlo A, Solmi M et al. (2016) Magnesium status in Alzheimer's disease: a systematic review. *American Journal of Alzheimer's Disease and other Dementias* 31:208-213. PMID:26351088

70. Barbagallo M, Belvedere M, Di Bella G, Dominguez L (2011) Altered ionized magnesium levels in mild-to-moderate Alzheimer's disease. *Magnesium Research* 24:S115-S121. PMID:21951617

71. Andrasi E, Igaz S, Molnar Z, Mako S (2000) Disturbances of magnesium concentration in various brain areas in Alzheimer's disease. *Magnesium Research* 13:189-196. PMID: 11008926

72. Tzeng N, Chung C, Lin F et al. (2018) Magnesium oxide use and reduced risk of dementia: a retrospective, nationwide cohort study in Taiwan. *Current Medical Research and Opinion* 34:163-169. PMID: 28952385

73. Ozturk S, Cilliler A (2006) Magnesium supplementation in the treatment of dementia patients. *Medical Hypotheses* 67:1223-1225. PMID: 16790324

74. Yase Y, Yoshida S, Kihira T et al. (2001) Kii ALS dementia. *Neuropathology* 21:105-109. PMID: 11396674

75. Haraguchi T, Ishizu H, Takehisa Y et al. (2001) Lead content of brain tissue in diffuse neurofibrillary tangles with calcification (DNTC): the possibility of lead neurotoxicity. *Neuroreport* 12:3887-3890. PMID: 11742204

76. Singh A, Verma P, Balaji G et al. (2016) Nimodipine, an L-type calcium channel blocker attenuates mitochondrial dysfunctions to protect against 1-methyl-4-phenyl-1,2,3,6-tetrahydropyridine-induced Parkinsonism in mice. *Neurochemistry International* 99:221-232. PMID: 27395789

77. Surmeier D, Halliday G, Simuni T (2017) Calcium, mitochondrial dysfunction and slowing the progression of Parkinson's disease. *Experimental Neurology* 298:202-209. PMID: 28780195

78. Surmeier D, Schumacker P, Guzman J et al. (2017a) Calcium and Parkinson's disease. *Biochemical and Biophysical Research Communications* 483:1013-1019. PMID: 27590583

79. Glaser T, Arnaud Sampaio V, Lameu C, Ulrich H (2018) Calcium signalling: a common target in neurological disorders and neurogenesis. *Seminars in Cell & Developmental Biology* Dec 13. [Epub ahead of print]. PMID: 30529426

80. Liss B, Striessnig J (2019) The potential of L-type calcium channels as a drug target for neuroprotective therapy in Parkinson's disease. *Annual Review of Pharmacology and Toxicology* 59:263-289. PMID: 30625283

81. Nunez M, Hidalgo C (2019) Noxious iron-calcium connections in neurodegeneration. *Frontiers in Neuroscience* 13:48. PMID:30809110

82. McLeary F, Rcom-H'cheo-Gauthier A, Goulding M et al. (2019) Switching on endogenous metal binding proteins in Parkinson's disease. *Cells* 8. PMID: 30791479

83. Bostanci M, Bagirici F (2013) Blocking of L-type calcium channels protects hippocampal and nigral neurons against iron neurotoxicity. The role of L-type calcium channels in iron-induced neurotoxicity. *The International Journal of Neuroscience* 123:876-882. PMID: 23768064

84. Schampel A, Kuerten S (2017) Danger: high voltage—the role of voltage-gated calcium channels in central nervous system pathology. *Cells* 6. PMID: 29140302

85. Tabata Y, Imaizumi Y, Sugawara M et al. (2018) T-type calcium channels determine the vulnerability of dopaminergic neurons to mitochondrial stress in familial Parkinson disease. *Stem Cell Reports* 11:1171-1184. PMID: 30344006

86. Gudala K, Kanukula R, Bansai D (2015) Reduced risk of parkinson's disease in users of calcium channel blockers: a meta-analysis. *International Journal of Chronic Diseases* 2015:697404. PMID:26464872

87. Lang Y, Gong D, Fan Y (2015) Calcium channel blocker use and risk of Parkinson's disease: a meta-analysis. *Pharmacoepidemiology and Drug Safety* 24:559-566. PMID:25845582

88. Lee Y, Lin C, Wu R et al. (2014) Antihypertensive agents and risk of Parkinson's disease: a nationwide cohort study. *PLoS One* 9:e98961. PMID: 24910980

89. Yamaguchi H, Shimada H, Yoshita K et al. (2019) Severe hypermagnesemia induced by magnesium oxide ingestion: a case series. *CEN Case Reports* 8:31-37. PMID: 30136128

90. Larsson S, Orsini N, Wolk A (2012) Dietary magnesium intake and risk of stroke: a meta-analysis of prospective studies. *The American Journal of Clinical Nutrition* 95:362-366. PMID:22205313

91. Nie Z, Wang Z, Zhou B et al. (2013) Magnesium intake and incidence of stroke: meta-analysis of cohort studies. *Nutrition, Metabolism, and Cardiovascular Diseases* 23:169-176. PMID:22789806

92. Adebamowo S, Jimenez M, Chiuve S et al. (2014) Plasma magnesium and risk of ischemic stroke among women. *Stroke* 45:2881-2886. PMID: 25116874

93. Bain L, Myint P, Jennings A et al. (2015) The relationship between dietary magnesium intake, stroke and its major risk factors, blood pressure and cholesterol, in the EPIC-Norfolk cohort. *International Journal of Cardiology* 196:108-114. PMID: 26082204

94. You S, Zhone C, Du H et al. (2017) Admission low magnesium level is associated with in-hospital mortality in acute ischemic stroke patients. *Cerebrovascular Disease* 44:35-42. PMID:28419989

95. Tu X, Qiu H, Lin S et al. (2018) Low levels of serum magnesium are associated with poststroke cognitive impairment in ischemic stroke patients. *Neuropsychiatric Disease and Treatment* 4:2947-2954. PMID: 30464479

96. Singh H, Jalodia S, Gupta M et al. (2012) Role of magnesium sulfate in neuroprotection in acute ischemic stroke. *Annals of Indian Academy of Neurology* 15:177-180. PMID: 22919188

97. Wang L, Huang C, Wang H et al. (2012) Magnesium sulfate and nimesulide have synergistic effects on rescuing brain damage after transient focal ischemia. *Journal of Neurotrauma* 29:1518-1529. PMID: 22332641

98. Huang B, Khatibi N, Tong L et al. (2010) Magnesium sulfate treatment improves outcome in patients with subarachnoid hemorrhage: a meta-analysis study. *Translational Stroke Research* 1:108-112. PMID: 23002400

99. Hoane M (2007) Assessment of cognitive function following magnesium therapy in the traumatically injured brain. *Magnesium Research* 20:229-236. PMID: 18271492

100. Hoane M, Gilbert D, Barbre A, Harrison S (2008) Magnesium dietary manipulation and recovery of function following controlled cortical damage in the rat. *Magnesium Research* 21:29-37. PMID: 18557131

101. Zhang C, Zhao S, Zang Y et al. (2018) Magnesium sulfate in combination with nimodipine for the treatment of subarachnoid hemorrhage: a randomized controlled clinical study. *Neurological Research* 40:283-291. PMID: 29540123

102. Tan G, Yuan R, Wei C et al. (2018) Serum magnesium but not calcium was associated with hemorrhagic transformation in stroke overall and stroke subtypes: a case-control study in China. *Neurological Sciences* 39:1437-1443. PMID: 29804167

103. Goyal N. Tsivgoulis G, Malhotra K et al. (2018) Serum magnesium levels and outcomes in patients with acute spontaneous intracerebral hemorrhage. *Journal of the American Heart Association* 7(8). PMID: 29654197

第 6 章

1. Britton J, Pavord I, Richards K et al. (1994) Dietary magnesium, lung function, wheezing, and airway hyperreactivity in a random adult population sample. *Lancet* 344:357-362. PMID: 7914305

2. Gilliland F, Berhane K, Li Y et al. (2002) Dietary magnesium, potassium, sodium, and children's lung function. *American Journal of Epidemiology* 155:125-131. PMID: 11790675

3. Daliparty V, Manu M, Mohapatra A (2018) Serum magnesium levels and its correlation with level of control in patients with asthma: a hospital-based, cross-sectional, prospective study. *Lung India* 35:407-410. PMID: 30168460

4. de Baaij J, Hoenderop J, Bindels R (2015) Magnesium in man: implications for health and disease. *Physiological Reviews* 95:1-46. PMID: 25540137

5. Kilic H, Kanbay A, Karalezi A et al. (2018) The relationship between hypomagnesemia and pulmonary function tests in patients with chronic asthma. *Medical Principles and Practice* 27:139-144. PMID: 29455196

6. Shaikh M, Malapati B, Gokani R et al. (2016) Serum magnesium and vitamin D levels as indicators of asthma severity. *Pulmonary Medicine* 2016:1643717. PMID: 27818797

7. Dominguez L, Barbagallo M, Di Lorenzo G et al. (1998) Bronchial reactivity and intracellular magnesium: a possible mechanism for the bronchodilating effects of magnesium in asthma. *Clinical Science* 95:137-142. PMID: 9680494

8. Albuali W (2014) The use of intravenous and inhaled magnesium sulphate in management of children with bronchial asthma. *The Journal of Maternal-Fetal & Neonatal Medicine* 27:1809-1815. PMID: 24345031

9. Kew K, Kirtchuk L, Michell C (2014) Intravenous magnesium sulfate for treating adults with acute asthma in the emergency department. *The Cochrane Database of Systematic Reviews* 5:CD0109090. PMID: 24865567

10. Alansari K, Ahmed W, Davidson B et al. (2015) Nebulized magnesium for moderate and severe pediatric asthma: a randomized trial. *Pediatric Pulmonology* 50:1191-1199. PMID: 25652104

11. Ling Z, Wu Y, Kong J et al. (2016) Lack of efficacy of nebulized magnesium sulfate in treating adult asthma: a meta-analysis of randomized controlled trials. *Pulmonary Pharmacology & Therapeutics* 41:40-47. PMID: 27651324

12. Su Z, Li R, Gai Z (2016) Intravenous and nebulized magnesium sulfate for treating acute asthma in children: a systematic review and meta-analysis. *Pediatric Emergency Care* Oct 4. [Epub ahead of print]. PMID: 27749796

13. Abuabat F, AlAlwan A, Masuadi E et al. (2019) The role of oral magnesium supplements for the management of stable bronchial asthma: a systematic review and meta-analysis. *NPJ Primary Care Respiratory Medicine* 29:4. PMID: 30778086

14. Shivanthan M, Rajapakse S (2014) Magnesium for acute exacerbation of chronic obstructive pulmonary disease: a systematic review of randomized trials. *Annals of Thoracic Medicine* 9:77-80. PMID: 24791169

15. Mukerji S, Shahpuri B, Clayton-Smith B et al. (2015) Intravenous magnesium sulphate as an adjuvant therapy in acute exacerbations of chronic obstructive pulmonary disease: a single centre, randomized, double-blinded, parallel group, placebo-controlled trial: a pilot study. *The New Zealand Medical Journal* 128:34-42. PMID: 26905985

16. Solooki M, Miri M, Mokhtari M et al. (2014) Magnesium sulfate in exacerbations of COPD in patients admitted to internal medicine ward. *Iranian Journal of Pharmaceutical Research* 13:1235-1239. PMID: 25587312

17. Comert S, Kiyan E, Okumus G et al. (2016) [Efficiency of nebulized magnesium sulphate in infective exacerbations of chronic obstructive pulmonary disease]. Article in Turkish. 64:17-26. PMID:27266281

18. Hashim Ali Hussein S, Nielsen L, Konow Bogebjerg Dolberg M, Dahl R (2015) Serum magnesium and not vitamin D is associated with better QoL in COPD: a cross-sectional study. *Respiratory Medicine* 109:727-733. PMID: 25892292

第 7 章

1. Fawcett W, Haxby E, Male D (1999) Magnesium: physiology and pharmacology. *British Journal of Anaesthesia* 83:302-320. PMID:10618948

2. Long S, Romani A (2014) Role of cellular magnesium in human diseases. *Austin Journal of Nutrition and Food Sciences* 2(10). PMID: 25839058

3. He L, Zhang X, Liu B et al. (2016) Effect of magnesium ion on human osteoblast activity. *Brazilian Journal of Medical and Biological Research* 49. PMID: 27383121

4. Belluci M, Schoenmaker T, Rossa-Junior C et al. (2013) Magnesium deficiency results in an increased formation of osteoclasts. *The Journal of Nutritional Biochemistry* 24:1488-1498. PMID: 23517915

5. Mammoli F, Castiglioni S, Parenti S et al. (2019) Magnesium is a key regulator of the balance between osteoclast and osteoblast differentiation in the presence of vitamin D_3. *International Journal of Molecular Sciences* 20. PMID: 30658432

6. Galli S, Stocchero M, Andersson M et al. (2017) The effect of magnesium on early osseointegration in osteoporotic bone: a histological and gene expression investigation. *Osteoporosis International* 28:2195-2205. PMID: 28349251

7. Kunutsor S, Whitehouse M, Blom A, Laukkanen J (2017) Low serum magnesium levels are associated with increased risk of fractures: a long-term prospective cohort study. *European Journal of Epidemiology* 32:593-603. PMID: 28405867

8. Veronese N, Stubbs B, Solmi M et al. (2017) Dietary magnesium intake and fracture risk: data from a large prospective study. *The British Journal of Nutrition* 117:1570-1576. PMID: 28631583

9. Sojka J, Weaver C (1995) Magnesium supplementation and osteoporosis. *Nutrition Reviews* 53:71-74. PMID: 7770187

10. Welch A, Skinner J, Hickson M (2017) Dietary magnesium may be protective for aging of bone and skeletal muscle in middle and younger older age men and women: cross-sectional findings from the UK Biobank Cohort. *Nutrients* 9(11). PMID: 29084183

11. Boomsma D (2008) The magic of magnesium. *International Journal of Pharmaceutical Compounding* 12:306-309. PMID:23969766

12. Uwitonze A, Razzaque M (2018) Role of magnesium in vitamin D activation and function. *The Journal of the American Osteopathic Association* 118:181-189. PMID: 29480918

13. Rude R, Singer F, Gruber H (2009) Skeletal and hormonal effects of magnesium deficiency. *Journal of the American College of Nutrition* 28:131-141. PMID: 19828898

14. Deng X, Song Y, Manson J et al. (2013) Magnesium, vitamin D status and mortality: results from US National Health and Nutrition Examination Survey (NHANES) 2001 to 2006 and NHANES III. *BMC Medicine* 11:187. PMID: 23981518

15. Mederle O, Balas M, Ioanoviciu S et al. (2018) Correlations between bone turnover markers, serum magnesium and bone mass density in postmenopausal osteoporosis. *Clinical Interventions in Aging* 13:1383-1389. PMID: 30122910

16. Li Y, Yue J, Yang C (2016) Unraveling the role of Mg(++) in osteoarthritis. *Life Sciences* 147:24-29. PMID: 26800786

17. Shmagel A, Onizuka N, Langsetmo L et al. (2018) Low magnesium intake is associated with increased knee pain in subjects with radiographic knee osteoarthritis: date from the Osteoarthritis Initiative. *Osteoarthritis and Cartilage* 26:651-658. PMID:29454594

18. Zeng C, Wei J, Terkeltaub R et al. (2017) Dose-response relationship between lower serum magnesium level and higher prevalence of knee chondrocalcinosis. *Arthritis Research & Therapy* 19:236. PMID: 29065924

19. Zeng C, Wei J, Li H et al. (2015a) Relationship between serum magnesium concentration and radiographic knee osteoarthritis. *The Journal of Rheumatology* 42:1231-1236. PMID: 26034158

20. Chen R, Zhou X, Yin S et al. (2018) [Study on the protective mechanism of autophagy on cartilage by magnesium sulfate]. Article in Chinese. *Chinese Journal of Reparative and Reconstructive Surgery* 32:1340-1345. PMID: 30600669

21. Musik I, Kurzepa J, Luchowska-Kocot D et al. (2019) Correlations among plasma silicon, magnesium and calcium in patients with knee osteoarthritis—analysis in consideration of gender. *Annals of Agricultural and Environmental Medicine* 26:97-102. PMID: 30922037

22. Li H, Zeng C, Wei J et al. (2017) Associations of dietary and serum magnesium with serum high-sensitivity C-reactive protein in early radiographic knee osteoarthritis patients. *Modern Rheumatology* 27:669-674. PMID: 27588353

23. Zeng C, Wei J, Terkeltaub R et al. (2017) Dose-response relationship between lower serum magnesium level and higher prevalence of knee chondrocalcinosis. *Arthritis Research & Therapy* 19:236. PMID: 29065924

24. Li S, Ma F, Pang X et al. (2019) Synthesis of chondroitin sulfate magnesium for osteoarthritis treatment. *Carbohydrate Polymers* 212:387-394. PMID: 30832871

25. Rock E, Astier C, Lab C et al. (1995) Dietary magnesium deficiency in rats enhances free radical production in skeletal muscle. *The Journal of Nutrition* 125:1205-1210. PMID: 7738680

26. Beaudart C, Lacquet M, Touvier M et al. (2019) Association between dietary nutrient intake and sarcopenia in the SarcoPhAge study. *Aging Clinical and Experimental Research* Apr 6 [Epub ahead of print]. PMID: 30955158

27. Heffernan S, Horner K, De Vito G, Conway G (2019) The role of mineral and trace element supplementation in exercise and athletic performance: a systemic review. *Nutrients* 11(3). PMID: 30909645

第 8 章

1. Wu J, Xun P, Tang Q et al. (2017) Circulating magnesium levels and incidence of coronary heart diseases, hypertension, and type 2 diabetes mellitus: a meta-analysis of prospective cohort studies. *Nutrition Journal* 16:60. PMID: 28927411

2. Xu Q, Wang J, Chen F et al. (2016) Protective role of magnesium isoglycyrrhizinate in non-alcoholic fatty liver disease and the associated molecular mechanisms. *International Journal of Molecular Medicine* 38:275-282. PMID: 27220460

3. El-Tanbouly D, Abdelsalam R, Attia A, Abdel-Aziz M (2015) Pretreatment with magnesium ameliorates lipopolysaccharide-induced liver injury in mice. *Pharmacological Reports* 67:914-920. PMID: 26398385

4. Eshraghi T, Eidi A, Mortazavi P et al. (2015) Magnesium protects against bile duct ligation-induced liver injury in male Wistar rats. *Magnesium Research* 28:32-45. PMID: 25967882

5. Eidi A, Mortazavi P, Moradi F et al. (2013) Magnesium attenuates carbon tetrachloride-induced hepatic injury in rats. *Magnesium Research* 26:1656-175. PMID: 24508950

6. Zou X, Wang Y, Peng C et al. (2018) Magnesium isoglycyrrhizinate has hepatoprotective effects in an oxaliplatin-induced model of liver injury. *International Journal of Molecular Medicine* 42:2020-2030. PMID: 30066834

7. Cohen-Hagai K, Feldman D, Turani-Feldman T et al. (2018) Magnesium deficiency and minimal hepatic encephalopathy among patients with compensated liver cirrhosis. *The Israel Medical Association Journal* 20:533-538. PMID: 30221864

8. Li Y, Ji C, Mei L et al. (2017) Oral administration of trace element magnesium significantly improving the cognition and locomotion in hepatic encephalopathy. *Scientific Reports* 7:1817. PMID:28500320

9. Mei F, Yu J, Li M et al. (2019) Magnesium isoglycyrrhizinate alleviates liver injury in obese rats with acute necrotizing pancreatitis. *Pathology, Research and Practice* 215:106-114. PMID:0396756

10. Schick V, Scheiber J, Mooren F et al. (2014) Effect of magnesium supplementation and depletion on the onset and course of acute experimental pancreatitis. *Gut* 63:1469-1480. PMID: 24277728

11. Guerrero-Romero F, Rodriguez-Moran M (2011) Magnesium improves the beta-cell function to compensate variation of insulin sensitivity: double-blind, randomized clinical trial. *European Journal of Clinical Investigation* 41:405-410. PMID: 21241290

12. Soltani N, Keshavarz M, Minaii B et al. (2005) Effects of administration of oral magnesium on plasma glucose and pathological changes in the aorta and pancreas of diabetic rats. *Clinical and Experimental Pharmacology & Physiology* 32:604-610. PMID:16120185

13. Hanley M, Sayres L, Reiff E et al. (2019) Tocolysis: a review of the literature. *Obstetrical & Gynecological Survey* 74:50-55. PMID:30648727

14. Jung E, Byun J, Kim Y et al. (2018) Antenatal magnesium sulfate for both tocolysis and fetal neuroprotection in premature rupture of the membranes before 32 weeks' gestation. *The Journal of Maternal-Fetal & Neonatal Medicine* 31:1431-1441. PMID: 28391733

15. Magee L, De Silva D, Sawchuck D et al. (2019) No. 376—magnesium sulphate for fetal neuroprotection. *Journal of Obstetrics and Gynaecology Canada* 41:505-522. PMID: 30879485

16. Enaruna N, Ande A, Okpere E (2013) Clinical significance of low serum magnesium in pregnant women attending the University of Benin Teaching Hospital. *Nigerian Journal of Clinical Practice* 16:448-453. PMID: 23974737

17. Durlach J, Pages N, Bac P et al. (2002) Magnesium deficit and sudden infant death syndrome (SIDS): SIDS due to magnesium deficiency and SIDS due to various forms of magnesium depletion: possible importance of the chronopathological form. *Magnesium Research* 15:269-278. PMID: 12635883

18. Rokhtabnak F, Djalali Motlagh S, Ghodraty M et al. (2017) Controlled hypotension during rhinoplasty: a comparison of dexmedetomidine with magnesium sulfate. *Anesthesiology and Pain Medicine* 7:e64032. PMID: 29696129

19. Bakhet W, Wahba H, El Fiky L, Debis H (2019) Magnesium sulphate optimises surgical field without attenuation of the stapaedius reflex in paediatric cochlear implant surgery. *Indian Journal of Anaesthesia* 63:304-309. PMID: 31000896

20. Christensen M, Petersen K, Bogevig S et al. (2018) Outcomes following calcium channel blocker exposures reported to a poison information center. *BMC Pharmacology & Toxicology* 19:78. PMID:30482251

21. Nikbakht R, Taheri Moghadam M, Ghane'ee H (2014) Nifedipine compared to magnesium sulfate for treating preterm labor: a randomized clinical trial. *Iran Journal of Reproductive Medicine* 12:145-150. PMID: 24799873

22. Elliott J, Morrison J, Bofill J (2016) Risks and benefits of magnesium sulfate tocolysis in preterm labor (PTL). *AIMS Public Health* 3:348-356. PMID: 29546168

23. Ferre S, Li X, Adams-Huet B et al. (2019) Low serum magnesium is associated with faster decline in kidney function: the Dallas Heart Study experience. *Journal of Investigative Medicine* Mar 2. [Epub ahead of print]. PMID: 30826804

24. Xiong J, He T, Wang M et al. (2019) Serum magnesium, mortality, and cardiovascular disease in chronic kidney disease and end-stage renal disease patients: a systematic review and meta-analysis. *Journal of Nephrology* Mar 19 [Epub ahead of print]. PMID: 30888644

25. M de Francisco A, Rodriguez M (2013) Magnesium—its role in CKD. *Nefrologia* 33:389-399. PMID: 23640095

26. Cevette M, Vormann J, Franz K (2003) Magnesium and hearing. *Journal of the American Academy of Audiology* 14:202-212. PMID:12940704

27. Attias J, Weisz G, Almog S et al. (1994) Oral magnesium intake reduces permanent hearing loss induced by noise exposure. *American Journal of Otolaryngology* 15:26-32. PMID: 8135325

28. Nageris B, Ulanovski D, Attias J (2004) Magnesium treatment for sudden hearing loss. *The Annals of Otology, Rhinology, and Laryngology* 113:672-675. PMID: 15330150

29. Choi Y, Miller J, Tucker K et al. (2014) Antioxidant vitamins and magnesium and the risk of hearing loss in the US general population. *The American Journal of Clinical Nutrition* 99:148-155. PMID:24196403

30. Le Prell C, Ojano-Dirain C, Rudnick E et al. (2014) Assessment of nutrient supplement to reduce gentamicin-induced ototoxicity. *Journal of the Association for Research in Otolaryngology* 15:375-393. PMID: 24590390

31. Xiong M, Wang J, Yang C, Lai H (2013) The cochlea magnesium content is negatively correlated with hearing loss induced by impulse noise. *American Journal of Otolaryngology* 34:209-215. PMID: 23332299

32. Abaamrane L, Raffin F, Gal M et al. (2009) Long-term administration of magnesium after acoustic trauma caused by gunshot noise in guinea pigs. *Hearing Research* 247:137-145. PMID: 19084059

33. Cevette M, Barrs D, Patel A et al. (2011) Phase 2 study examining magnesium-dependent tinnitus. *The International Tinnitus Journal* 16:168-173. PMID: 22249877

34. Abouzari M, Abiri A, Djalilian H (2019) Successful treatment of a child with definite Meniere's disease with the migraine regimen. *American Journal of Otolaryngology* Feb 18. [Epub ahead of print]. PMID: 30803806

第 9 章

1. Silberstein S, Loder E, Diamond S et al. (2007) Probably migraine in the United States: results of the American Migraine Prevalence and Prevention (AMPP) study. *Cephalalgia* 27:220-229. PMID:17263769

2. Brennan K, Charles A (2010) An update on the blood vessel in migraine. *Current Opinion in Neurology* 23:266-274. PMID:20216215

3. Pourshoghi A, Danesh A, Tabby D et al. (2015) Cerebral reactivity in migraine patients measured with functional near-infrared spectroscopy. *European Journal of Medical Research* 20:96. PMID:26644117

4. Manju L, Nair R (2006) Magnesium deficiency augments myocardial response to reactive oxygen species. *Canadian Journal of Physiology and Pharmacology* 84:617-624. PMID: 16900246

5. Kim J, Jeon J, No H et al. (2011) The effects of magnesium pretreatment on reperfusion injury during living donor liver transplantation. *Korean Journal of Anesthesiology* 60:408-415. PMID:21738843

6. Solaroglu A, Suat Dede F, Gelisen O et al. (2011) Neuroprotective effect of magnesium sulfate treatment on fetal brain in experimental intrauterine ischemia reperfusion injury. *The Journal of Maternal-Fetal & Neonatal Medicine* 24:1259-1261. PMID: 21504338

7. Akan M, Ozbilgin S, Boztas N et al. (2016) Effect of magnesium sulfate on renal ischemia-reperfusion injury in streptozotocin-induced diabetic rats. *European Review for Medical and Pharmacological Sciences* 20:1642-1655. PMID: 27160141

8. Amoni M, Kelly-Laubscher R, Petersen M, Gwanyanya A (2017) Cardioprotective and anti-arrhythmic effects of magnesium pretreatment against ischaemia/reperfusion injury in isoprenaline-induced hypertrophic rat heart. *Cardiovascular Toxicology* 17:49-57. PMID: 26696240

9. Celik Kavak E, Gulcu Bulmus F, Bulmus O et al. (2018) Magnesium: does it reduce ischemia/reperfusion injury in an adnexal torsion rat model? *Drug Design, Development and Therapy* 12:409-415. PMID: 29535502

10. Hamilton K, Robbins M (2019) Migraine treatment in pregnant women presenting to acute care: a retrospective observational study. *Headache* 59:173-179. PMID: 30403400

11. Veronese N, Demurtas J, Pesolillo G (2019) Magnesium and health outcomes: an umbrella review of systematic reviews and meta-analyses of observational and intervention studies. *European Journal of Nutrition* Jan 25. [Epub ahead of print]. PMID: 30684032

12. Grober U, Schmidt J, Kisters K (2015) Magnesium in prevention and therapy. *Nutrients* 7:8199-8226. PMID: 26404370

13. Assarzadegan F, Asgarzadeh S, Hatamabadi H et al. (2016) Serum concentration of magnesium as an independent risk factor in migraine attacks: a matched case-control study and review of the literature. *International Clinical Psychopharmacology* 31:287-292. PMID: 27140442

14. Silberstein S (2015) Preventive migraine treatment. *Continuum* 21:973-989. PMID: 26252585

15. Nattagh-Eshtivani E, Sani M, Dahri M et al. (2018) The role of nutrients in the pathogenesis and treatment of migraine headaches: review. *Biomedicine & Pharmacotherapy* 102:317-325. PMID: 29571016

16. Wells R, Beuthin J, Granetzke L (2019) Complementary and integrative medicine for episodic migraine: an update of evidence from the last 3 years. *Current Pain and Headache Reports* 23:10. PMID: 307901380

17. Xu F, Arakelyan A, Spitzberg A et al. (2019) Experiences of an outpatient infusion center with intravenous magnesium therapy for status migrainosus. *Clinical Neurology and Neurosurgery* 178:31-35. PMID: 30685601

18. Chiu H, Yeh T, Huang Y, Chen P (2016) Effects of intravenous and oral magnesium on reducing migraine: a meta-analysis of randomized controlled trials. *Pain Physician* 19:E97-E112. PMID: 26752497

19. Delavar Kasmaei H, Amiri M, Negida A et al. (2017) Ketorolac versus magnesium sulfate in migraine headache pain management; a preliminary study. *Emergency* 5:e2. PMID: 28286809

20. Baratloo A, Mirbaha S, Delavar Kasmaei H et al. (2017) Intravenous caffeine citrate vs. magnesium sulfate for reducing pain in patients with acute migraine headache; a prospective quasi-experimental study. *The Korean Journal of Pain* 30:176-182. PMID: 28757917

21. Abouzari M, Abiri A, Djalilian H (2019) Successful treatment of a child with definite Meniere's disease with the migraine regimen. *American Journal of Otolaryngology* Feb 18. [Epub ahead of print]. PMID: 30803806

22. Kovacevic G, Stevanovic D, Bogicevic D et al. (2017) A 6-month follow-up of disability, quality of life, and depressive and anxiety symptoms in pediatric migraine with magnesium prophylaxis. *Magnesium Research* 30:133-141. PMID: 29637898

23. von Luckner A, Riederer F (2018) Magnesium in migraine prophylaxis—is there an evidence-based rationale? A systematic review. *Headache* 58:199-209. PMID: 29131326

24. Karimi N, Razian A, Heidari M (2019) The efficacy of magnesium oxide and sodium valproate in prevention of migraine headache: a randomized, controlled, double-blind, crossover study. *Acta Neurologica Belgica* Feb 23. [Epub ahead of print]. PMID: 30798472

25. Mauskop A, Varughese J (2012) Why all migraine patients should be treated with magnesium. *Journal of Neural Transmission* 119:575-579. PMID: 22426836

26. Dzugan S, Dzugan K (2015) Is migraine a consequence of a loss of neurohormonal and metabolic integrity? A new hypothesis. *Neuro Endocrinology Letters* 36:421-429. PMID: 26707041

第 10 章

1. Joy J, Coulter C, Duffull S, Isbister G (2011) Prediction of torsade de pointes from the QT interval: analysis of a case series of amisulpride overdoses. *Clinical Pharmacology and Therapeutics* 90:243-245. PMID: 21716272

2. Schade Hansen C, Pottegard A, Ekelund U et al. (2018) Association between QTc prolongation and mortality in patients with suspected poisoning in the emergency department: a transnational propensity score matched cohort study. *BMJ Open* 8:e020036. PMID: 29982199

3. Huffaker R, Lamp S, Weiss J, Kogan B (2004) Intracellular calcium cycling, early afterdepolarizations, and reentry in simulated long QT syndrome. *Heart Rhythm* 1:441-448. PMID: 15851197

4. Iseri L, French J (1984) Magnesium: nature's physiologic calcium blocker. *American Heart Journal* 108:188-193. PMID: 6375330\

5. Eisner D, Trafford A, Diaz M et al. (1998) The control of Ca release from the cardiac sarcoplasmic reticulum: regulation versus autoregulation. *Cardiovascular Research* 38:589-604. PMID: 9747428

6. Wang M, Tashiro M, Berlin J (2004) Regulation of L-type calcium current by intracellular magnesium in rat cardiac myocytes. *The Journal of Physiology* 555:383-396. PMID: 14617671

7. Spencer C, Baba S, Nakamura K et al. (2014) Calcium transients closely reflect prolonged action potentials in iPSC models of inherited cardiac arrhythmia. *Stem Cell Reports* 3:269-281. PMID:25254341

8. Manini A, Nelson L, Skolnick A et al. (2010) Electrocardiographic predictors of adverse cardiovascular events in suspected poisoning. *Journal of Medical Toxicology* 6:106-115. PMID:20361362

9. Pollak P, Verjee Z, Lyon A (2011) Risperidone-induced QT prolongation following overdose correlates with serum drug concentration and resolves rapidly with no evidence of altered pharmacokinetics. *Journal of Clinical Pharmacology* 51:1112-1115. PMID: 20663990

10. Borak M, Sarc L, Mugerli D et al. (2019) Occupational inhalation poisoning with the veterinary antibiotic tiamulin. *Clinical Toxicology* Jun 21. [Epub ahead of print]. PMID: 31226893

11. Rosa M, Pappacoda S, D'Anna C et al. (2017) Ventricular tachycardia induced by propafenone intoxication in a pediatric patient. *Pediatric Emergency Care* Oct 31. [Epub ahead of print]. PMID:29095281

12. Karturi S, Gudmundsson H, Akhtar M et al. (2016) Spectrum of cardiac manifestations from aconitine poisoning. *HeartRhythm Case Reports* 2:415-420. PMID: 28491724

13. Erenler A, Dogan T, Kocak C, Ece Y (2016) Investigation of toxic effects of mushroom poisoning on the cardiovascular system. *Basic & Clinical Pharmacology & Toxicology* 119:317-321. PMID:26879235

14. Bui Q, Simpson S, Nordstrom K (2015) Psychiatric and medical management of marijuana intoxication in the emergency department. *The Western Journal of Emergency Medicine* 16:414-417.PMID: 25897916

15. Alinejad S, Kazemi T, Zamani N et al. (2015) A systematic review of the cardiotoxicity of methadone. *EXCLI Journal* 14:577-600. PMID: 26869865

16. Hassanian-Moghaddam H, Hakiminejhad M, Farnaghi F et al. (2017) Eleven years of children methadone poisoning in a referral center: a review of 453 cases. *Journal of Opioid Management* 13:27-36. PMID: 28345744

17. O'Connell C, Gerona R, Friesen M, Ly B (2015) Internet-purchased ibogaine toxicity confirmed with serum, urine, and product content levels. *The American Journal of Emergency Medicine* 33. PMID: 25687617

18. Paksu S, Duran L, Altuntas M et al. (2014) Amitriptyline overdose in emergency department of university hospital: evaluation of 250 patients. *Human & Experimental Toxicology* 33:980-990. PMID: 24505046

19. Kim Y, Lee J, Hong C et al. (2014) Heart rate-corrected QT interval predicts mortality in glyphosphate-surfactant herbicide-poisoned patients. *The American Journal of Emergency Medicine* 32:203-207. PMID: 24360317

20. Lin C, Liao S, Shih C, Hsu K (2014) QTc prolongation as a useful prognostic factor in acute paraquat poisoning. *The Journal of Emergency Medicine* 47:401-407. PMID: 25060011

21. Arora N, Berk W, Aaron C, Williams K (2013) Usefulness of intravenous lipid emulsion for cardiac toxicity from cocaine overdose. *The American Journal of Cardiology* 111:445-447. PMID: 23186600

22. Aslan S, Cakir Z, Emet M et al. (2013) Wildflower (Hyoscyamus reticulatus) causes QT prolongation. *Bratislavske Lekarske Listy* 114:333-336. PMID: 23731045

23. Berling I, Whyte I, Isbister G (2013) Oxycodone overdose causes naloxone responsive coma and QT prolongation. *QJM* 106:35-41. PMID: 23023890

24. Li S, Korkmaz S, Loganathan S et al. (2012) Acute ethanol exposure increases the susceptibility of the donor hearts to ischemia/reperfusion injury after transplantation in rats. *PLoS One* 7:e49237. PMID: 23155471

25. Nisse P, Soubrier S, Saulnier F, Mathieu-Nolf M (2009) Torsade de pointes: a severe and unknown adverse effect in indoramin self-poisoning. *International Journal of Cardiology* 133:e73-e75. PMID: 18191476

26. Villa A, Hong H, Lee H et al. (2012) [Acute indoramin poisoning: a review of 55 cases reported to the Paris Poison Centre from 1986 to 2010]. *Article in French. Therapie* 67:523-527. PMID: 27392392

27. Menegueti M, Basile-Filho A, Martins-Filho O, Auxiliadora-Martins M (2012) Severe arrhythmia after lithium intoxication in a patient with bipolar disorder admitted to the intensive care unit. *Indian Journal of Critical Care Medicine* 16:109-111. PMID: 22988367

28. Liu S, Lin J, Weng C et al. (2012) Heart rate-corrected QT interval helps predict mortality after intentional organophosphate poisoning. *PLoS One* 7:e36576. PMID: 22574184

29. Boegevig S, Rothe A, Tfelt-Hansen J, Hoegberg L (2011) Successful reversal of life threatening cardiac effect following dosulepin overdose using intravenous lipid emulsion. *Clinical Toxicology* 49:337-339. PMID: 21563912

30. Karademir S, Akcam M, Kuybulu A et al. (2011) Effects of fluorosis on QT dispersion, heart rate variability and echocardiographic parameters in children. *The Anatolian Journal of Cardiology* 11:150-155. PMID: 21342861

31. Eum K, Nie L, Schwartz J et al. (2011) Prospective cohort study of lead exposure and electrocardiographic conduction disturbances in the Department of Veterans Affairs Normative Aging Study. *Environmental Health Perspectives* 119:940-944. PMID: 21414889

32. Kieltucki J, Dobrakowski M, Pawlas N et al. (2017) The analysis of QT interval and repolarization morphology of the heart in chronic exposure to lead. *Human & Experimental Toxicology* 36:1081-1086. PMID: 27903879

33. Paudel G, Syed M, Kalantre S, Sharma J (2011) Pyrilamine-induced prolonged QT interval in adolescent with drug overdose. *Pediatric Emergency Care* 27:945-947. PMID: 21975494

34. Sayin M, Dogan S, Aydin M, Karabag T (2011) Extreme QT interval prolongation caused by mad honey consumption. *The Canadian Journal of Cardiology* 27. PMID: 21944273

35. Pollak P, Verjee Z, Lyon A (2011) Risperidone-induced QT prolongation following overdose correlates with serum drug concentration and resolves rapidly with no evidence of altered pharmacokinetics. *Journal of Clinical Pharmacology* 51:1112-1115. PMID: 20663990

36. Mohammed R, Norton J, Geraci S et al. (2010) Prolonged QTc interval due to escitalopram overdose. *Journal of the Mississippi State Medical Association* 51:350-353. PMID: 21370605

37. Chan C, Chan M, Tse M et al. (2009) Life-threatening torsades de pointes resulting from "natural" cancer treatment. *Clinical Toxicology* 47:592-594. PMID: 19586358

38. Chang J, Weng T, Fang C (2009) Long QT syndrome and torsades de pointes induced by acute sulpiride poisoning. *The American Journal of Emergency Medicine* 27. PMID: 19857426

39. Schwartz M, Patel M, Kazzi Z, Morgan B (2008) Cardiotoxicity af ter massive amantadine overdose. *Journal of Medical Toxicology* 4:173-179. PMID: 18821491

40. Service J, Waring W (2008) QT prolongation and delayed atrioventricular conduction caused by acute ingestion of trazodone. *Clinical Toxicology* 46:71-73. PMID: 18167038

41. Tilelli J, Smith K, Pettignano R (2006) Life-threatening bradyarrhythmia after massive azithromycin overdose. *Pharmacotherapy* 26:147-150. PMID: 16506357

42. Onvlee-Dekker I, De Vries A, Ten Harkel A (2007) Carbon monoxide poisoning mimicking long-QT induced syncope. *Archives of Disease in Childhood* 92:244-245. PMID: 17337682

43. Howell C, Wilson A, Waring W (2007) Cardiovascular toxicity due to venlafaxine poisoning in adults: a review of 235 consecutive cases. *British Journal of Clinical Pharmacology* 64:192-197. PMID: 17298480

44. Ortega Carnicer J, Ruiz Lorenzo F, Manas Garcia D, Ceres Alabau F (2006) [Early onset of torsades de pointes and elevated levels of serum troponin I due to acute arsenic poisoning]. Article in Spanish. *Medicina Intensiva* 30:77-80. PMID: 16706333

45. Chen C (2014) Health hazards and mitigation of chronic poisoning from arsenic in drinking water: Taiwan experiences. *Reviews on Environmental Health* 29:13-19. PMID: 24552958

46. Isbister G, Murray L, John S et al. (2006) Amisulpride deliberate self-poisoning causing severe cardiac toxicity including QT prolongation and torsade de pointes. *The Medical Journal of Australia* 184:354-356. PMID: 16584372

47. Friberg L, Isbister G, Duf full S (2006) Pharmacokineticpharmacodynamic modelling of QT interval prolongation following citalopram overdoses. *British Journal of Clinical Pharmacology* 61:177-190. PMID: 16433872

48. Downes M, Whyte I, Isbister G (2005) QTc abnormalities in deliberate self-poisoning with moclobemide. *Internal Medicine Journal* 35:388-391. PMID: 15958107

49. Thakur A, Aslam A, Aslam A et al. (2005) QT interval prolongation in diphenhydramine toxicity. *International Journal of Cardiology* 98:341-343. PMID: 15686790

50. Strachan E, Kelly C, Bateman D (2004) Electrocardiogram and cardiovascular changes in thioridazine and chlorpromazine poisoning. *European Journal of Clinical Pharmacology* 60:541-545. PMID: 15372128

51. Balit C, Isbister G, Hackett L, Whyte I (2003) Quetiapine poisoning: a case series. *Annals of Emergency Medicine* 42:751-758. PMID: 14634598

52. Isbister G, Balit C (2003) Bupropion overdose: QTc prolongation and its clinical significance. *The Annals of Pharmacotherapy* 37:999-1002. PMID: 12841807

53. Franco V (2015) Wide complex tachycardia after bupropion overdose. *The American Journal of Emergency Medicine* 33. PMID: 26311156

54. Isbister G, Hackett L (2003) Nefazodone poisoning: toxicokinetics and toxicodynamics using continuous data collection. *Journal of Toxicology. Clinical Toxicology* 41:167-173. PMID: 12733855

55. Assimes T, Malcolm I (1998) Torsade de pointes with sotalol overdose treated successfully with lidocaine. *The Canadian Journal of Cardiology* 14:753-756. PMID: 9627533

56. Legras A, Piquemal R, Furet Y et al. (1996) Buflomedil poisoning: five cases with cardiotoxicity. *Intensive Care Medicine* 22:57-61. PMID: 8857439

57. Krahenbuhl S, Sauter B, Kupferschmidt H et al. (1995) Case report: reversible QT prolongation with torsades de pointes in a patient with pimozide intoxication. *The American Journal of the Medical Sciences* 309:315-316. PMID: 7771501

58. Saviuc P, Danel V, Dixmerias F (1993) Prolonged QT interval and torsade de pointes following astemizole overdose. *Journal of Toxicology. Clinical Toxicology* 31:121-125. PMID: 8433408

59. Reingardene D (1989) [A case of acute poisoning by amiodarone]. Article in Russian. *Anesteziologiia i Reanimatologiia* 4:62-63. PMID: 2817505

60. Aunsholt N (1989) Prolonged Q-T interval and hypokalemia caused by haloperidol. *Acta Psychiatrica Scandinavica* 79:411-412. PMID: 2735214

61. Lopez-Valdes J (2017) [Haloperidol poisoning in pediatric patients]. Article in Spanish. *Gaceta Medica de Mexico* 153:125-128. PMID: 28128816

62. Giermaziak H (1989) [Organic changes in rabbits and rats in thiometon poisoning. II. Relation between ECG curve changes in rabbits and rats and cholinesterase inhibition and lysosomal hydrolase activation in acute thiometon poisoning]. Article in Polish. *Medycyna Pracy* 40:133-138. PMID: 2593812

63. Vill H (1959) [Extreme lengthening of the QT-interval in electrocardiography in acute pervitin poisoning]. Article in German. *Cardiologia* 34:190-196. PMID: 13638992

64. Tzivoni D, Keren A, Cohen A et al. (1984) Magnesium therapy for torsades de pointes. *The American Journal of Cardiology* 53:528-530. PMID: 6695782

65. Pajoumand A, Shadnia S, Rezaie A et al. (2004) Benefits of magnesium sulfate in the management of acute human poisoning by organophosphorus insecticides. *Human & Experimental Toxicology* 23:565-569. PMID: 15688984

66. Vijayakumar H, Kannan S, Tejasvi C et al. (2017) Study of effect of magnesium sulphate in management of acute organophosphorous pesticide poisoning. *Anesthesia, Essays and Researches* 11:192-196. PMID: 28298783

67. Jamshidi F, Yazdanbakhsh A, Jamalian M et al. (2018) Therapeutic effect of adding magnesium sulfate in treatment of organophosphorus poisoning. *Open Access Macedonian Journal of Medical Sciences* 6:2051-2056. PMID: 30559859

68. Basher A, Rahman S, Ghose A et al. (2013) Phase II study of magnesium sulfate in acute organophosphate pesticide poisoning. *Clinical Toxicology* 51:35-40. PMID: 23311540

69. Wang M, Tseng C, Bair S (1998) Q-T interval prolongation and pleomorphic ventricular tachyarrhythmia ('Torsade de pointes') in organophosphate poisoning: report of a case. *Human & Experimental Toxicology* 17:587-590. PMID: 9821023

70. Emamhadi M, Mostafazadeh B, Hassanijirdehi M (2012) Tricyclic antidepressant poisoning treated by magnesium sulfate: a randomized, clinical trial. *Drug and Chemical Toxicity* 35:300-303. PMID: 22309432

71. Othong R, Devlin J, Kazzi Z (2015) Medical toxicologists' practice patterns regarding drug-induced QT prolongation in overdose patients: a survey in the United States of America, Europe, and Asia Pacific region. *Clinical Toxicology* 53:204-209. PMID:25706450

72. Brvar M, Chan M, Dawson A et al. (2018) Magnesium sulfate and calcium channel blocking drugs as antidotes for acute organophosphorus insecticide poisoning—a systematic review and meta-analysis. *Clinical Toxicology* 56:725-736. PMID: 29557685

73. Carafoli E, Stauffer T (1994) The plasma membrane calcium pump: functional domains, regulation of the activity, and tissue specificity of isoform expression. *Journal of Neurobiology* 25:312-324. PMID: 8195792

74. Barber D, Hunt J, Ehrich M (2001) Inhibition of calcium-stimulated ATPase in the hen brain P2 synaptosomal fraction by organophosphorus esters: relevance to delayed neuropathy. *Journal of Toxicology and Environmental Health. Plan A* 63:101-113. PMID: 11393797

75. Ajilore B, Alli A, Oluwadairo T (2018) Effects of magnesium chloride on *in vitro* cholinesterase and ATPase poisoning by organophosphate (chlorpyrifos). *Pharmacology Research & Perspectives* 6:e00401. PMID: 29736246

76. Ofoefule S, Okonta M (1999) Adsorption studies of ciprofloxacin: evaluation of magnesium trisilicate, kaolin and starch as alternatives for the management of ciprofloxacin poisoning. *Bollettino Chimico Farmaceutico* 138:239-242. PMID: 10464971

77. Romani A (2008) Magnesium homeostasis and alcohol consumption. *Magnesium Research* 21:197-204. PMID: 19271417

78. Poikolainen K, Alho H (2008) Magnesium treatment in alcoholics: a randomized clinical trial. *Substance Abuse Treatment, Prevention, and Policy* 3:1. PMID: 18218147

79. Vijayakumar H, Kannan S, Tejasvi C et al. (2017) Study of effect of magnesium sulphate in management of acute organophosphorous pesticide poisoning. *Anesthesia, Essays and Researches* 11:192-196. PMID: 28298783

80. Levy T (2011) *Primal Panacea.* Henderson, NV: MedFox Publishing

81. Chugh S, Malhotra S, Kumar P, Malhotra K (1991b) Reversion of ventricular and supraventricular tachycardia by magnesium sulphate therapy in aluminium phosphide poisoning. Report of two cases. *The Journal of the Association of Physicians of India* 39:642-643. PMID: 1814883

82. Chugh S, Kolley T, Kakkar R et al. (1997) A critical evaluation of anti-peroxidant effect of intravenous magnesium in acute aluminium phosphide poisoning. *Magnesium Research* 10:225-230. PMID: 9483483

83. Chugh S, Dushyant, Ram S et al. (1991a) Incidence & outcome of aluminium phosphate poisoning in a hospital study. *The Indian Journal of Medical Research* 94:232-235. PMID: 1937606

84. Hena Z, McCabe M, Perez M et al. (2018) Aluminum phosphide poisoning: successful recovery of multiorgan failure in a pediatric patient. *International Journal of Pediatrics & Adolescent Medicine* 5:155-158. PMID: 30805553

85. Sharma A, Dishant, Gupta V et al. (2014) Aluminum phosphide (celphos) poisoning in children: a 5-year experience in a tertiary care hospital from northern India. *Indian Journal of Critical Care Medicine* 18:33-36. PMID: 24550611

86. Agrawal V, Bansal A, Singh R et al. (2015) Aluminum phosphide poisoning: possible role of supportive measures in the absence of specific antidote. *Indian Journal of Critical Care Medicine* 19:109-112. PMID: 25722553

87. Chugh S, Chugh K, Ram S, Malhotra K (1991) Electrocardiographic abnormalities in aluminium phosphide poisoning with special reference to its incidence, pathogenesis, mortality and histopathology. *Journal of the Indian Medical Association* 89:32-35. PMID:2056173

88. Karamani A, Mohammadpour A, Zirak M et al. (2018) Antidotes for aluminum phosphide poisoning—an update. *Toxicology Reports* 5:1053-1059. PMID: 30406022

89. Zheltova A, Kharitonova M, Iezhitsa I, Spasov A (2016) Magnesium deficiency and oxidative stress: an update. *BioMedicine* 6:20. PMID: 27854048

90. Yamaguchi T, Uozu S, Isogai S et al. (2017) Short hydration regimen with magnesium supplementation prevents cisplatin-induced nephrotoxicity in lung cancer: a retrospective analysis. *Supportive Care in Cancer* 25:1215-1220. PMID: 27966021

91. Kumar G, Solanki M, Xue X et al. (2017) Magnesium improves cisplatin-mediated tumor killing while protecting against cisplatin-induced nephrotoxicity. *American Journal of Physiology. Renal Physiology* 313:F339-F350. PMID: 28424213

92. Zou X, Wang Y, Peng C et al. (2018) Magnesium isoglycyrrhizinate has hepatoprotective effects in an oxaliplatin-induced model of liver injury. *International Journal of Molecular Medicine* 42:2020-2030. PMID: 30066834

93. Babaknejad N, Moshtaghie A, Nayeri H et al. (2016) Protective role of zinc and magnesium against cadmium nephrotoxicity in male Wistar rats. *Biological Trace Element Research* 174:112-120. PMID: 27038621

94. Babaknejad N, Bahrami S, Moshtaghie A et al. (2018) Cadmium testicular toxicity in male Wistar rats: protective roles of zinc and magnesium. *Biological Trace Element Research* 185:106-115. PMID: 29238917

95. Ghaffarian-Bahraman A, Shahroozian I, Jafari A, Ghazi-Khansari M (2014) Protective effect of magnesium and selenium on cadmium toxicity in the isolated perfused rat liver system. *Acta Medica Iranica* 52:872-878. PMID: 25530047

96. Buha A, Bulat Z, Dukic-Cosic D, Matovic V (2012) Effects of oral and intraperitoneal magnesium treatment against cadmium-induced oxidative stress in plasma of rats. *Arhiv Za Higijenu Rada I Toksikologiju* 63:247-254. PMID: 23152374

97. Salem M, Kasinski N, Munoz R, Chernow B (1995) Progressive magnesium deficiency increases mortality from endotoxin challenge: protective effects of acute magnesium replacement therapy. *Critical Care Medicine* 23:108-118. PMID: 8001362

98. El-Tanbouly D, Abdelsalam R, Attia A, Abdel-Aziz M (2015) Pretreatment with magnesium ameliorates lipopolysaccharide-induced liver injury in mice. *Pharmacological Reports* 67:914-920. PMID: 26398385

99. Williamson R, McCarthy C, Kenny L, O'Keef fe G (2016) Magnesium sulphate prevents lipopolysaccharide-induced cell death in an *in vitro* model of the human placenta. *Pregnancy Hypertension* 6:356-360. PMID: 27939482

100. Almousa L, Salter A, Langley-Evans S (2018) Magnesium deficiency heightens lipopolysaccharide-induced inflammation and enhances monocyte adhesion in human umbilical vein endothelial cells. *Magnesium Research* 31:39-48. PMID: 0398154

101. Almousa L, Salter A, Langley-Evane S (2018a) Varying magnesium concentration elicits changes in inflammatory response in human umbilical vein endothelial cells (HUVECs). *Magnesium Research* 31:99-109. PMID: 30530425

102. Kang J, Yoon S, Sung Y, Lee S (2012) Magnesium chenoursodeoxycholic acid ameliorates carbon tetrachloride-induced liver fibrosis in rats. *Experimental Biology and Medicine* 237:83-92. PMID: 22185916

103. Tan Q, Hu Q, Zhu S et al. (2018) Licorice root extract and magnesium isoglycyrrhizinate protect against triptolide-induced hepatotoxicity via up-regulation of the Nrf2 pathway. *Drug Delivery* 25:1213-1223. PMID: 29791258

104. Blinova E, Halzova M, Blinov D (2016) A protective role for magnesium 2-aminoethansulfonate in paracetamol and ethanol-induced liver injury in pregnant rats. Article in English and Russian. *Experimental & Clinical Gastroenterology* 10:50-53. PMID: 29889373

105. Tabrizian K, Khodayari H, Rezaee R et al. (2018) Magnesium sulfate protects the heart against carbon monoxide-induced cardiotoxicity in rats. *Research in Pharmaceutical Sciences* 13:65-72. PMID: 29387113

106. Bagheri G, Rezaee R, Tsarouhas K et al. (2019) Magnesium sulfate ameliorates carbon monoxide-induced cerebral injury in male rats. *Molecular Medicine Reports* 19:1032-1039. PMID: 30569139

107. Stanley M, Kelers K, Boller E, Boller M (2019) Acute barium poisoning in a dog after ingestion of handheld fireworks (party sparklers). *Journal of Veterinary Emergency and Critical Care* 29:201-207. PMID: 30861291

108. Kao W, Deng J, Chiang S et al. (2004) A simple, safe, and efficient way to treat severe fluoride poisoning—oral calcium or magnesium. *Journal of Toxicology. Clinical Toxicology* 42:33-40. PMID: 15083934

109. Hfaiedh N, Murat J, Elfeki A (2012) A combination of ascorbic acid and α-tocopherol or a combination of Mg and Zn are both able to reduce the adverse effects of lindane-poisoning on rat brain and liver. *Journal of Trace Elements in Medicine and Biology* 26:273-278. PMID: 22677539

110. Shen J, Song L, Muller K et al. (2016) Magnesium alleviates adverse effects of lead on growth, photosynthesis, and ultrastructural alterations of *Torreya grandis* seedlings. *Frontiers in Plant Science* 7:1819. PMID: 27965704

111. Matovic V, Plamenac Bulat Z, Djukic-Cosic D, Soldatovic D (2010) Antagonism between cadmium and magnesium: a possible role of magnesium in therapy of cadmium intoxication. *Magnesium Research* 23:19-26. PMID: 20228012

112. Tan Q, Hu Q, Zhu S et al. (2018) Licorice root extract and magnesium isoglycyrrhizinate protect against triptolide-induced hepatotoxicity via up-regulation of the Nrf2 pathway. *Drug Delivery* 25:1213-1223. PMID: 29791258

第 11 章

1. Neveu A (1959) [*La Polio Guerie! Traitement Cytophylactique de la Poliomyelite par le Chlorure de Magnesium*]. Book in French. ("Polio healed. Cytophylactic treatment of polio with magnesium chloride"). Paris, France: La Vie Claire

2. Rodale J (with Taub H) (1968) *Magnesium, the Nutrient that could Change Your Life.* Pyramid Publications, Inc: New York, NY

3. Neveu A (1958) [*Le Chlorure de Magnesium: Traitement Cytophylactique des Maladies Infectieuses*]. Book in French. ("Cytophylactic treatment of infectious diseases by magnesium chloride"). Paris, France: Librairie Le Francois

4. Neveu A (1961) *Le Chlorure de Magnesium Dans L'Elevage:Traitment Cytophylactique des Maladies Infectieuses.* Librairie Le Francois: Paris, France

5. Dekopol B (2018) [*Le Chlorure de Magnesium Histoire et Manuel Pratique: Traitement des maladies infectieuses chez l'homme et les animaux*]. Book in French. ("Magnesium chloride history and practical manual: treatment of infectious diseases in humans and animals"). Le Jardin de l'Ataraxie. Amazon Kindle

6. Levy T (2011) *Primal Panacea.* Henderson, NV: MedFox Publishing

7. Klenner F (1948) Virus pneumonia and its treatment with vitamin C. *Southern Medicine and Surgery* 110:36-38. PMID: 18900646

8. Klenner F (1949) The treatment of poliomyelitis and other virus diseases with vitamin C. *Southern Medicine and Surgery* 111:209-214. PMID: 18147027

9. Klenner F (1951) Massive doses of vitamin C and the virus diseases. *Southern Medicine and Surgery* 113:101-107. PMID:14855098

10. Klenner F (1952) The vitamin and massage treatment for acute poliomyelitis. *Southern Medicine and Surgery* 114:194-197. PMID:12984224

11. Klenner F (1971) Observations on the dose and administration of ascorbic acid when employed beyond the range of a vitamin in human pathology. *Journal of Applied Nutrition* Winter, pp. 61-88.

12. Klenner F (1974) Significance of high daily intake of ascorbic acid in preventive medicine. *Journal of Preventive Medicine* 1:45-69.

13. Rapp F, Butel J, Wallis C (1965) Protection of measles virus by sulfate ions against thermal inactivation. *Journal of Bacteriology* 90:132-135. PMID: 16562007

14. Wallis C, Morales F, Powell J, Melnick J (1966) Plaque enhancement of enteroviruses by magnesium chloride, cysteine, and pancreatin. *Journal of Bacteriology* 91:1932-1935. PMID: 4287074

15. Delbet P (1944) [*Politique Preventive du Cancer*]. Book in French. ("Preventive Cancer Policy"). France: La Vie Claire

16. Rodale J (with Taub H) (1968) *Magnesium, the Nutrient that could Change Your Life.* Pyramid Publications, Inc: New York, NY

17. Vergini R (1994) [*Curarsi con il Magnesio*]. Book in Italian. ("To Cure Yourself with Magnesium"). Italy: Red Edizioni

18. di Fabio A (1992) The art of getting well: magnesium chloride hexahydrate therapy. *The Arthritis Trust of America*, reprinted in *Townsend Letter for Doctors*, November, 1992, p. 992.

19. Zeng J, Ren L, Yuan Y et al. (2013) Short-term effect of magnesium implantation on the osteomyelitis modeled animals induced by *Staphylococcus aureus. Journal of Materials Science. Materials in Medicine* 24:2405-2416. PMID: 23793564

20. Li F, Wu W, Xiang L et al. (2015) Sustained release of VH and rhBMP-2 from nanoporous magnesium-zinc-silicon xerogels for osteomyelitis treatment and bone repair. *International Journal of Nanomedicine* 10:4071-4080. PMID: 26124660

21. Li Y, Liu G, Zhai Z et al. (2014) Antibacterial properties of magnesium *in vitro* and in an *in vivo* model of implant-associated methicillin-resistant *Staphylococcus aureus* infection. *Antimicrobial Agents and Chemotherapy* 58:7586-7591. PMID: 25288077

22. Rahim M, Eifler R, Rais B, Mueller P (2015) Alkalization is responsible for antibacterial effects of corroding magnesium. *Journal of Biomedical Materials Research.* Part A 103:3526-3532. PMID: 25974048

23. Welch K, Latifzada M, Frykstrand S, Stromme M (2016)Investigation of the antibacterial effect of mesoporous magnesium carbonate. *ACS Omega* 1:907-914. PMID: 30023495

24. Bai N, Tan C, Li Q, Xi Z (2017) Study on the corrosion resistance and anti-infection of modified magnesium alloy. *Bio-Medical Materials and Engineering* 28:339-345. PMID: 28869427

25. Andres N, Sieben J, Baldini M et al. (2018) Electroactive Mg2+-hydroxyapatite nanostructured networks against drug-resistant bone infection strains. *ACS Applied Materials & Interfaces* 10:19534-19544. PMID: 29799727

26. Van Laecke S, Vermeiren P, Nagler E et al. (2016) Magnesium and infection risk after kidney transplantation: an observational cohort study. *The Journal of Infection* 73:8-17. PMID: 27084308

27. Thongprayoon C, Cheungpasitporn W, Erickson S (2015) Admission hypomagnesemia linked to septic shock in patients with systemic inflammatory response syndrome. *Renal Failure* 37:1518-1521. PMID: 26335852

28. Hupp S, Ribes S, Seele J et al. (2017) Magnesium therapy improves outcome in *Streptococcus pneumoniae* meningitis by altering pneumolysin pore formation. *British Journal of Pharmacology* 174:4295-4307. PMID: 28888095

29. Chung Y, Hsieh F, Lin Y et al. (2015) Magnesium lithospermate B and rosmarinic acid, two compounds present in *Salvia miltiorrhiza,* have potent antiviral activity against enterovirus 71 infections. *European Journal of Pharmacology* 755:127-133. PMID: 25773498

30. Rafiei S, Rezatofighi S, Ardakani M, Madadgar O (2015) In vitro anti-foot-and-mouth disease virus activity of magnesium oxide nanoparticles. *IET Nanobiotechnology* 9:247-251. PMID: 6435276

31. Ravell J, Otim I, Nabalende H et al. (2018) Plasma magnesium is inversely associated with Epstein-Barr virus load in peripheral blood and Burkitt lymphoma in Uganda. *Cancer Epidemiology* 52:70-74. PMID: 29248801

32. Zhu L, Yin H, Sun H et al. (2019) The clinical value of aquaporin-4 in children with hand, food, and mouth disease and the effect of magnesium sulfate on its expression: a prospective randomized clinical trial. *European Journal of Clinical Microbiology & Infectious Diseases* 38:1343-1349. PMID: 31028503

33. Das B, Moumita S, Ghosh S et al. (2018) Biosynthesis of magnesium oxide (MgO) nanoflakes by using leaf extract of *Bauhinia purpurea* and evaluation of its antibacterial property against *Staphylococcus aureus*. *Materials Science & Engineering. C, Materials for Biological Applications* 91:436-444. PMID: 30033274

34. Hussein E, Ahmed S, Mokhtar A et al. (2018) Antiprotozoal activity of magnesium oxide (MgO) nanoparticles against *Cyclospora cayetanensis* oocysts. *Parasitology International* 67:666-674. PMID: 29933042

35. Nguyen N, Grelling N, Wetteland C et al. (2018) Antimicrobial activities and mechanisms of magnesium oxide nanoparticles (nMgO) against pathogenic bacteria, yeasts, and biofilms. *Scientific Reports* 8:16260. PMID: 30389984

第 12 章

1. Halliwell B (2006) Reactive species and antioxidants. Redox biology is a fundamental theme of aerobic life. *Plant Physiology* 141:312-322. PMID: 16760481

2. Levy T (2002) *Curing the Incurable. Vitamin C, Infectious Diseases, and Toxins* Henderson, NV: MedFox Publishing

3. Long C, Maull K, Krishnan R et al. (2003) Ascorbic acid dynamics in the seriously ill and injured. *The Journal of Surgical Research* 109:144-148. PMID: 12643856

4. Berger M, Oudemans-van Straaten H (2015) Vitamin C supplementation in the critically ill patient. *Current Opinion in Clinical Nutrition and Metabolic Care* 18:193-201. PMID: 25635594

5. Haraszthy V, Zambon J, Trevisan M et al. (2000) Identification of periodontal pathogens in atheromatous plaques. *Journal of Periodontology* 71:1554-1560. PMID: 11063387

6. Mattila K, Pussinen P, Paju S (2005) Dental infections and cardiovascular diseases: a review. *Journal of Periodontology* 76(11 Suppl):2085-2088. PMID: 16277580

7. Mahendra J, Mahendra L, Kurian V et al. (2010) 16S rRNA-based detection of oral pathogens in coronary atherosclerotic plaque. *Indian Journal of Dental Research* 21:248-252. PMID: 20657096

8. Mahendra J, Mahendra L, Nagarajan A, Mathew K (2015)Prevalence of eight putative periodontal pathogens in atherosclerotic plaque of coronary artery disease patients and comparing them with noncardiac subjects: a case-control study. *Indian Journal of Dental Research* 26:189-195. PMID: 26096116

9. Ott S, El Mokhtari N, Musfeldt M et al. (2006) Detection of diverse bacterial signatures in atherosclerotic lesions of patients with coronary artery disease. *Circulation* 113:929-937. PMID: 16490835

10. Willis G, Fishman S (1955) Ascorbic acid content of human arterial tissue. *Canadian Medical Association Journal* 72:500-503. PMID: 14364385

第 13 章

1. Levy T (2013) *Death by Calcium: Proof of the toxic effects of dairy and calcium supplements,* Henderson, NV: MedFox Publishing

第 14 章

1. Levy T (2013) *Death by Calcium: Proof of the toxic effects of dairy and calcium supplements*, Henderson, NV: MedFox Publishing

2. Whittaker P, Tufaro P, Rader J (2001) Iron and folate in fortified cereals. *Journal of the American College of Nutrition* 20:247-254. PMID: 11444421

3. Reifen R, Matas Z, Zeidel L et al. (2000) Iron supplementation may aggravate inflammatory status of colitis in a rat model. *Digestive Diseases and Sciences* 45:394-397. PMID: 10711457

4. Carrier J, Aghdassi E, Platt I et al. (2001) Effect of oral iron supplementation on oxidative stress and colonic inflammation in rats with induced colitis. *Alimentary Pharmacology & Therapeutics* 15:1989-1999. PMID: 11736731

5. Yu S, Feng Y, Shen Z, Li M (2011) Diet supplementation with iron augments brain oxidative stress status in a rat model of psychological stress. *Nutrition* 27:1048-1052. PMID: 21454054

6. Gao W, Li X, Gao Z, Li H (2014) Iron increases diabetes-induced kidney injury and oxidative stress in rats. *Biological Trace Element Research* 160:368-375. PMID: 24996958

7. Volani C, Paglia G, Smarason S et al. (2018) Metabolic signature of dietary iron overload in a mouse model. *Cells* Dec 11 7. PMID:30544931

8. Korkmaz V, Ozkaya E, Seven B et al. (2014) Comparison of oxidative stress in pregnancies with and without first trimester iron supplement: a randomized double-blind controlled trial. *The Journal of Maternal-Fetal & Neonatal Medicine* 27:1535-1538. PMID: 24199687

9. Lymperaki E, Tsikopoulos A, Makedou K et al. (2015) Impact of iron and folic acid supplementation on oxidative stress during pregnancy. *Journal of Obstetrics and Gynaecology* 35:803-806. PMID: 25692315

10. Scholl T (2005) Iron status during pregnancy: setting the stage for mother and infant. *The American Journal of Clinical Nutrition* 81:1218S-1222S. PMID: 15883455

11. Tiwari A, Mahdi A, Chandyan S et al. (2011) Oral iron supplementation leads to oxidative imbalance in anemic women: a prospective study. *Clinical Nutrition* 30:188-193. PMID: 20888091

12. Deugnier Y, Bardou-Jacquet E, Laine F (2017) Dysmetabolic iron overload syndrome (DIOS). *Presse Medicale* 46:e306-e311. PMID:29169710

13. Fibach E, Rachmilewitz E (2017) Iron overload in hematological disorders. *Presse Medicale* 46:e296-e305. PMID: 29174474

14. Kolnagou A, Kontoghiorghe C, Kontoghiorghes G (2018) New targeted therapies and diagnostic methods for iron overload diseases. *Frontiers in Bioscience* 10:1-20. PMID: 28930516

15. Weinberg E (2009) Is addition of iron to processed foods safe for iron replete consumers? *Medical Hypotheses* 73:948-949. PMID:19628337

16. Weinberg E (2000) Iron-enriched rice: the case for labeling. *Journal of Medicinal Food* 3:189-191. PMID: 19236176

17. Paul S, Gayen D, Datta S, Datta K (2016) Analysis of high iron rice lines reveals new miRNAs that target iron transporters in roots. *Journal of Experimental Botany* 67:5811-5824. PMID: 27729476

18. Yalcintepe L, Halis E (2016) Modulation of iron metabolism by iron chelation regulates intracellular calcium and increases sensitivity to doxorubicin. *Bosnian Journal of Basic Medical Sciences* 16:14-20. PMID: 26773173

19. Hildalgo C, Nunez M (2007) Calcium, iron and neuronal function. *IUBMB Life* 59:280-285. PMID: 17505966

20. Lee D, Park J, Lee H et al. (2016) Iron overload-induced calcium signals modulate mitochondrial fragmentation in HT-22 hippocampal neuron cells. *Toxicology* 365:17-24. PMID: 27481217

21. Nunez M, Hidalgo C (2019) Noxious iron-calcium connections in neurodegeneration. *Frontiers in Neuroscience* 13:48. PMID:30809110

22. Peterson E, Shapiro H, Li Y et al. (2016) Arsenic from community water fluoridation: quantifying the effect. *Journal of Water and Health* 14:236-242. PMID: 27105409

23. Tankeu A, Ndip Agbor V, Noubiap J (2017) Calcium supplementation and cardiovascular risk: a rising concern. *Journal of Clinical Hypertension* 19:640-646. PMID: 28466573

24. Levy T (2013) *Death by Calcium: Proof of the toxic effects of dairy and calcium supplements*, Henderson, NV: MedFox Publishing

25. Bolland M, Grey A, Avenell A et al. (2011) Calcium supplements with or without vitamin D and risk of cardiovascular events: reanalysis of the Women's Health Initiative limited access dataset and meta-analysis. *BMJ* 342:d2040. PMID: 21505219

26. Bolland M, Avenell A, Baron J et al. (2010) Effect of calcium supplements on risk of myocardial infarction and cardiovascular events: meta-analysis. *BMJ* 341:c3691. PMID: 20671013

27. Michaelsson K, Melhus H, Warensjo Lemming E et al. (2013)Long term calcium intake and rates of all cause and cardiovascular mortality: commonly based prospective longitudinal cohort study. *BMJ* 346:f228. PMID: 23403980

28. Trump B, Berezesky I (1996) The role of altered [Ca2+]i regulation in apoptosis, oncosis, and necrosis. *Biochimica et Biophysica Acta* 1313:173-178. PMID: 8898851

29. Touyz R, Schiffrin E (1993) The effect of angiotensin II on platelet intracellular free magnesium and calcium ionic concentrations in essential hypertension. *Journal of Hypertension* 11:551-558. PMID: 8390527

30. Li M, Inoue K, Si H, Xiong Z (2011) Calcium-permeable ion channels involved in glutamate receptor-independent ischemic brain injury. *Acta Pharmacologica Sinica* 32:734-740. PMID: 21552295

31. Rakkar K, Bayraktutan U (2016) Increases in intracellular calcium perturb blood-brain barrier via protein kinase C-alpha and apoptosis. *Biochimica et Biophysica Acta* 1862:56-71. PMID: 26527181

32. Kass G, Wright J, Nicotera P, Orrenius S (1988) The mechanism of 1-methyl-4-phenyl-1,2,3,6-tetrahydropyridine toxicity: role of intracellular calcium. *Archives of Biochemistry and Biophysics* 260:789-797. PMID: 2963592

33. Pothoulakis C, Sullivan R, Melnick D et al. (1988) *Clostridium difficile* toxin A stimulates intracellular calcium release and chemotactic response in human granulocytes. *The Journal of Clinical Investigation* 81:1741-1745. PMID: 2838520

34. Liu L, Chang X, Zhang Y et al. (2018) Fluorochloridone induces primary cultured Sertoli cells apoptosis: involvement of ROS and intracellular calcium ions-mediated ERK1/2 activation. *Toxicoloty In Vitro* 47:228-237. PMID: 29248592

35. Shin S, Hur G, Kim Y et al. (2000) Intracellular calcium antagonist protects cultured peritoneal macrophages against anthrax lethal toxin-induced cytotoxicity. *Cell Biology and Toxicology* 16:137-144. PMID: 10917569

36. Wang X, Chen J, Wang H et al. (2017) Memantine can reduce ethanol-induced caspase-3 activity and apoptosis in H4 cells by decreasing intracellular calcium. *Journal of Molecular Neuroscience* 62:402-411. PMID: 28730337

37. Vezir O, Comelekoglu U, Sucu N et al. (2017) N-acetylcysteineinduced vasodilatation is modified by K_{ATP} channels, Na^+/K^+-ATPase activity and intracellular calcium concentration: an *in vitro* study. *Pharmacological Reports* 69:738-745. PMID: 28577450

38. Kawamata H, Manfredi G (2010) Mitochondrial dysfunction and intracellular calcium dysregulation in ALS. *Mechanisms of Ageing and Development* 131:517-526. PMID: 20493207

39. Bravo-Sagua R, Parra V, Lopez-Crisosto C et al. (2017) Calcium transport and signaling in mitochondria. *Comprehensive Physiology* 7:623-634. PMID: 28333383

40. Tian P, Hu Y, Schilling W et al. (1994) The nonstructural glycoprotein of rotavirus affects intracellular calcium levels. *Journal of Virology* 68:251-257. PMID: 8254736

41. Orrenius S, Burkitt M, Kass G et al. (1992) Calcium ions and oxidative cell injury. *Annals of Neurology* 32 Suppl:S33-S42. PMID:1510379

42. Prasad A, Bloom M, Carpenter D (2010) Role of calcium and ROS in cell death induced by polyunsaturated fatty acids in murine thymocytes. *Journal of Cellular Physiology* 225:829-836. PMID: 20589836

43. Surmeier D, Guzman J, Sanchez-Padilla J, Schumacker P (2011) The role calcium and mitochondrial oxidant stress in the loss of substantia nigra pars compacta dopaminergic neurons in Parkinson's disease. *Neuroscience* 198:221-231. PMID: 21884755

44. Billings F (1930) Focal infection as the cause of general disease. *Bulletin of the New York Academy of Medicine* 6:759-773. PMID: 19311755

45. Auld J (1927) An address on focal infection in relation to systemic disease. *The Canadian Medical Association Journal* 17:294-297. PMID: 20316215

46. Daland J (1922) Diagnosis of focal infection. *Transactions of the American Climatological and Clinical Association* 38:66-71. PMID: 21408811

47. Nakamura T (1924) A study on focal infection and elective localization in ulcer of the stomach and in arthritis. *Annals of Surgery* 79:29-43. PMID: 17864965

48. Cecil R (1934) Focal infection—some modern aspects. *California and Western Medicine* 40:397-402. PMID: 18742882

49. Henry C (1920) Focal infection. *The Canadian Medical Association Journal* 10:593-604. PMID: 20312306

50. Kulacz R, Levy T (2014) *The Toxic Tooth: How a root canal could be making you sick,* Henderson, NV: MedFox Publishing

51. Levy T (2017) *Hidden Epidemic: Silent oral infections cause most heart attacks and breast cancers,* Henderson, NV: MedFox Publishing

52. Levy T (2017) *Hidden Epidemic: Silent oral infections cause most heart attacks and breast cancers*, Henderson, NV: MedFox Publishing

53. Kulacz R, Levy T (2002) *The Roots of Disease: Connecting Dentistry & Medicine,* Bloomington, IN: Xlibris Publishing

54. Kulacz R, Levy T (2014) *The Toxic Tooth: How a root canal could be making you sick,* Henderson, NV: MedFox Publishing

55. Levy T (2017) *Hidden Epidemic: Silent oral infections cause most heart attacks and breast cancers,* Henderson, NV: MedFox Publishing

56. Levy T (2001) *Optimal Nutrition for Optimal Health,* New York, NY: Keats Publishing

57. Levy T (2013) *Death by Calcium: Proof of the toxic effects of dairy and calcium supplements,* Henderson, NV: MedFox Publishing

第 15 章

1. Barrasa G, Gonzalez Canete N, Boasi L (2018) Age of postmenopause women: effect of soy isoflavone in lipoprotein and inflammation markers. *Journal of Menopausal Medicine* 24:176-182. PMID: 30671410

2. Barrow J, Turan N, Wangmo P et al. (2018) The role of inflammation and potential use of sex steroids in intracranial aneurysms and subarachnoid hemorrhage. *Surgical Neurology International* 9:150. PMID: 30105144

3. Son H, Kim N, Song C et al. (2018) 17β-Estradiol reduces inflammation and modulates antioxidant enzymes in colonic epithelial cells. *The Korean Journal of Internal Medicine* Oct 22 [Epub ahead of print]. PMID: 30336658

4. Vermillion M, Ursin R, Attreed S, Klein S (2018) Estriol reduces pulmonary immune cell recruitment and inflammation to protect female mice from severe influenza. *Endocrinology* 159:3306-3320. PMID: 30032246

5. Cheng C, Wu H, Wang M et al. (2019) Estrogen ameliorates allergic airway inflammation by regulating activation of NLRP3 in mice. *Bioscience Reports* Jan 8 39. PMID: 30373775

6. Liu T, Ma Y, Zhang R et al. (2019) Resveratrol ameliorates estrogen deficiency-induced depression- and anxiety-like behaviors and hippocampal inflammation in mice. *Psychopharmacology* Jan 4 [Epub ahead of print]. PMID: 30607478

7. Peng X, Qiao Z, Wang Y et al. (2019) Estrogen reverses nicotine-induced inflammation in chondrocytes via reducing the degradation of ECM. *International Journal of Rheumatic Diseases* Feb 11 [Epub ahead of print]. PMID: 30746895

8. Collins P, Rosano G, Jiang C et al. (1993) Cardiovascular protection by oestrogen—a calcium antagonist effect? *Lancet* 341:1264-1265. PMID: 8098404

9. Muck A, Seeger H, Bartsch C, Lippert T (1996) Does melatonin affect calcium influx in human aortic smooth muscle cells and estradiol-mediated calcium antagonism? *Journal of Pineal Research* 20:145-147. PMID: 8797181

10. Sugishita K, Li F, Su Z, Barry W (2003) Anti-oxidant effects of estrogen reduce [Ca2+]i during metabolic inhibition. *Journal of Molecular and Cellular Cardiology* 35:331-336. PMID: 12676548

11. Sribnick E, Del Re A, Ray S et al. (2009) Estrogen attenuates glutamate-induced cell death by inhibiting Ca2+ influx through L-type voltage-gated Ca2+ channels. *Brain Research* 1276:159-170. PMID: 19389388

12. Dobrydneva Y, Williams R, Morris G, Blackmore P (2002) Dietary phytoestrogens and their synthetic structural analogues as calcium channel blockers in human platelets. *Journal of Cardiovascular Pharmacology* 40:399-410. PMID: 12198326

13. Facchinetti F, Borella P, Valentini M et al. (1988) Premenstrual increase of intracellular magnesium levels in women with ovulatory, asymptomatic menstrual cycles. *Gynecological Endocrinology* 2:249-256. PMID: 3227989

14. Chaban V, Mayer E, Ennes H, Micevych P (2003) Estradiol inhibits ATP-induced intracellular calcium concentration increase in dorsal root ganglia neurons. *Neuroscience* 118:941-948. PMID: 12732239

15. Wang X, Guo H, Wang Y, Yi X (2007) [Effects of 17beta-estradiol on the intracellular calcium of masticatory muscles myoblast *in vitro*]. [Article in Chinese] *West China Journal of Stomatology* 25:611-613. PMID: 18306639

16. Xi Q, Hoenderop J, Bindels R (2009) Regulation of magnesium reabsorption in DCT. *Pflugers Archiv: European Journal of Physiology* 458:89-98. PMID: 18949482

17. Cameron I, Pool T, Smith N (1980) Intracellular concentration of potassium and other elements in vaginal epithelial cells stimulated by estradiol administration. *Journal of Cellular Physiology* 104:121-125. PMID: 7440641

18. de Padua Mansur A, Silva T, Takada J et al. (2012) Long-term prospective study of the influence of estrone levels on events in postmenopausal women with or at high risk for coronary artery disease. *ScientificWorldJournal* 2012:363595. PMID: 22701354

19. Schairer C, Adami H, Hoover R, Persson I (1997) Cause-specific mortality in women receiving hormone replacement therapy. *Epidemiology* 8:59-65. PMID: 9116097

20. Mikkola T, Tuomikoski P, Lyytinen H et al., (2015) Estradiol-based postmenopausal hormone therapy and risk of cardiovascular and all-cause mortality. *Menopause* 22:976-983. PMID: 25803671

21. Alexandersen P, Tanko L, Bagger Y et al. (2006) The long-term impact of 2-3 of hormone replacement therapy on cardiovascular mortality and atherosclerosis in healthy women. *Climacteric* 9:108-118. PMID: 16698657

22. Li S, Rosenberg L, Wise L et al. (2013) Age at natural menopause in relation to all-cause and cause-specific mortality in a follow-up study of US black women. *Maturitas* 75:246-252. PMID: 23642541

23. La S, Lee J, Kim D et al. (2016) Low magnesium levels in adults with metabolic syndrome: a meta-analysis. *Biological Trace Element Research* 170:33-42. PMID: 26208810

24. Guerrero-Romano F, Jaquez-Chairez F, Rodriguez-Moran M (2016) Magnesium in metabolic syndrome: a review based on randomized, double-blind clinical trials. *Magnesium Research* 29:146-153. PMID: 27834189

25. Sarrafzadegan N, Khosravi-Boroujeni H, Lotfizadeh M et al. (2016) Magnesium status and the metabolic syndrome: a systematic review and meta-analysis. *Nutrition* 32:409-417. PMID: 26919891

26. Finan B, Yang B, Ottaway N et al. (2012) Targeted estrogen delivery reverses the metabolic syndrome. *Nature Medicine* 18:1847-1856. PMID: 23142820

27. Xu J, Xiang Q, Lin G et al. (2012) Estrogen improved metabolic syndrome through down-regulation of VEGF and HIF-1α to inhibit hypoxia of periaortic and intra-abdominal fat in ovariectomized female rats. *Molecular Biology Reports* 39:8177-8185. PMID:22570111

28. Korljan B, Bagatin J, Kokic S et al. (2010) The impact of hormone replacement therapy on metabolic syndrome components in perimenopausal women. *Medical Hypotheses* 74:162-163. PMID:19665311

29. Alemany M (2012) Do the interactions between glucocorticoids and sex hormones regulate the development of the metabolic syndrome? *Frontiers in Endocrinology* 3:27. PMID: 22649414

30. Mauvais-Jarvis F, Clegg D, Hevener A (2013) The role of estrogens in control of energy balance and glucose homeostasis. *Endocrine Reviews* 34:309-338. PMID: 23460719

31. Xue W, Deng Y, Wang Y, Sun A (2016) Effect of half-dose and standard-dose conjugated equine estrogens combined with natural progesterone on dydrogesterone on components of metabolic syndrome in healthy postmenopausal women: a randomized controlled trial. *Chinese Medical Journal* 129:2773-2779. PMID: 27900987

32. Levy T (2013) *Death by Calcium: Proof of the toxic effects of dairy and calcium supplements,* Henderson, NV: MedFox Publishing

33. Bianchi V (2018) The anti-inflammatory effects of testosterone. *Journal of the Endocrine Society* 3:91-107. PMID: 30582096

34. Hall J, Jones R, Jones T et al. (2006) Selective inhibition of L-type Ca2+ channels in A7r5 cells by physiological levels of testosterone. *Endocrinology* 147:2675-2680. PMID: 16527846

35. Scragg J, Dallas M, Peers C (2007) Molecular requirements for L-type Ca2+ channel blockade by testosterone. *Cell Calcium* 42:11-15. PMID: 17173968

36. Oloyo A, Sofola O, Nair R et al. (2011) Testosterone relaxes abdominal aorta in male Sprague-Dawley rats by opening potassium (K(+)) channel and blockade of calcium (Ca(2+)) channel. *Pathophysiology* 18:247-253. PMID: 21439799

37. Jones T, Kelly D (2018) Randomized controlled trials—mechanistic studies of testosterone and the cardiovascular system. *Asian Journal of Andrology* 20:120-130. PMID: 29442075

38. Marin D, Bolin A, dos Santos Rde C et al. (2010) Testosterone suppresses oxidative stress in human neutrophils. *Cell Biochemistry and Function* 28:394-402. PMID: 20589735

39. Campelo A, Cutini P, Massheimer V (2012) Testosterone modulates platelet aggregation and endothelial cell growth through nitric oxide pathway. *The Journal of Endocrinology* 213:77-87. PMID: 22281525

40. Kelly D, Jones T (2013) Testosterone: a metabolic hormone in health and disease. *Journal of Endocrinology* 217:R25-R45. PMID:23378050

41. Rovira-Llopis S, Banuls C, de Maranon A et al. (2017) Low testosterone levels are related to oxidative stress, mitochondrial dysfunction and altered subclinical atherosclerotic markers in type 2 diabetic male patients. *Free Radical Biology & Medicine* 108:155-162. PMID: 28359952

42. Hackett G, Heald A, Sinclair A et al. (2016) Serum testosterone, testosterone replacement therapy and all-cause mortality in men with type 2 diabetes: retrospective consideration of the impact of PDE5 inhibitors and statins. *International Journal of Clinical Practice* 70:244-253. PMID: 26916621

43. Bentmar Holgersson M, Landgren F, Rylander L, Lundberg Giwercman Y (2017) Mortality is linked to low serum testosterone levels in younger and middle-aged men. *European Urology* 71:991-992. PMID: 27993426

44. Nakashima A, Ohkido I, Yokoyama K et al. (2017) Associations between low serum testosterone and all-cause mortality and infection-related hospitalization in male hemodialysis patients: a prospective cohort study. *Kidney International Reports* 2:1160-1168. PMID: 29270524

45. Bianchi V (2018) Testosterone, myocardial function, and mortality. *Heart Failure Reviews* 23:773-788. PMID: 29978359

46. Meyer E, Wittert G (2018) Endogenous testosterone and mortality risk. *Asian Journal of Andrology* 20:115-119. PMID: 29384142

47. Holmboe S, Skakkebaek N, Juul A et al. (2017) Individual testosterone decline and future mortality risk in men. *European Journal of Endocrinology* 178:123-130. PMID: 29066571

48. Sharma R, Oni O, Gupta K et al. (2015) Normalization of testosterone level is associated with reduced incidence of myocardial infarction and mortality in men. *European Heart Journal* 36:2706-2715. PMID: 26248567

49. Hackett G, Cole N, Mulay A et al. (2019) Long-term testosterone therapy in type 2 diabetes is associated with reduced mortality without improvement in conventional cardiovascular risk factors. *BJU International* 123:519-529. PMID: 30216622

50. Nakashima A, Ohkido I, Yokoyama K et al. (2017) Associations between low serum testosterone and all-cause mortality and infection-related hospitalization in male hemodialysis patients: a prospective cohort study. *Kidney International Reports* 2:1160-1168. PMID: 29270524

51. Bianchi V, Locatelli V (2018) Testosterone a key factor in gender related metabolic syndrome. *Obesity Reviews* 19:557-575. PMID: 29356299

52. Skogastierna C, Hotzen M, Rane A, Ekstrom L (2014) A supraphysiological dose of testosterone induces nitric oxide production and oxidative stress. *European Journal of Preventive Cardiology* 21:1049-1054. PMID: 23471592

53. Cinar V, Polat Y, Baltaci A, Mogulkoc R (2011) Effects of magnesium supplementation on testosterone levels of athletes and sedentary subjects at rest and after exhaustion. *Biological Trace Element Research* 140:18-23. PMID: 20352370

54. Maggio M, De Vita F, Lauretani F et al. (2014) The interplay between magnesium and testosterone in modulating physical function in men. *International Journal of Endocrinology* 2014:525249. PMID: 24723948

55. Rotter I, Kosik-Bogacka D, Dolegowska B et al. (2015) Relationship between serum magnesium concentration and metabolic and hormonal disorders in middle-aged and older men. *Magnesium Research* 28:99-107. PMID: 26507751

56. Antinozzi C, Marampon F, Corinaldesi C et al. (2017) Testosterone insulin-like effects: an *in vitro* study on the short-term metabolic effects of testosterone in human skeletal muscle cells. *Journal of Endocrinological Investigation* 40:1133-1143. PMID: 28508346

57. Deutscher S, Bates M, Caines M et al. (1989) Relationships between serum testosterone, fasting insulin and lipoprotein levels among elderly men. *Atherosclerosis* 75:13-22. PMID: 2649112

58. Graham E, Selgrade J (2017) A model of ovulatory regulation examining the effects of insulin-mediated testosterone production on ovulatory function. *Journal of Theoretical Biology* 416:149-160. PMID: 28069449

59. Knight E, Christian C, Morales P et al. (2017) Exogenous testosterone enhances cortisol and affective responses to social-evaluative stress in dominant men. *Psychoneuroendocrinology* 85:151-157. PMID: 28865351

60. Norman A (2012) The history of the discovery of vitamin D and its daughter steroid hormone. *Annals of Nutrition & Metabolism* 61:199-206. PMID: 23183289

61. Barbonetti A, Vassallo M, Felzani G et al. (2016) Association between 25(OH)-vitamin D and testosterone levels: evidence from men with chronic spinal cord injury. *The Journal of Spinal Cord Medicine* 39:246-252. PMID: 26312544

62. No author (1932) Insulin and the healing of fractures. *Edinburgh Medical Journal* 39:268. PMID: 29640619

63. Gurd F (1937) Postoperative use of insulin in the nondiabetic: with special reference to wound healing. *Annals of Surgery* 106:761-769. PMID: 17857076

64. Rosenthal S (1968) Acceleration of primary wound healing by insulin. *Archives of Surgery* 96:53-55. PMID: 5635406

65. Vatankhah N, Jahangiri Y, Landry G et al. (2017) Effect of systemic insulin treatment on diabetic wound healing. *Wound Repair and Regeneration* 25:288-291. PMID: 28120507

66. Apikoglu-Rabus S, Izzettin F, Turan P, Ercan F (2010) Effect of topical insulin on cutaneous wound healing of rats with or without acute diabetes. *Clinical and Experimental Dermatology* 35:180-185. PMID: 19594766

67. Lima M, Caricilli A, de Abreu L et al. (2012) Topical insulin accelerates wound healing in diabetes by enhancing the AKT and ERK pathways: a double-blind placebo-controlled clinical trial. *PLoS One* 7:e36974. PMID: 22662132

68. Oryan A, Alemzadeh E (2017) Effects of insulin on wound healing: a review of animal and human evidences. *Life Science*s 174:59-67. PMID: 28263805

69. Greenway S, Filler L, Greenway F (1999) Topical insulin in wound healing: a randomized, double-blind, placebo-controlled trial. *Journal of Wound Care* 8:526-528. PMID: 10827659

70. Zhang X, Chinkes D, Sadagopa Ramanujam V, Wolfe R (2007) Local injection of insulin-zinc stimulates DNA synthesis in skin donor site wound. *Wound Repair and Regeneration* 15:258-265. PMID: 17352759

71. Araujo M, Murashima A, Alves V et al. (2016) The topical use of insulin accelerates the healing of traumatic tympanic membrane perforations. *The Laryngoscope* 126:156-162. PMID: 2589194

72. Fai S, Ahem A, Mustapha M et al. (2017) Randomized controlled trial of topical insulin for healing corneal epithelial defects induced during vitreoretinal surgery in diabetics. *Asia-Pacific Journal of Ophthalmology* 6:418-424. PMID: 28828764

73. Wang A, Weinlander E, Metcalf B et al. (2017) Use of topical insulin to treat refractory neurotrophic corneal ulcers. *Cornea* 36:1426-1428. PMID: 28742619

74. Stephen S, Agnihotri M, Kaur S (2016) A randomized, controlled trial to assess the effect of topical insulin versus normal saline in pressure ulcer healing. *Ostomy/Wound Management* 62:16-23. PMID: 27356143

75. Martinez-Jimenez M, Aguilar-Garcia J, Valdes-Rodriguez R et al. (2013) Local use of insulin in wounds of diabetic patients: higher temperature, fibrosis, and angiogenesis. *Plastic and Reconstructive Surgery* 132:1015e-1019e. PMID: 24281606

76. Martinez-Jimenez M, Valadez-Castillo F, Aguilar-Garcia J et al. (2018) Effects of local use of insulin on wound healing in non-diabetic patients. *Plastic Surgery* 26:75-79. PMID: 29845043

77. Yu T, Gao M, Yang P et al. (2019) Insulin promotes macrophage phenotype transition through PI3K/Akt and PPAR-γ signaling during diabetic wound healing. *Journal of Cellular Physiology* 234:4217-4231. PMID: 30132863

78. Dai L, Ritchie G, Bapty B et al. (1999) Insulin stimulates Mg2+ uptake in mouse distal convoluted tubule cells. *The American Journal of Physiology* 277:F907-F913. PMID: 10600938

79. Cunningham J (1998) The glucose/insulin system and vitamin C: implications in insulin-dependent diabetes mellitus. *Journal of the American College of Nutrition* 17:105-108. PMID: 9550452

80. Chen M, Hutchinson M, Pecoraro R et al. (1983) Hyperglycemiainduced intracellular depletion of ascorbic acid in human mononuclear leukocytes. *Diabetes* 32:1078-1081. PMID: 6357907

81. Qutob S, Dixon S, Wilson J (1998) Insulin stimulates vitamin C recycling and ascorbate accumulation in osteoblastic cells. *Endocrinology* 139:51-56. PMID: 9421397

82. Paolisso G, Ravussin E (1995) Intracellular magnesium and insulin resistance: results in Pima Indians and Caucasians. *The Journal of Clinical Endocrinology and Metabolism* 80:1382-1385. PMID:7714114

83. Hwang D, Yen C, Nadler J (1993) Insulin increases intracellular magnesium transport in human platelets. *The Journal of Clinical Endocrinology and Metabolism* 76:549-553. PMID: 8445010

84. Takaya J, Higashino H, Miyazaki R, Kobayashi Y (1998) Effects of insulin and insulin-like growth factor-1 on intracellular magnesium of platelets. *Experimental and Molecular Pathology* 65:104-109. PMID: 9828151

85. Takaya J, Higashino H, Kotera F, Kobayashi Y (2003) Intracellular magnesium of platelets in children with diabetes and obesity. *Metabolism* 52:468-471. PMID: 12701060

86. Delva P, Degan M, Trettene M, Lechi A (2006) Insulin and glucose mediate opposite intracellular ionized magnesium variations in human lymphocytes. *The Journal of Endocrinology* 190:711-718. PMID: 17003272

87. Takaya J, Yamato F, Kuroyanagi Y et al. (2010) Intracellular magnesium of obese and type 2 diabetes mellitus children. *Diabetes Therapy* 1:25-31. PMID: 22127671

88. Paolisso G, Barbagallo M (1997) Hypertension, diabetes mellitus, and insulin resistance: the role of intracellular magnesium. *American Journal of Hypertension* 10:346-355. PMID: 9056694

89. Takaya J, Higashino H, Kobayashi Y (2004) Intracellular magnesium and insulin resistance. *Magnesium Research* 17:126-136. PMID: 15319146

90. Morakinyo A, Samuel T, Adekunbi D (2018) Magnesium upregulates insulin receptor and glucose transporter-4 in streptozotocin-nicotinamide-induced type-2 diabetic rats. *Endocrine Regulations* 52:6-16. PMID: 29453923

91. Benni J, Patil P (2016) Non-diabetic clinical applications of insulin. *Journal of Basic and Clinical Physiology and Pharmacology* 27:445-456. PMID: 27235672

92. van den Berghe G, Wouters P, Weekers F et al. (2001) Intensive insulin therapy in critically ill patients. *The New England Journal of Medicine* 345:1359-1367. PMID: 11794168

93. Das U (2003) Insulin in sepsis and septic shock. *The Journal of the Association of Physicians of India* 51:695-700. PMID: 14621041

94. Capes S, Hunt D, Malmberg K, Gerstein H (2000) Stress hyperglycaemia and increased risk of death after myocardial infarction in patients with and without diabetes: a systematic overview. *Lancet* 355:773-778. PMID: 10711923

95. Maimaiti S, Frazier H, Anderson K et al. (2017) Novel calcium-related targets of insulin in hippocampal neurons. *Neuroscience* 364:130-142. PMID: 28939258

96. Long C, Maull K, Krishnan R et al. (2003) Ascorbic acid dynamics in the seriously ill and injured. *The Journal of Surgical Research* 109:144-148. PMID: 126438

97. Wilson J (2013) Evaluation of vitamin C for adjuvant sepsis therapy. *Antioxidants & Redox Signaling* 19:2129-2140. PMID: 23682970

98. Berger M, Oudemans-van Straaten H (2015) Vitamin C supplementation in the critically ill patient. *Current Opinion in Clinical Nutrition and Metabolic Care* 18:193-201. PMID: 25635594

99. Carr A, Rosengrave P, Bayer S et al. (2017) Hypovitaminosis C and vitamin C deficiency in critically ill patients despite recommended enteral and parenteral intakes. *Critical Care* 21:300. PMID: 29228951

100. Castelli A, Martorana G, Meucci E, Bonetti G (1982) Vitamin C in normal human mononuclear and polymorphonuclear leukocytes. *Acta Vitaminologica et Enzymologica* 4:189-196. PMID: 7148605

101. Evans R, Currie L, Campbell A (1982) The distribution of ascorbic acid between various cellular components of blood, in normal individuals, and its relation to the plasma concentration. *The British Journal of Nutrition* 47:473-482. PMID: 7082619

102. Ikeda T (1984) Comparison of ascorbic acid concentrations in granulocytes and lymphocytes. *The Tohoku Journal of Experimental Medicine* 142:117-118. PMID: 6719440

103. Yang X, Hosseini J, Ruddel M, Elin R (1989) Comparison of magnesium in human lymphocytes and mononuclear blood cells. *Magnesium* 8:100-105. PMID: 2755211

104. Hosseini J, Johnson E, Elin R (1983) Comparison of two separation techniques for the determination of blood mononuclear cell magnesium content. *Journal of the American College of Nutrition* 2:361-368. PMID: 6655160

105. O'Driscoll K, O'Gorman D, Taylor S, Boyle L (2013) The influence of a magnesium-rich marine extract on behavior, salivary cortisol levels and skin lesions in growing pigs. *Animal* 7:1017-1027. PMID:23253104

106. Golf S, Happel O, Graef V, Seim K (1984) Plasma aldosterone, cortisol and electrolyte concentrations in physical exercise after magnesium supplementation. *Journal of Clinical Chemistry and Clinical Biochemistry* 22:717-721. PMID: 6527092

107. Golf S, Bender S, Gruttner J (1998) On the significance of magnesium in extreme physical stress. *Cardiovascular Drugs and Therapy* 12 Suppl 2:197-202. PMID: 97940

108. Dmitrasinovic G, Pesic V, Stanic D et al. (2016) ACTH, cortisol and IL-6 levels in athletes following magnesium supplementation. *Journal of Medical Biochemistry* 35:375-384. PMID: 28670189

109. Abbasi B, Kimiagar M, Sadeghniiat K et al. (2012) The effect of magnesium supplementation on primary insomnia in elderly: a double-blind placebo-controlled clinical trial. *Journal of Research in Medical Sciences* 17:1161-1169. PMID: 23853635

110. Brody S, Preut R, Schommer K, Schurmeyer T (2002) A randomized controlled trial of high dose ascorbic acid for reduction of blood pressure, cortisol, and subjective responses to psychological stress. *Psychopharmacology* 159:319-324. PMID: 11862365

111. Zor U, Her E, Talmon J et al. (1987) Hydrocortisone inhibits antigen-induced rise in intracellular free calcium concentration and abolishes leukotriene C4 production in leukemic basophils. *Prostaglandins* 34:29-40. PMID: 3685396

112. Sergeev P, Dukhanin A, Bulaev N (1992) [A combined effect of cortisol and concanavalin A on calcium ion contents in thymic lymphocytes]. [Article in Russion] *Biull Eksp Biol Med* 113:612-614. PMID: 1446030

113. Astashkin E, Khodorova A, Tumanova O et al. (1993) [The effect of arachidonic acid and hydrocortisone on the intracellular Ca2+ concentration in murine plasmacytoma JW cells]. [Article in Russian] *Biull Eksp Biol Med* 116:400-402. PMID: 8117964

114. ffrench-Mullen J (1995) Cortisol inhibition of calcium currents in guinea pig hippocampal CA1 neurons via G-protein-coupled activation of protein kinase C. *The Journal of Neuroscience* 15:903-911. PMID: 7823188

115. Hyde G, Seale A, Grau E, Borski R (2004) Cortisol rapidly suppresses intracellular calcium and voltage-gated calcium channel activity in prolactin cells of the tilapia (*Oreochromis mossambicus*). *American Journal of Physiology. Endocrinology and Metabolism* 286:E626-E633. PMID: 14656715

116. Han J, Lin W, Chen Y (2005) Inhibition of ATP-induced calcium influx in HT4 cells by glucocorticoids: involvement of protein kinase A. *Acta Pharmacologica Sinica* 26:199-204. PMID:15663899

117. Gardner J, Zhang L (1999) Glucocorticoid modulation of Ca2+ homeostasis in human B lymphoblasts. *The Journal of Physiology* 514:385-396. PMID: 9852321

118. Yoshida T, Mio M, Tasaka K (1993) Ca(2+)-induced cortisol secretion from permeabilized bovine adrenocortical cells: the roles of calmodulin, protein kinase C and cyclic AMP. *Pharmacology* 46:181-192. PMID: 8387215

119. Siemieniuk R, Guyatt G (2015) Corticosteroids in the treatment of community-acquired pneumonia: an evidence summary. *Pol Arch Med Wewn* 125:570-575. PMID: 26020683

120. Florio S, Ciarcia R, Crispino L et al. (2003) Hydrocortisone has a protective effect on cyclosporin A-induced cardiotoxicity. *Journal of Cellular Physiology* 195:21-26. PMID: 12599205

121. Ciarcia R, Damiano S, Fiorito F et al. (2012) Hydrocortisone attenuates cyclosporin A-induced nephrotoxicity in rats. *Journal of Cellular Biochemistry* 113:997-1004. PMID: 22034142

122. Kraikitpanitch S, Haygood C, Baxter D et al. (1976) Effects of acetylsalicylic acid, dipyridamole, and hydrocortisone on epinephrine-induced myocardial injury in dogs. *American Heart Journal* 92:615-622. PMID: 983936

123. Levy T (2002) *Curing the Incurable: Vitamin C, infectious diseases, and toxins,* Henderson, NV: MedFox Publishing

124. Fujita I, Hirano J, Itoh N et al. (2001) Dexamethasone induces sodium-dependant vitamin C transporter in a mouse osteoblastic cell line MC3T3-E1. *The British Journal of Nutrition* 86:145-149. PMID: 11502226

125. Mikirova N, Levy T, Hunninghake R (2019) The levels of ascorbic acid in blood and mononuclear blood cells after oral liposome-encapsulated and oral non-encapsulated vitamin C supplementation, taken without and with IV hydrocortisone. *Journal of Orthomolecular Medicine* 34:1-8.

126. Mancini A, Di Segni C, Raimondo S et al. (2016) Thyroid hormones, oxidative stress, and inflammation. *Mediators of Inflammation* 2016:6757154. PMID: 27051079

127. Soto-Rivera C, Fichorova R, Allred E et al. (2015) The relationship between TSH and systemic inflammation in extremely preterm newborns. *Endocrine* 48:595-602. PMID: 24996532

128. Sahin E, Bektur E, Baycu C et al. (2019) Hypothyroidism increases expression of sterile inflammation proteins in rat heart tissue. *Acta Endocrinologica* 5:39-45. PMID: 31149058

129. Kvetny J, Heldgaard P, Bladbjerg E, Gram J (2004) Subclinical hypothyroidism is associated with a low-grade inflammation, increased triglyceride levels and predicts cardiovascular disease in males below 50 years. *Clinical Endocrinology* 61:232-238. PMID:15272919

130. Anagnostis P, Efstathiadou Z, Slavakis A et al. (2014) The effect of L-thyroxine substitution on lipid profile, glucose homeostasis, inflammation and coagulation in patients with subclinical hypothyroidism. *International Journal of Clinical Practice* 68:857-863. PMID: 24548294

131. Vaya A, Gimenez C, Sarnago A et al. (2014) Subclinical hypothyroidism and cardiovascular risk. *Clinical Hemorheology and Microcirculation* 58:1-7. PMID: 25339098

132. Barnes B, Galton L (1976) *Hypothyroidism: The Unsuspected Illness.* New York, NY: Harper & Row

133. Kulacz R, Levy T (2014) *The Toxic Tooth: How a root canal could be making you sick.* Henderson, NV: MedFox Publishing

134. Levy T (2017) *Hidden Epidemic: Silent oral infections cause most heart attacks and breast cancers.* Henderson, NV: Medfox Publishing

135. Caplan D, Pankow J, Cai J et al. (2009) The relationship between self-reported history of endodontic therapy and coronary heart disease in the Atherosclerosis Risk in Communities Study. *Journal of the American Dental Association* 140:1004-1012. PMID:19654253

136. Ott S, El Mokhtari N, Musfeldt M et al. (2006) Detection of diverse bacterial signatures in atherosclerotic lesions of patients with coronary heart disease. *Circulation* 113:929-937. PMID: 16490835

137. Ott S, El Mokhtari N, Rehman A et al. (2007) Fungal rDNA signatures in coronary atherosclerotic plaques. *Environmental Microbiology* 9:3035-3045. PMID: 17991032

138. Haraszthy V, Zambon J, Trevisan M et al. (2000) Identification of periodontal pathogens in atheromatous plaques. *Journal of Periodontology* 71:1554-1560. PMID: 11063387

139. Mattila K, Pussinen P, Paju S (2005) Dental infections and cardiovascular diseases: a review. *Journal of Periodontology* 76:2085-2088. PMID: 16277580

140. Mahendra J, Mahendra L, Kurian V et al. (2010) 16S rRNA-based detection of oral pathogens in coronary atherosclerotic plaque. *Indian Journal of Dental Research* 21:248-252. PMID: 0657096

141. Pessi T, Karhunen V, Karjalainen P et al. (2013) Bacterial signatures in thrombus aspirates of patients with myocardial infarction. *Circulation* 127:1219-1228. PMID: 23418311

142. Kabadi U (1986) Serum T3 and reverse T3 concentrations: indices of metabolic control in diabetes mellitus. *Diabetes Research* 3:417-421. PMID: 3816044

143. Lin H, Tang H, Leinung M et al. (2019) Action of reverse T3 on cancer cells. *Endocrine Research* Apr 3 [Epub ahead of print]. PMID: 30943372

144. Starr M (2009) *Hypothyroidism Type 2: The Epidemic.* Columbia, MO: Mark Starr Trust

145. Cicatiello A, Di Girolamo D, Dentice M (2018) Metabolic effects of the intracellular regulation of thyroid hormone: old players, new concepts. *Frontiers in Endocrinology* 9:474. PMID: 30254607

146. Schimmel M, Utiger R (1977) Thyroidal and peripheral production of thyroid hormones. Review of recent findings and their clinical implications. *Annals of Internal Medicine* 87:760-768. PMID: 412452

147. Bianco A, Kim B (2006) Deiodinases: implications of the local control of thyroid hormone action. *The Journal of Clinical Investigation* 116:2571-2579. PMID: 1701655o

148. Bianco A, da Conceicao R (2018) The deiodinase trio and thyroid hormone signaling. *Methods in Molecular Biology* 1801:67-83. PMID: 29892818

149. Cinar V (2007) The effects of magnesium supplementation on thyroid hormones of sedentars and Tae-Kwan-Do sportsperson at resting and exhaustion. *Neuro Endocrinology Letters* 28:708-712. PMID: 17984925

150. Ballard B, Torres L, Romani A (2008) Effect of thyroid hormone on Mg(2+) homeostasis and extrusion in cardiac cells. *Molecular and Cellular Biochemistry* 318:117-127. PMID: 18604605

151. Chincholikar S, Ambiger S (2018) Association of hypomagnesemia with hypocalcemia after thyroidectomy. *Indian Journal of Endocrinology and Metabolism* 22:656-660. PMID: 30294577

152. Ige A, Chidi R, Egbeluya E et al. (2019) Amelioration of thyroid dysfunction by magnesium in experimental diabetes may also prevent diabetes-induced renal impairment. *Heliyon* 5:e01660. PMID: 31193031

153. Wang K, Wei H, Zhang W et al., (2018) Severely low serum magnesium is associated with increased risks of positive anti-thyroglobulin antibody and hypothyroidism: a cross-sectional study. *Scientific Reports* 8:9904. PMID: 29967483

154. Zinman T, Shneyvays V, Tribulova N et al. (2006) Acute, nongenomic effect of thyroid hormones in preventing calcium overload in newborn rat cardiocytes. *Journal of Cellular Physiology* 207:220-231. PMID: 16331687

155. Gammage M, Franklyn J, Logan S (1987) Effects of amiodarone and thyroid dysfunction on myocardial calcium, serum calcium and thyroid hormones in the rat. *British Journal of Pharmacology* 92:363-370. PMID: 3676598

Magnesium
Reversing Disease

第 16 章

1. Levy T. (2002) *Curing the Incurable. Vitamin C, Infectious Diseases, and Toxins.* Henderson, NV: MedFox Publishing

2. Klenner F (1971) Observations of the dose and administration of ascorbic acid when employed beyond the range of a vitamin in human pathology. *Journal of Applied Nutrition* 23:61-88.

3. Ayre S, Perez D, Perez, Jr. D (1986) Insulin potentiation therapy: a new concept in the management of chronic degenerative disease. *Medical Hypotheses* 20:199-210. PMID: 3526099

4. Damyanov C, Radoslavova M, Gavrilov V, Stoeva D (2009) Low dose chemotherapy in combination with insulin for the treatment of advanced metastatic tumors. Preliminary experience. *Journal of B.U.ON.* 14:711-715. PMID: 20148468

5. Qutob S, Dixon S, Wilson J (1998) Insulin stimulates vitamin C recycling and ascorbate accumulation in osteoblastic cells. *Endocrinology* 139:51-56. PMID: 9421397

6. Rumsey S, Daruwala R, Al -Hasani H et al. (2000) Dehydroascorbic acid transport by GLUT4 in Xenopus oocytes and isolated rat adipocytes. *The Journal of Biological Chemistry* 275:28246-28253. PMID: 10862609

7. Musselmann K, Kane B, Alexandrou B, Hassell J (2006) Stimulation of collagen synthesis by insulin and proteoglycan accumulation by ascorbate in bovine keratocytes *in vitro. Investigative Ophthalmology & Visual Science* 47:5260-5266. PMID: 17122111

8. Klenner F (1971) Observations of the dose and administration of ascorbic acid when employed beyond the range of a vitamin in human pathology. *Journal of Applied Nutrition* 23:61-88.

9. Marik P, Khangoora V, Rivera R et al. (2017) Hydrocortisone, vitamin C, and thiamine for the treatment of severe sepsis and septic shock: a retrospective before-after study. *Chest* 151:1229-1238. PMID: 27940189

10. Zabet M, Mohammadi M, Ramezani M, Khalili H (2016) Effect of high-dose ascorbic acid on vasopressor's requirement in septic shock. *Journal of Research in Pharmacy Practice* 5:94-100. PMID: 27162802

11. Cathcart R (1981) Vitamin C, titrating to bowel tolerance, anascorbemia, and acute induced scurvy. *Medical Hypotheses* 7:1359-1376. PMID: 7321921

12. Cathcart R (1985) Vitamin C: the nontoxic, nonrate-limited, antioxidant free radical scavenger. *Medical Hypotheses* 18:61-77. PMID: 4069036

13. Kurtz T, Morris, Jr. R (1983) Dietary chloride as a determinant of "sodium-dependent" hypertension. *Science* 222:1139-1141. PMID: 6648527

14. Kurtz T, Al-Bander H, Morris, Jr. R (1987) "Salt-sensitive" essential hypertension in men. Is the sodium ion alone important? *The New England Journal of Medicine* 317:1043-1048. PMID: 3309653

15. Pokorski M, Marczak M, Dymecka A, Suchocki P (2003) Ascorbyl palmitate as a carrier of ascorbate into neural tissues. *Journal of Biomedical Science* 10:193-198. PMID: 12595755

16. Pokorski M, Gonet B (2004) Capacity of ascorbyl palmitate to produce the ascorbyl radical *in vitro*: an electron spin resonance investigation. *Physiological Research* 53:311-316. PMID: 15209539

17. Pokorski M, Ramadan A, Marczak M (2004) Ascorbyl palmitate augments hypoxic respiratory response in the cat. *Journal of Biomedical Science* 11:465-471. PMID: 15153781

18. Ross D, Mendiratta S, Qu Z et al. (1999) Ascorbate 6-palmitate protects human erythrocytes from oxidative damage. *Free Radical Biology & Medicine* 26:81-89. PMID: 9890643

19. Loyd D, Lynch S (2011) Lipid-soluble vitamin C palmitate and protection of human high-density lipoprotein from hypochlorite-mediated oxidation. *International Journal of Cardiology* 152:256-257. PMID: 21872949

20. Gosenca M, Bester-Rogac M, Gasperlin M (2013) Lecithin based lamellar liquid crystals as a physiologically acceptable dermal delivery system for ascorbyl palmitate. *European Journal of Pharmaceutical Sciences* May 3. [Epub ahead of print]. PMID: 23643736

21. Sawant R, Vaze O, Wang T et al. (2012) Palmitoyl ascorbate liposomes and free ascorbic acid: comparison of anticancer therapeutic effects upon parenteral administration. *Pharmaceutical Research* 29:375-383. PMID: 21845505

22. Levy T. (2002) *Curing the Incurable. Vitamin C, Infectious Diseases, and Toxins.* Henderson, NV: MedFox Publishing

23. Simone II C, Simone N, Simone V, Simone C (2007) Antioxidants and other nutrients do not interfere with chemotherapy or radiation therapy and can increase kill and increase survival, part 1. *Alternative Therapies in Health and Medicine* 13:22-28. PMID: 17283738

24. Simone II C, Simone N, Simone V, Simone C (2007a) Antioxidants and other nutrients do not interfere with chemotherapy or radiation therapy and can increase kill and increase survival, part 2. *Alternative Therapies in Health and Medicine* 13:40-47. PMID:17405678

25. Levy T. (2011) *Primal Panacea.* Henderson, NV: MedFox Publishing

26. Padayatty S, Sun A, Chen Q et al. (2010) Vitamin C: intravenous use by complementary and alternative medicine practitioners and adverse effects. *PLoS One* 5:e11414. PMID: 20628650

27. Curhan G, Willett W, Speizer F, Stampfer M (1999) Intake of vitamins B6 and C and the risk of kidney stones in women. *Journal of the American Society of Nephrology* 10:840-845. PMID: 10203369

28. Simon J, Hudes E (1999) Relation of serum ascorbic acid to serum vitamin B_{12}, serum ferritin, and kidney stones in US adults. *Archives of Internal Medicine* 159:619-624. PMID: 10090119

29. Curhan G, Willett W, Speizer F et al. (1997) Comparison of dietary calcium with supplemental calcium and other nutrients as factors affecting the risk for kidney stones in women. *Annals of Internal Medicine* 126:497-504. PMID: 9092314

30. Rawat A, Vaidya B, Khatri K et al. (2007) Targeted intracellular delivery of therapeutics: an overview. *Die Pharmazie* 62:643-658. PMID: 17944316

31. Yamada Y, Harashima H (2008) Mitochondrial drug delivery systems for macromolecule and their therapeutic application to mitochondrial diseases. *Advanced Drug Delivery Reviews* 60:1439-1462. PMID: 18655816

32. Goldenberg H, Schweinzer E (1994) Transport of vitamin C in animal and human cells. *Journal of Bioenergetics and Biomembranes* 26:359-367. PMID: 7844110

33. Liang W, Johnson D, Jarvis S (2001) Vitamin C transport systems of mammalian cells. *Molecular Membrane Biology* 18:87-95. PMID:11396616

34. Welch R, Wang Y, Crossman, Jr. A (1995) Accumulation of vitamin C (ascorbate) and its oxidized metabolite dehydroascorbic acid occurs by separate mechanisms. *The Journal of Biological Chemistry* 270:12584-12592. PMID: 7759506

35. Ling S, Magosso E, Khan N et al. (2006) Enhanced oral bioavailability and intestinal lymphatic transport of a hydrophilic drug using liposomes. *Drug Development and Industrial Pharmacy* 32:335-345. PMID: 16556538

36. Lubin B, Shohet S, Nathan D (1972) Changes in fatty acid metabolism after erythrocyte peroxidation: stimulation of a membrane repair process. *The Journal of Clinical Investigation* 51:338-344. PMID: 5009118

37. Mastellone I, Polichetti E, Gres S et al., (2000) Dietary soybean phosphatidylcholines lower lipidemia: mechanisms at the levels of intestine, endothelial cell, and hepato-biliary axis. *The Journal of Nutritional Biochemistry* 11:461-466. PMID: 11091102

38. Buang Y, Wang Y, Cha J et al. (2005) Dietary phosphatidylcholine alleviates fatty liver induced by orotic acid. *Nutrition* 21:867-873. PMID: 15975496

39. Demirbile, S, Karaman A, Baykarabulut A et al. (2006) Polyenylphosphatidylcholine pretreatment ameliorates ischemic acute renal injury in rats. *International Journal of Urology* 13:747-753. PMID: 16834655

40. Levy T. (2002) *Curing the Incurable. Vitamin C, Infectious Diseases, and Toxins.* Henderson, NV: MedFox Publishing

41. Klenner F (1971) Observations of the dose and administration of ascorbic acid when employed beyond the range of a vitamin in human pathology. *Journal of Applied Nutrition* 23:61-88.

42. Lopez-Huertas E, Fonolla J (2017) Hydroxytyrosol supplementation increases vitamin C levels *in vivo*. A human volunteer trial. *Redox Biology* 11:384-389. PMID: 28063380

43. Grollman A, Lehninger A (1957) Enzymic synthesis of L-ascorbic acid in different animal species. *Archives of Biochemistry and Biophysics* 69:458-467. PMID: 13445217

44. Chatterjee I, Majumder A, Nandi B, Subramanian N (1975) Synthesis and some major functions of vitamin C in animals. *Annals of the New York Academy of Sciences* 258:24-47. PMID:1106297

45. Nishikimi M, Koshizaka T, Ozawa T, Yagi K (1988) Occurrence in humans and guinea pigs of the gene related to their missing enzyme L-gulono-gamma-lactone oxidase. *Archives of Biochemistry and Biophysics* 267:842-846. PMID: 3214183

46. Adlard B, De Souza S, Moon S (1974) Ascorbic acid in fetal human brain. *Archives of Disease in Childhood* 49:278-282. PMID:4830116

47. Salmenpera L (1984) Vitamin C nutrition during prolonged lactation: optimal in infants while marginal in some mothers. *The American Journal of Clinical Nutrition* 40:1050-1056. PMID:6496385

48. Andersson M, Walker A, Falcke H (1956) An investigation of the rarity of infantile scurvy among the South African Bantu. *The British Journal of Nutrition* 10:101-105. PMID: 13315928

49. Kline A, Eheart M (1944) Variation in the ascorbic acid requirements for saturation of nine normal young women. *The Journal of Nutrition* 28:413-419.

50. Pijoan M, Lozner E (1944) Vitamin C economy in the human subject. *Bulletin of the Johns Hopkins Hospital* 75:303-314.

51. Williams R, Deason G (1967) Individuality in vitamin C needs. *Proceedings of the National Academy of Sciences of the United States of America* 57:1638-1641. PMID: 5231398

52. Odumosu A, Wilson C (1971) Metabolic availability of ascorbic acid in female guinea-pigs. *British Pharmacological Society* 42:637P-638P. PMID: 5116040

53. Odumosu A, Wilson C (1973) Metabolic availability of vitamin C in the guinea-pig. *Nature* 242:519-521. PMID: 4550033

54. Cummings M (1981) Can some people synthesize ascorbic acid? *The American Journal of Clinical Nutrition* 34:297-298. PMID:7211730

55. Odumosu A, Wilson C (1970) The relationship between ascorbic acid concentrations and cortisol production during the development of scurvy in the guinea-pig. *British Journal of Pharmacology* 40:548P-549P. PMID: 5497811

56. Ginter E (1976) Ascorbic acid synthesis in certain guinea pigs. *International Journal for Vitamin and Nutrition Research* 46:173-179. PMID: 1032629

57. Benhabiles H, Gonzalez-Hilarion S, Amand S et al. (2017) Optimized approach for the identification of highly efficient correctors of nonsense mutations in human diseases. *PLoS One* 12:e0187930. PMID: 29131862

58. Linde L, Kerem B (2008) Introducing sense into nonsense in treatments of human genetic diseases. *Trends in Genetics* 24:552-563. PMID: 18937996

59. Perez B, Rodriguez-Pombo P, Ugarte M, Desviat L (2012) Readthrough strategies for therapeutic suppression of nonsense mutations in inherited metabolic disease. *Molecular Syndromology* 3:230-236. PMID: 23293581

60. Karijolich J, Yu Y (2014) Therapeutic suppression of premature termination codons: mechanisms and clinical considerations (review). *International Journal of Molecular Medicine* 34:355-362. PMID: 24939317

61. Keeling K, Xue X, Gunn G, Bedwell D (2014) Therapeutics based on stop codon readthrough. *Annual Review of Genomics and Human Genetics* 15:371-394. PMID: 24773318

62. Lee H, Dougherty J (2012) Pharmaceutical therapies to recode nonsense mutations in inherited diseases. *Pharmacology & Therapeutics* 136:227-266. PMID: 22820013

63. Baradaran-Heravi A, Balgi A, Zimmerman C et al. (2016) Novel small molecules potentiate premature termination codon readthrough by aminoglycosides. *Nucleic Acids Research* 44:6583-6598. PMID: 27407112

64. Bidou L, Allamand V, Rousset J, Namy O (2012) Sense from nonsense: therapies for premature stop codon diseases. *Trends in Molecular Medicine* 18:679-688. PMID: 23083810

65. Fibach E, Prus E, Bianchi N et al. (2012) Resveratrol: antioxidant activity and induction of fetal hemoglobin in erythroid cells from normal donors and β-thalassemia patients. *International Journal of Molecular Medicine* 29:974-982. PMID: 22378234

66. Chowdhury et al. (2017) *International Journal of Advanced Research* 5:1816-1821.

67. Bianchi N, Zuccato C, Lampronti I et al. (2009) Fetal hemoglobin inducers from the natural world: a novel approach for identification of drugs for the treatment of {beta}-thalassemia and sickle-cell anemia. *Evidence-based Complementary and Alternative Medicine* 6:141-151. PMID: 18955291

第 17 章

1. Wilson T, Datta S, Murrell J, Andrews C (1973) Relation of vitamin C levels to mortality in a geriatric hospital: a study of the effect of vitamin C administration. *Age and Ageing* 2:163-171. PMID:4591257

2. Sahyoun N, Jacques P, Russell R (1996) Carotenoids, vitamins C and E, and mortality in an elderly population. *American Journal of Epidemiology* 144:501-511. PMID: 8781466

3. Khaw K, Bingham S, Welch A et al. (2001) Relation between plasma ascorbic acid and mortality in men and women in EPICNorfolk prospective study: a prospective population study. European Prospective Investigation into Cancer and Nutrition. *Lancet* 357:657-663. PMID: 11247548

4. Sotomayor C, Eisenga M, Gomes Neto A et al. (2017) Vitamin D depletion and all-cause mortality in renal transplant recipients. *Nutrients* 9. PMID: 28574431

5. Aune D, Keum N, Giovannucci E et al. (2018) Dietary intake and blood concentrations of antioxidants and the risk of cardiovascular disease, total cancer, and all-cause mortality: a systematic review and dose-response meta-analysis of prospective studies. *The American Journal of Clinical Nutrition* 108:1069-1091. PMID:30475962

6. Huang Y, Wahlqvist M, Kao M et al. (2015) Optimal dietary and plasma magnesium statuses depend on dietary quality for a reduction in the risk of all-cause mortality in older adults. *Nutrients* 7:5664-5683. PMID: 26184299

7. Melamed M, Michos E, Post W, Astor B (2008) 25-hydroxyvitamin D levels and the risk of mortality in the general population. *Archives of Internal Medicine* 168:1629-1637. PMID: 18695076

8. Ginde A, Scragg R, Schwartz R, Camargo Jr. C (2009) Prospective study of serum 25-hydroxyvitamin D level, cardiovascular disease mortality, and all-cause mortality in older U.S. adults. *Journal of the American Geriatrics Society* 57:1595-1603. PMID: 19549021

9. Hutchinson M, Grimnes G, Joakimsen R et al. (2010) Low serum 25-hydroxyvitamin D levels are associated with increased all-cause mortality risk in a general population: the Tromso study. *European Journal of Endocrinology* 162:935-942. PMID: 20185562

10. Semba R, Houston D, Bandinelli S et al. (2010) Relationship of 25-hydroxyvitamin D with all-cause and cardiovascular disease mortality in older community-dwelling adults. *European Journal of Clinical Nutrition* 64:203-209. PMID: 19953106

11. Saliba W, Barnett O, Rennert H, Rennert G (2012) The risk of all-cause mortality is inversely related to serum 25(OH)D levels. *The Journal of Clinical Endocrinology and Metabolism* 97:2792-2798. PMID: 22648653

12. Schierbeck L, Rejnmark L, Tofteng C et al. (2012) Vitamin D deficiency in postmenopausal, healthy women predicts increased cardiovascular events: a 16-year follow-up study. *European Journal of Endocrinology* 167:553-560. PMID: 22875588

13. Thomas G, o Hartaigh B, Bosch J et al. (2012) Vitamin D levels predict all-cause and cardiovascular disease mortality in subjects with the metabolic syndrome: the Ludwigshafen Risk and Cardiovascular Health (LURIC) Study. *Diabetes Care* 35:1158-1164. PMID: 22399697

14. Schottker B, Haug U, Schomburg L et al. (2013) Strong associations of 25-hydroxyvitamin D concentrations with all-cause, cardiovascular, cancer, and respiratory disease mortality in a large cohort study. *The American Journal of Clinical Nutrition* 97:782-793. PMID: 23446902

15. Heath A, Kim I, Hodge A et al. (2019) Vitamin D status and mor tality: a systemic review of observational studies. *International Journal of Environmental Research and Public Health* Jan 29; 16. PMID: 30700025

16. Burgi A, Gorham E, Garland C et al. (2011) High serum 25-hydroxyvitamin D is associated with a low incidence of stress fractures. *Journal of Bone and Mineral Research* 26:2371-2377. PMID: 21698667

17. Geleijnse J, Vermeer C, Grobbee D et al. (2004) Dietary intake of menaquinone is associated with a reduced risk of coronary heart disease: the Rotterdam Study. *The Journal of Nutrition* 134:3100-3105. PMID: 15514282

18. Juanola-Falgarona M, Salas-Salvado J, Martinez-Gonzalez M et al. (2014) Dietary intake of vitamin K is inversely associated with mortality risk. *The Journal of Nutrition* 144:743-750. PMID:24647393

19. Einvik G, Klemsdal T, Sandvik L, Hjerkinn E (2010) A randomized clinical trial on n-3 polyunsaturated fatty acids supplementation and all-cause mortality in elderly men at high cardiovascular risk. *European Journal of Cardiovascular Prevention and Rehabilitation* 17:588-592. PMID: 20389249

20. Poole C, Halcox J, Jenkins-Jones S et al. (2013) Omega-3 fatty acids and mortality outcome in patients with and without type 2 diabetes after myocardial infarction: a retrospective, matched-cohort study. *Clinical Therapeutics* 35:40-51. PMID: 23246017

21. Lelli D, Antonelli Incalzi R, Ferrucci L et al. (2019) Association between PUFA intake and serum concentration and mortality in older adults: a cohort study. *Clinical Nutrition* Feb 23 [Epub ahead of print]. PMID: 30850268

22. Sen C, Khanna S, Roy S (2006) Tocotrienols: vitamin E beyond tocopherols. *Life Sciences* 78:2088-2098. PMID: 16458936

23. Lee G, Han S (2018) The role of vitamin E in immunity. *Nutrients* 10. PMID: 30388871

24. Pauling L (1991) Case report: lysine/ascorbate-related amelioration of angina pectoris. *Journal of Orthomolecular Medicine* 6:144-146.

25. Pauling L (1993) Third case report on lysine-ascorbate amelioration of angina pectoris. *Journal of Orthomolecular Medicine* 8:137-138.

26. Ivanov V, Roomi M, Kalinovsky et al. (2007) Anti-atherogenic effects of a mixture of ascorbic acid, lysine, proline, arginine, cysteine, and green tea phenolics in human aortic smooth muscle cells. *Journal of Cardiovascular Pharmacology* 49:140-145. PMID:17414225

27. Rauf A, Imran M, Suleria H et al. (2017) A comprehensive review of the health perspectives of resveratrol. *Food & Function* 8:4284-4305. PMID: 29044265

28. Lopez-Huertas E, Fonolla J (2017) Hydroxytyrosol supplementation increases vitamin C levels *in vivo*. A human volunteer trial. *Redox Biology* 11:384-389. PMID: 28063380

29. Moeller S, Voland R, Tinker L et al. (2008) Associations between age-related nuclear cataract and lutein and zeaxanthin in the diet and serum in the Carotenoids in the Age-Related Eye Disease Study, an ancillary study of the Women's Health Initiative. *Archives of Ophthalmology* 126:354-364. PMID: 18332316

30. Christen W, Liu S, Glynn R et al. (2008) Dietary carotenoids, vitamins C and E, and risk of cataract in women: a prospective study. *Archives of Ophthalmology* 126:102-109. PMID: 18195226

第 18 章

1. Kiberd B, Tennankore K, Daley C (2015) Increases in intravenous magnesium use among hospitalized patients: an institution cross-sectional experience. *Canadian Journal of Kidney Health and Disease* 2:24. PMID: 26106483

2. Cisaro F, Andrealli A, Calvo P et al. (2018) Bowel preparation for gastrointestinal endoscopic procedures with sodium picosulphate-magnesium citrate is an effective, safe, and well-tolerated option in pediatric patients: a single-center experience. *Gastroenterology Nursing* 41:312-315. PMID: 30063687

3. Tsuji S, Horiuchi A, Tamaki M et al. (2018) Effectiveness and safety of a new regimen of polyethylene glycol plus ascorbic acid for same-day bowel cleansing in constipated patients. *Acta Gastro-Enterologica Belgica* 81:485-489. PMID: 30645916

4. Abdoli A, Rahimi-Bashar F, Torabian S et al. (2019) Efficacy of simultaneous administration of nimodipine, progesterone, and magnesium sulfate in patients with severe traumatic brain injury: a randomized controlled trial. *Bulletin of Emergency and Trauma* 7:124-129. PMID: 31198800

5. Du L, Wenning L, Carvalho B et al. (2019) Alternative magnesium sulfate dosing regimens for women with preeclampsia: a population pharmacokinetic exposure-response modeling and simulation study. *Journal of Clinical Pharmacology* Jun 3. [Epub ahead of print]. PMID: 31157410

6. Soliman R, Abukhudair W (2019) The perioperative effect of magnesium sulfate in patients with concentric left ventricular hypertrophy undergoing cardiac surgery: a double-blinded randomized study. *Annals of Cardiac Anaesthesia* 22:246-253. PMID: 31274484

7. Uysal N, Kizildag S, Yuce Z et al. (2019) Timeline (bioavailability) of magnesium compounds in hours: which magnesium compound works best? *Biological Trace Element Research* 187:128-136. PMID: 29679349

8. Coudray C, Rambeau M, Feillet-Coudray et al. (2005) Study of magnesium bioavailability from ten organic and inorganic Mg salts in Mg-depleted rats using a stable isotope approach. *Magnesium Research* 18:215-223. PMID: 16548135

9. Neveu A (1961) *Le Chlorure de Magnesium Dans L'Elevage: Traitment Cytophylactique des Maladies Infectieuses.* Librairie Le Francois: Paris, France

10. Rodale J (with Taub H) (1968) *Magnesium, the Nutrient that could Change Your Life.* Pyramid Publications, Inc: New York, NY

11. Rapp F, Butel J, Wallis C (1965) Protection of measles virus by sulfate ions against thermal inactivation. *Journal of Bacteriology* 90:132-135. PMID: 16562007

12. Vink R (2016) Magnesium in the CNS: recent advances and developments. *Magnesium Research* 29:95-101. PMID: 27829572

13. Levy T (2004) *Curing the Incurable. Vitamin C, Infectious Diseases, and Toxins.* Henderson, NV: MedFox Publishing

14. Beyerbach K (1990) Transport of magnesium across biological membranes. *Magnesium and Trace Elements* 9:233-254. PMID:2130822

15. Deason-Towne F, Perraud A, Schmitz C (2011) The Mg2+ transporter MagT1 partially rescues cell growth and Mg2+ uptake in cells lacking the channel-kinase TRPM7. *FEBS Letters* 585:2275-2278. PMID: 21627970

16. de Baaij J, Hoenderop J, Bindels R (2012) Regulation of magnesium balance: lessons learned from human genetic disease. *Clinical Kidney Journal* 5:i15-i24. PMID: 26069817

17. Mittermeier L, Demirkhanyan L, Stadlbauer B et al. (2019) TRPM7 is the central gatekeeper of intestinal mineral absorption essential for postnatal survival. *Proceedings of the National Academy of Sciences of the United States of America* Feb 15 [Epub ahead of print]. PMID: 30770447

18. Biesenbach P, Martensson J, Osawa E et al. (2018) Magnesium supplementation: pharmacokinetics in cardiac surgery patients with normal renal function. *Journal of Critical Care* 44:419-423. PMID: 29353118

19. McKeown A, Seppi V, Hodgson R (2017) Intravenous magnesium sulphate for analgesia after caesarean section: a systematic review. *Anesthesiology Research and Practice* 2017:9186374. PMID: 29333156

20. Shah T, Rubenstein A, Kosik E et al. (2018) Parturient on magnesium infusion and its effectiveness as an adjuvant analgesic after cesarean delivery: a retrospective analysis. *TheScientificWorldJournal* 2018:3978760. PMID: 30581373

21. Chiu H, Yeh T, Huang Y, Chen P (2016) Effects of intravenous and oral magnesium on reducing migraine: a meta-analysis of randomized controlled trials. *Pain Physician* 19:E97-E112. PMID:26752497

22. Griffiths B, Kew K (2016) Intravenous magnesium sulfate for treating children with acute asthma in the emergency department. *The Cochrane Database of Systematic Reviews* 4:CD011050. PMID: 27126744

23. Jarahzadeh M, Harati S, Babaeizadeh H et al. (2016) The effect of magnesium sulfate infusion on reduction of pain after abdominal hysterectomy under general anesthesia: a double-blind, randomized clinical trial. *Electronic Physician* 8:2602-2606. PMID:27648185

24. Mijalski C, Dakay K, Miller-Patterson C et al. (2016) Magnesium for treatment of reversible cerebral vasoconstriction syndrome: case series. *The Neurohospitalist* 6:111-113. PMID: 27366294

25. Brousseau D, Scott J, Badaki-Makun O et al. (2015) A multicenter randomized controlled trial of intravenous magnesium for sickle cell pain crisis in children. *Blood* 126:1651-1657. PMID: 26232172

26. Firouzi A, Maadani M, Kiani R et al. (2015) Intravenous magnesium sulfate: new method in prevention of contrast-induced nephropathy in primary percutaneous coronary intervention. *International Urology and Nephrology* 47:521-525. PMID: 25475196

27. Jacquemyn Y, Zecic A, Van Laere D, Roelens K (2015) The use of intravenous magnesium in non-preeclamptic pregnant women: fetal/neonatal neuroprotection. *Archives of Gynecology and Obstetrics* 291:969-975. PMID: 25501980

28. Solooki M, Miri M, Mokhtari M et al. (2014) Magnesium sulfate in exacerbations of COPD in patients admitted to internal medicine ward. *Iran Journal of Pharmaceutical Research* 13:1235-1239. PMID25587312

29. Mukerji S, Shahpuri B, Clayton-Smith B et al. (2015) Intravenous magnesium sulphate as an adjuvant therapy in acute exacerbations of chronic obstructive pulmonary disease: a single centre, randomized, double-blinded, parallel group, placebo-controlled trial: a pilot study. *The New Zealand Medical Journal* 128:34-42. PMID: 26905985

30. Gertsch E, Loharuka S, Wolter-Warmerdam K et al. (2014)Intravenous magnesium as acute treatment for headaches: a pediatric case series. *The Journal of Emergency Medicine* 46:308-312. PMID: 24182946

31. Marzban S, Haddadi S, Naghipour M et al. (2014) The effect of intravenous magnesium sulfate on laryngospasm after elective adenotonsillectomy surgery in children. *Anesthesiology and Pain Medicine* 4:e15960. PMID: 24660159

32. Albrecht E, Kirkham K, Liu S, Brull R (2013) Peri-operative intravenous administration of magnesium sulphate and postoperative pain: a meta-analysis. *Anaesthesia* 68:79-90. PMID: 23121612

33. Murphy J, Paskaradevan J, Eisler L et al. (2013) Analgesic efficacy of continuous intravenous magnesium infusion as an adjuvant to morphine for postoperative analgesia: a systematic review and meta-analysis. *Middle East Journal of Anaesthesiology* 22:11-20. PMID: 23833845

34. Yarad E, Hammond N (2013) Intravenous magnesium therapy in adult patients with an aneurysmal subarachnoid haemorrhage: a systematic review and meta-analysis.

35. Chowdhury J, Chaudhuri S, Bhattacharyya N et al. (2009) Comparison of intramuscular magnesium sulfate with low dose intravenous magnesium sulfate regimen for treatment of eclampsia. *The Journal of Gynaecological Research* 35:119-125. PMID: 19215558

36. Bhattacharjee N, Saha S, Ganguly R et al. (2011) A randomized comparative study between low-dose intravenous magnesium sulphate and standard intramuscular regimen for treatment of eclampsia. *Journal of Obstetrics and Gynaecology* 31:298-303. PMID: 21534749

37. Kidwell C, Lees K, Muir K et al. (2009) Results of the MRI substudy of the intravenous magnesium efficacy in stroke trial. *Stroke* 40:1704-1709. PMID: 19299636

38. Puliyel M, Pillai R, Korula S (2009) Intravenous magnesium sulphate infusion in the management of very severe tetanus in a child: a descriptive case report. *Journal of Tropical Pediatrics* 55:58-59. PMID: 18701521

39. Simpson J, Maxwell D, Rosenthal E, Gill H (2009) Fetal ventricular tachycardia secondary to long QT syndrome treated with maternal intravenous magnesium: case report and review of the literature. *Ultrasound in Obstetrics & Gynecology* 34:475-480. PMID: 19731233

40. Brill S, Sedgwick P, Hamann W, Di Vadi P (2002) Efficacy of intravenous magnesium in neuropathic pain. *British Journal of Anaesthesia* 89:711-714. PMID: 12393768

41. Heiden A, Frey R, Presslich O et al. (1999) Treatment of severe mania with intravenous magnesium sulphate as a supplementary therapy. *Psychiatry Research* 89:239-246. PMID: 10708270

42. Maggioni A, Orzalesi M, Mimouni F (1998) Intravenous correction of neonatal hypomagnesemia: effect on ionized magnesium. *The Journal of Pediatrics* 132:652-655. PMID: 9580765

43. Raimondi F, Migliaro F, Capasso L et al. (2008) Intravenous magnesium sulphate vs. inhaled nitric oxide for moderate, persistent pulmonary hypertension of the newborn. A multicenter, retrospective study. *Journal of Tropical Pediatrics* 54:196-199. PMID: 18048460

44. Huycke M, Naguib M, Stroemmel M et al. (2000) A doubleblind placebo-controlled crossover trial of intravenous magnesium sulfate for foscarnet-induced ionized hypocalcemia and hypomagnesemia in patients with AIDS and cytomegalovirus infection. *Antimicrobial Agents and Chemotherapy* 44:2143-2148. PMID: 10898688

45. Schanler R, Smith Jr L, Burns P (1997) Effects of long-term maternal intravenous magnesium sulfate therapy on neonatal calcium metabolism and bone mineral content. *Gynecologic and Obstetric Investigation* 43:236-241. PMID: 9194621

46. Mauskop A, Altura BT, Cracco R, Altura BM (1995) Intravenous magnesium sulfate relieves cluster headaches in patients with low serum ionized magnesium levels. *Headache* 35:597-600. PMID: 8550360

47. Cox R, Osgood K (1994) Evaluation of intravenous magnesium sulfate for the treatment of hydrofluoric acid burns. *Journal of Toxicology. Clinical Toxicology* 32:123-136. PMID: 8145352

48. Kagawa T, Goto R, Iijima K et al. (1994) Intravenous magnesium sulfate as a preanesthetic medication: a double-blind study on its effects on hemodynamic stabilization at the time of tracheal intubation. *Journal of Anesthesia* 8:17-20. PMID: 28921191

49. Woods K, Fletcher S (1994) Long-term outcome after intravenous magnesium sulphate in suspected acute myocardial infarction: the second Leicester Intravenous Magnesium Intervention Trial (LIMIT-2). *Lancet* 343:816-819. PMID: 7908076

50. Gullestad L, Birkeland K, Molstad P et al. (1993) The effect of magnesium versus verapamil on supraventricular arrhythmias. *Clinical Cardiology* 16:429-434. PMID: 8504578

51. Kraus F (1993) Reversal of diastolic dysfunction by intravenous magnesium chloride. *The Canadian Journal of Cardiology* 9:618- 620. PMID: 8221360

52. McNamara R, Spivey W, Skobeloff E, Jacubowitz S (1989) Intravenous magnesium sulfate in the management of acute respiratory failure complicating asthma. *Annals of Emergency Medicine* 18:197-199. PMID: 2916786

53. Rajala B, Abbasi R, Hutchinson H, Taylor T (1987) Acute pancreatitis and primary hyperparathyroidism in pregnancy: treatment of hypercalcemia with magnesium sulfate. *Obstetrics and Gynecology* 70:460-462. PMID: 3627603

54. Reisdorff E, Clark M, Walters B (1986) Acute digitalis poisoning: the role of intravenous magnesium sulfate. *The Journal of Emergency Medicine* 4:463-469. PMID: 3549866

55. Woods K, Fletcher S, Roffe C, Haider Y (1992) Intravenous magnesium sulphate in suspected acute myocardial infarction: results of the second Leicester Intravenous Magnesium Intervention Trial (LIMIT-2). *Lancet* 339:1553-1558. PMID: 1351547

56. Woods K, Fletcher S (1994) Long-term outcome after intravenous magnesium sulphate in suspected acute myocardial infarction: the second Leicester Intravenous Magnesium Intervention Trial (LIMIT-2). *Lancet* 343:816-819. PMID: 7908076

57. Shechter M, Hod H, Rabinowitz B et al. (2003) Long-term outcome of intravenous magnesium therapy in thrombolysis-ineligible acute myocardial infarction patients. *Cardiology* 99:205-210. PMID: 12845247

58. Saha P, Kaur J, Goel P et al. (2017) Safety and efficacy of low dose intramuscular magnesium sulphate (MgSO4) compared to intravenous regimen for treatment of eclampsia. *The Journal of Obstetrics and Gynaecology Research* 43:1543-1549. PMID:28714170

59. Manarot M, Tongsong T, Khettglang T (1996) A comparison of serum magnesium sulfate levels in pregnant women with severe preeclampsia between intravenous and intramuscular magnesium sulfate regimens: a randomized controlled trial. *Journal of the Medical Association of Thailand* 79:76-82. PMID: 8868017

60. Pungavkar S (2014) Magnesium deposition in brain of pregnant patients administered intramuscular magnesium sulphate. *Magnetic Resonance Imaging* 32:241-244. PMID:24418328

61. Al Hanbali O, Khan H, Sarfraz M et al. (2019) Transdermal patches: design and current approaches to painless drug delivery. *Acta Pharmaceutica* 69:197-215. PMID: 31259729

62. Benson H, Grice J, Mohammed Y et al. (2019) Topical and transdermal drug delivery: from simple potions to smart technologies. *Current Drug Delivery* 16:444-460. PMID: 30714524

63. Duscher D, Trotsyuk A, Maan Z et al. (2019) Optimization of transdermal deferoxiamine leads to enhanced efficacy in healing skin wounds. *Journal of Controlled Release* Jul 9. [Epub ahead of print]. PMID: 31299261

64. Heenatigala Palliyage G, Singh S, Ashby Jr C et al. (2019) Pharmaceutical topical delivery of poorly soluble polyphenols: potential role in prevention and treatment of melanoma. *AAPS PharmSciTech* 20:250. PMID: 31297635

65. Grober U, Werner T, Vormann J, Kisters K (2017) Myth or reality—transdermal magnesium? *Nutrients* 9:813. PMID: 28788060

66. Kass L, Rosanoff A, Tanner A et al. (2017) Effect of transdermal magnesium cream on serum and urinary magnesium levels in humans: a pilot study. *PLoS One* 12:e0174817. PMID:28403154

67. Engen D, McAllister S, Whipple M et al. (2015) Effects of transdermal magnesium chloride on quality of life for patients with fibromyalgia: a feasibility study. *Journal of Integrative Medicine* 13:306-313. PMID: 26343101

68. Martin A, Finlay W (2015) Nebulizers for drug delivery to the lungs. *Expert Opinion on Drug Delivery* 12:889-900. PMID:25534396

69. Stein S, Thiel C (2017) The history of therapeutic aerosols: a chronological review. *Journal of Aerosol Medicine and Pulmonary Drug Delivery* 30:20-41. PMID: 27748638

70. Blitz M, Blitz S, Hughes R et al. (2005) Aerosolized magnesium sulfate for acute asthma: a systematic review. *Chest* 128:337-344. PMID: 16002955

71. Modaresi M, Faghihinia J, Kelishadi R et al. (2015) Nebulized magnesium sulfate in acute bronchiolitis: a randomized controlled trial. *Indian Journal of Pediatrics* 82:794-798. PMID: 25731897

72. Comert S, Kiyan E, Okumus G et al. (2016) [Efficiency of nebulised magnesium sulphate in infective exacerbations of chronic obstructive pulmonary disease]. Article in Turkish. *Tuberkuloz ve Toraks* 64:17-26. PMID: 27266281

73. Yadav M, Chalumuru N, Gopinath R (2016) Effect of magnesium sulfate nebulization on the incidence of postoperative sore throat. *Journal of Anaesthesiology, Clinical Pharmacology* 32:168-171. PMID: 27275043

74. Mangat H, D'Souza G, Jacob M (1998) Nebulized magnesium sulphate versus nebulized salbutamol in acute bronchial asthma: a clinical trial. *The European Respiratory Journal* 12:341-344. PMID: 9727782

75. Sun Y, Gong C, Liu S et al. (2014) Effect of inhaled MgSO4 on FEV 1 and PEF in children with asthma induced by acetylcholine: a randomized controlled clinical trial of 330 cases. *Journal of Tropical Pediatrics* 60:141-147. PMID: 24343824

76. Ling Z, Wu Y, Kong J et al. (2016) Lack of efficacy of nebulized magnesium sulfate in treating adult asthma: a meta-analysis of randomized controlled trials. *Pulmonary Pharmacology & Therapeutics* 41:40-47. PMID: 27651324

77. Daengsuwan T, Watanatham S (2017) A comparative pilot study of the efficacy and safety of nebulized magnesium sulfate and intravenous magnesium sulfate in children with severe acute asthma. *Asian Pacific Journal of Allergy and Immunology* 35:108-112. PMID: 27996280

78. Shirk M, Donahue K, Shirvani J (2006) Unlabeled uses of nebulized medications. *American Journal of Health-System Pharmacy* 63:1704-1716. PMID: 16960254

79. Fleming D, Rumbaugh K (2018) The consequences of biofilm dispersal on the host. *Scientific Reports* 8:10738. PMID: 3001312

80. Olmedo G, Grillo-Puertas M, Cerioni L et al. (2015) Removal of pathogenic bacterial biofilms by combinations of oxidizing compounds. *Canadian Journal of Microbiology* 61:351-356. PMID: 25864510

81. Yahya M, Alias Z, Karsani S (2018) Antibiofilm activity and mode of action of DMSO alone and its combination with afatinib against Gram-negative pathogens. *Folia Microbiologica* 63:23-30. PMID:28540585

82. Onishi S, Yoshino S (2006) Cathartic-induced fatal hypermagnesemia in the elderly. *Internal Medicine* 45:207-210. PMID:16543690

83. Chen I, Huang H, Yang S et al. (2014) Prevalence and effectiveness of laxative use among elderly residents in a regional hospital affiliated nursing home in Hsinchu county. *Nursing and Midwifery Studies* 3:e13962. PMID: 25414891

84. Yamaguchi H, Shimada H, Yoshita K et al. (2019) Severe hypermagnesemia induced by magnesium oxide ingestion: a case series. *CEN Case Reports* 8:31-37. PMID: 30136128

85. Jones J, Heiselman D, Dougherty J, Eddy A (1986) Catharticinduced magnesium toxicity during overdose management. *Annals of Emergency Medicine* 15:1214-1218. PMID: 3752654

86. Woodard J, Shannon M, Lacouture P, Woolf A (1990) Serum magnesium concentrations after repetitive magnesium cathartic administration. *The American Journal of Emergency Medicine* 8:297-300. PMID: 2194467

87. Kutsal E, Aydemir C, Eldes N et al. (2007) Severe hypermagnesemia as a result of excessive cathartic ingestion in a child without renal failure. *Pediatric Emergency Care* 23:570-572. PMID:17726419

88. Collins E, Russell P (1949) Fatal magnesium poisoning following magnesium sulfate, glycerin, and water enema in primary megacolon. *Cleveland Clinic Quarterly* 16:162-166. PMID: 18132462

89. Vissers R, Purssell R (1996) Iatrogenic magnesium overdose: two case reports. *The Journal of Emergency Medicine* 14:187-191. PMID:8740750

90. Digre K, Varner M, Schiffman J (1990) Neuroophthalmologic effects of intravenous magnesium sulfate. *American Journal of Obstetrics and Gynecology* 163:1848-1852. PMID: 2256494

91. Saris N, Mervaala E, Karppanen H et al. (2000) Magnesium. An update on physiological, clinical and analytical aspects. *Clinica Chimica Acta* 294:1-26. PMID: 10727669

92. Crozier T, Radke J, Weyland A et al. (1991) Haemodynamic and endocrine effects of deliberate hypotension with magnesium sulphate for cerebral-aneurysm surgery. *European Journal of Anaesthesiology* 8:115-121. PMID: 1874207

93. Jangra K, Malhotra S, Gupta A, Arora S (2016) Comparison of quality of the surgical field after controlled hypotension using esmolol and magnesium sulfate during endoscopic sinus surgery. *Journal of Anaesthesiology, Clinical Pharmacology* 32:325-328. PMID: 27625479

94. Modanlou Juibari H, Ef tekharian H, Arabion H (2016) Intravenous magnesium sulfate to deliberate hypotension and bleeding after bimaxillary orthognathic surgery: a randomized double-blind controlled trial. *Journal of Dentistry* 17:276-282. PMID: 27840841

95. Hassan P, Saleh A (2017) Dexmedetomidine versus magnesium sulfate in anesthesia for cochlear implantation surgery in pediatric patients. *Anesthesia, Essays and Researches* 11:1064-1069. PMID:29284876

96. Modir H, Modir A, Rezaei O, Mohammadbeigl A (2018) Comparing remifentanil, magnesium sulfate, and dexmedetomidine for intraoperative hypotension and bleeding and postoperative recovery in endoscopic sinus surgery and tympanomastoidectomy. *Medical Gas Research* 8:42-47. PMID: 30112164

97. Hamed M (2018) Comparative study between magnesium sulfate and lidocaine for controlled hypotension during functional endoscopic sinus surgery: a randomized controlled study. *Anesthesia, Essays and Researches* 12:715-718. PMID: 30283182

98. Bain E, Middleton P, Crowther C (2013) Maternal adverse effects of different antenatal magnesium sulphate regimens for improving maternal and infant outcomes: a systematic review. *BMC Pregnancy and Childbirth* 13:195. PMID: 24139447

99. Workinger J, Doyle R, Bortz J (2018) Challenges in the diagnosis of magnesium status. *Nutrients* 10:1202. PMID: 30200431

100. Nielsen F (2016) Guidance for the determination of status indicators and dietary requirements for magnesium. *Magnesium Research* 29:154-160. PMID: 28132953

101. Costello R, Elin R, Rosanoff A et al. (2016) Perspective: the case for an evidence-based reference interval for serum magnesium: the time has come. *Advances in Nutrition* 7:977-993. PMID:28140318

102. Costello R, Nielsen F (2017) Interpreting magnesium status to enhance clinical care—key indicators. *Current Opinion in Clinical Nutrition and Metabolic Care* 20:504-511. PMID: 28806179

103. Sein H, Whye Lian C, Juan Loong K et al. (2014) Relationship between intracellular magnesium level, lung function, and level of asthma control in children with chronic bronchial asthma. *The Malaysian Journal of Medical Sciences* 21:30-36. PMID: 25977631

104. Elin R, Hosseini J (1985) Magnesium content of mononuclear blood cells. *Clinical Chemistry* 31:377-380. PMID: 3971556

105. Elin R (1987) Status of the mononuclear blood cell magnesium assay. *Journal of the American College of Nutrition* 6:105-107. PMID: 3584730

106. Reinhart R, Marx Jr J, Haas R, Desbiens N (1987) Intracellular magnesium of mononuclear cells from venous blood of clinically healthy subjects. *Clinica Chimica Acta* 167:187-195. PMID: 3665095

107. DiNicolantonio J, O'Keefe J, Wilson W (2018) Subclinical magnesium deficiency: a principal driver of cardiovascular disease and a public health crisis. *Open Heart* 5:e000668. PMID: 29387426

108. Lim P, Jacob E, Dong S, Khoo O (1969) Values for tissue magnesium as a guide in detecting magnesium deficiency. *Journal of Clinical Pathology* 22:417-421. PMID: 5798629

109. Frost L, Danielsen H, Dorup I et al. (1993) Skeletal muscle magnesium content during cyclosporin and azathioprine treatment in renal transplant recipients. *Nephrology, Dialysis, Transplantation* 8:79-83. PMID: 8381943

110. Haigney M, Silver B, Tanglao E et al. (1995) Noninvasive measurement of tissue magnesium and correlation with cardiac levels. *Circulation* 92:2190-2197. PMID: 7554201

111. Haigney M, Berger R, Schulman S et al. (1997) Tissue magnesium levels and the arrhythmic substrate in humans. *Journal of Cardiovascular Electrophysiology* 8:980-986. PMID: 9300294

112. Haigney M, Wei S, Kaab S et al. (1998) Loss of cardiac magnesium in experimental heart failure prolongs and destabilizes repolarization in dogs. *Journal of the American College of Cardiology* 31:701-706. PMID: 9502656

國家圖書館出版品預行編目 (CIP) 資料

鎂.逆轉疾病：脫鈣、心血管、癌症之專屬解毒劑/湯瑪士.利
維(Thomas E. Levy)作；謝嚴谷編審，章澤儀翻譯.-- 第一版.
-- 臺北市：博思智庫股份有限公司, 2022.06 面；公分

譯自：Magnesium : reversing disease.

ISBN 978-626-95733-7-0(平裝)

1.CST: 鎂 2.CST: 營養

399.24   111006133

Magnesium: Reversing Disease
by Thomas E. Levy, MD, JD
Copyright @ 2019 by Medfox Publishing
This complex Chinese edition published by arrangement
with Thomas E. Levy, MD, JD, through LEE's Literary
Agency
Complex Chinese Translation Rights @ Broad Think
Tank Co.,Ltd.

預防醫學 32

Magnesium: Reversing Disease

鎂‧逆轉疾病
脫鈣、心血管、癌症之專屬解毒劑

作　　者｜湯瑪士‧利維（Thomas E. Levy）
編　　審｜謝嚴谷
翻　　譯｜章澤儀
行政協力｜陳佩雯
主　　編｜吳翔逸
執行編輯｜陳映羽
美術設計｜蔡雅芬
媒體總監｜黃怡凡

發 行 人｜黃輝煌
社　　長｜蕭艷秋
財務顧問｜蕭聰傑
發行單位｜博思智庫股份有限公司
地　　址｜104 台北市中山區松江路 206 號 14 樓之 4
電　　話｜（02）25623277
傳　　真｜（02）25632892

總 代 理｜聯合發行股份有限公司
電　　話｜（02）29178022
傳　　真｜（02）29156275

印　　製｜永光彩色印刷股份有限公司
定　　價｜420 元
第一版第一刷 西元 2022 年 06 月

ISBN 978-626-95733-7-0
© 2022 Broad Think Tank Print in Taiwan

博思智庫股份有限公司
博思智庫粉絲團　　Facebook.com/broadthinktank